土木工程科技创新与发展研究前沿丛书

# 建筑结构黏弹性阻尼减震设计

苏 毅 李爱群 编著

中国建筑工业出版社

**图书在版编目（CIP）数据**

建筑结构黏弹性阻尼减震设计/苏毅，李爱群编著
．—北京：中国建筑工业出版社，2022.4（2023.7重印）
（土木工程科技创新与发展研究前沿丛书）
ISBN 978-7-112-27229-7

Ⅰ．①建… Ⅱ．①苏… ②李… Ⅲ．①建筑结构-粘性阻尼-防震设计-研究 Ⅳ．①TU352.104

中国版本图书馆CIP数据核字（2022）第047682号

本书系统地介绍了建筑结构在动力荷载作用下黏弹性阻尼器消能减震的基本原理、分析和设计方法、施工和检测要求以及工程应用，共分7章，主要内容包括：黏弹性材料、黏弹性阻尼器的构造及减震原理、性能试验方法、黏弹性消能支撑的分析和设计方法、黏弹性阻尼减震结构的分析和设计方法、工程实例等。

本书内容涉及建筑结构黏弹性阻尼器消能减震设计的基本内容和关键技术，可供从事土木工程建筑领域的研究、设计和施工技术人员参考，也可作为结构工程、防灾减灾工程专业研究生和高年级本科生参考用书。

责任编辑：仕　帅　吉万旺
责任校对：党　蕾

土木工程科技创新与发展研究前沿丛书
**建筑结构黏弹性阻尼减震设计**
苏　毅　李爱群　编著
*
中国建筑工业出版社出版、发行（北京海淀三里河路9号）
各地新华书店、建筑书店经销
北京科地亚盟排版公司制版
建工社（河北）印刷有限公司印刷
*
开本：787毫米×960毫米　1/16　印张：12　字数：244千字
2022年6月第一版　2023年7月第二次印刷
定价：**48.00**元
ISBN 978-7-112-27229-7
（39099）



如有印装质量问题，可寄本社图书出版中心退换
（邮政编码 100037）

# ■前　　言■

2021 年 5 月 12 日，汶川大地震 13 周年祭奠日，国务院通过了《建设工程抗震管理条例》并以国务院令第 744 号予以颁布，明确该条例自 2021 年 9 月 1 日起施行。条例对工程减隔震给予了更高程度的重视和鼓励，旨在确保工程的抗震防灾能力，降低地震灾害风险，保障人民生命财产安全。

正如大家所知，我国城市群分布与地震危险区高度重合，100％的建筑要求具备抗震能力，58％的国土存在 7 度及以上地震高风险。随着我国社会和经济的持续快速发展，结构工程技术人员正面临着更多现实而重大的课题，如计算机、通信及医疗等某些高精尖技术设备，或价值和意义重大的文物、展览品等进入建筑，如何保证地震发生时这些技术设备能正常运行，文物、展品和高价值的设备不至于因建筑结构过大的动力响应而破坏；随着建筑物高度增加，如何保证高层或超高层结构因地震或风振引起的震（振）动摇晃不超过居住者所能承受的心理压力；在强烈地震作用下如何最大限度地确保工程结构（含既有建筑）的安全，不致使人民生命财产遭受重大损失。按传统抗震（风）设计的结构主要依靠自身的承载力和塑性变形能力来抵御地震，强震下会产生较大动力响应，结构构件会产生严重损伤甚至破坏。面对上述技术难题，通过增大结构阻尼、改变结构自振周期或提供额外的阻尼控制力，减少结构在地震（或风）作用下的动力响应，可有效地解决上述难题。其中，黏弹性阻尼器作为最早应用于建筑减震工程的代表性减震装置，由于具有构造简单、造价低、耗能能力强、耐久性好且在低动力激励下就能工作等优点，受到了各国研究者和工程技术人员的持续关注，并取得了大量的研究和应用成果。

本书是在总结东南大学建筑工程抗震和减震研究中心二十余年相关的科研成果和工程实践的基础上编写而成的，是《建筑结构黏滞阻尼减震设计》（2012）（参考文献［2］）、《建筑结构金属消能器减震设计》（2015）（参考文献［3］）的姊妹篇。本书的编写突出了以下特点：第一，注重内容的系统性和先进性，较为完整地介绍了黏弹性阻尼材料的性能研究，黏弹性阻尼器的研发，黏弹性阻尼器产品的性能测试方法，黏弹性阻尼减震结构的分析和设计方法等内容。第二，注重理论与工程实践的结合。本书在介绍黏弹性阻尼器的减震原理和力学性能的同时，给出了工程简化设计方法和黏弹性阻尼器研发、应用的试验方法，并介绍了该技术在实际工程中的应用案例。第三，兼顾了相关技术人员对高性能黏弹性材料和新型黏弹性阻尼器研发的需要，注重内容的启发性和创新性。

本书在编写过程中，学习和参考了国内外的大量论著，在此向原著者致以诚挚的感谢和敬意。

本书由苏毅和李爱群编著。

在本书的编写过程中，本书作者的研究生宗生京、李婷、张冲、王枫琦、邹俊、李中义、郭鹏、卢伟、田嘉诚、施镐、李乾、许中原、俞杰、李念帅、陈玉莹等协助做了大量的工作，在此深表谢意。

限于时间和水平，书中的疏漏和不妥之处，敬请读者批评指正。

编者

2021年12月

# 目　录

# 第1章 绪论

## 1.1 引言

世界大部分人口均居住在地震频发的危险区域，遭受着不同大小、频度的地震威胁，由地震引起的巨大生命和财产损失正在与日俱增。据中国地震信息网数据统计，2012～2021年来，全球七级以上、中国六级以上地震年频次图分别如图1.1（a)、(b）所示。大量的国内外震害均表明，强烈地震除可引起房屋倒塌、砂土液化、喷砂冒水等原生灾害外，还会引发火灾、爆炸、瘟疫、有毒有害物质污染、水灾及泥石流、滑坡等次生灾害，且随着经济、社会的发展，城市化进程的加快，相继衍生出由社会功能、物资流和信息流破坏而导致的社会生产与经济活动停顿所造成的损失，如生命线工程毁坏、交通瘫痪、供电中断、水库大坝垮塌等。另外，地震造成的伤亡造成了难以磨灭的心灵创伤和精神摧残。因此，如何为位于地震区尤其是高烈度区的工程结构物抗御强烈地震提供新的技术手段，是一个亟待解决的重要课题[1]。在此背景下，消能减震技术成为了减轻地震灾害有效手段之一[2,3]。

为使工程结构物在强震下满足承载力、变形能力和稳定性的要求，以达到“小震不坏、中震可修、大震不倒”的设防目标[4]，传统的抗震结构是采用“硬抗”的方法，即通过加强结构、加大构件断面、多配筋等途径来提高抗震性能。这样不仅使造价大大提高，而且还存在许多困难，诸如：①结构构件截面加大，使用面积减少；②结构构件和节点的钢筋配置过密，施工难度大，特别是9度区；③工程结构物的高度受到限制等。此外，传统抗震技术的缺点还在于传统抗震结构体系实质上是把结构本身及主要承重构件（柱、梁、节点等）作为“消能”构件。结构的弹性变形是不能消能的，所以结构必须付出塑性变形的代价来耗散地震输入的能量，从而使整个结构或构件出现不同程度的损伤。又由于地震的随机性及结构抗震能力的变异性，对结构在地震中的损伤程度难以控制，特别是出现超烈度强地震时，结构难以确保安全。而且，传统抗震结构体系是通过加强结构、提高侧向刚度以满足抗震要求的，但结构刚度越大，地震作用也越大。其结果，除了安全性、经济性问题外，对采用高强、轻质材料（强度高、断面小、刚度小）的高层建筑、超高层建筑、大跨度结构及桥梁等的技术发展造成了严重的制约。

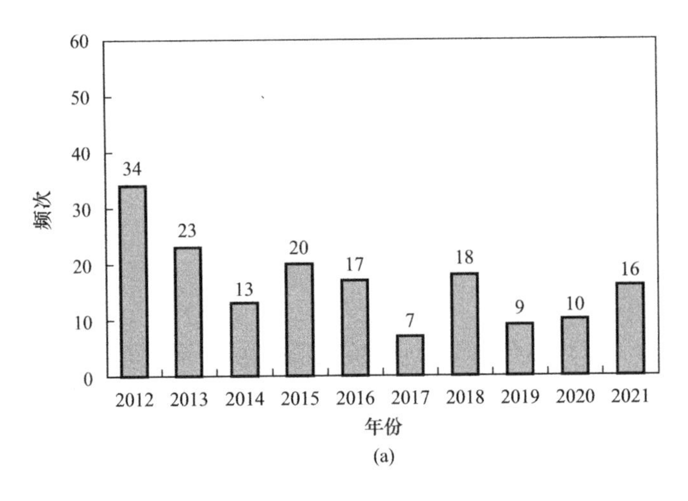

(a)

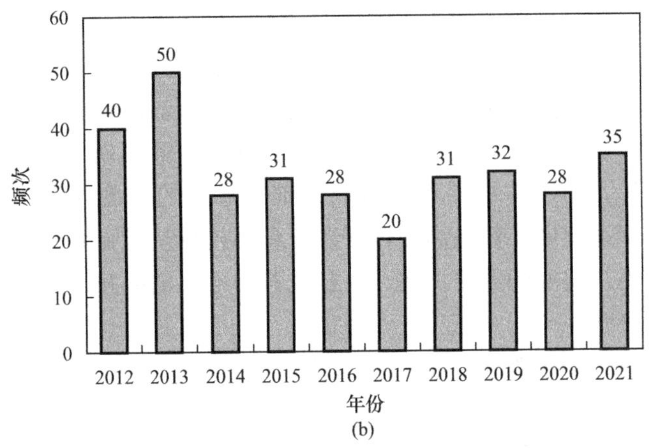

(b)

图 1.1　大地震年频次图（2012～2021 年）

（a）全球七级以上地震年频次图；（b）中国六级以上地震年频次图

1972 年，由美籍华裔学者姚治平（J. T. P. Yao）提出了结构控制方法的概念，指出这是一种全新的抗震手段。其中采用黏弹性消能构件的黏弹性阻尼结构就是一种简单易行的方式。其优越性主要表现在以下几个方面：消能减震结构是通过“柔性消能”的途径以减小结构地震反应，因而，可以减少剪力墙的设置，减小构件截面，减少配筋，而其抗震可靠度并没有降低。国内外工程应用表明，消能减震结构比传统的抗震结构，可节约结构造价 5%～10%[5]。若用于旧有建筑结构的抗震加固，消能减震加固方法比传统抗震加固方法节省造价 10%～60%[6]。在消能减震结构中，消能构件（消能支撑、消能剪力墙等）或消能装置具有极大的消能能力，在强地震中能率先消耗结构的地震能量，迅速衰减结构的地震反应，并保护主体结构和构件免遭损坏，确保结构在强地震中的安全[7]。另外，消能构件（或装置）属“非结构构件”，即非承重构件，其功能仅是在结构变形过程中发挥消能作用，而不承担结构的承载作用，即它对结构的承载能力和安全性不构成任何影响或威胁。所以，消能减震结构是一种非常安全可靠的减震结构。

黏弹性阻尼器作为一种被动消能减震控制装置，主要依靠黏弹性材料的滞回耗能特性来增加结构的阻尼，其耗能能力主要与速度相关，因此它的减震应用范围比与位移相关的阻尼器要更广。采用黏弹性阻尼器的结构（简称为黏弹性阻尼结构）减震效果十分明显，且可取得良好的经济效果。由于黏弹性阻尼器本身的性能对结构的减震效果影响很大，在试验与研究的基础上提高其耗能能力，并将之产品化十分重要。同时为满足工程实际需要，例如在温差较大的地区，需要克服黏弹性材料温度敏感性研发宽温域阻尼器；在较大变形处，需要提升黏弹性阻尼器的变性能力等。此外，如何设计黏弹性阻尼结构也是急需解决的重要问题。

## 1.2　黏弹性阻尼材料的研究现状

国内外学者已对黏弹性阻尼器进行了系列研究，但研制和生产的黏弹性阻尼器的损耗因子和极限剪切应变较小，耗能能力有限，实际工程中需要使用较多数量的黏弹性阻尼器才能达到一定的减震效果。同时，学者们对黏弹性阻尼器的布置数量与布置方法进行了较多研究；为了验证黏弹性阻尼器对结构减震的效果，国内外学者提出了多种分析理论与试验方法。由于黏弹性阻尼影响因素众多且结构复杂，这些研究的对象大都较为单一、内容繁杂。

在国外，关于黏弹性阻尼材料的研究起步较早且较为深入，其中以美国、西欧国家和日本为代表的发达国家已有多家机构，如美国的3M公司、Ear公司，德国的Bayer公司，瑞士的CIBA-GEIGY公司，日本的聚氨酯工业株式会社等，相继研制出不同使用环境、不同用途的黏弹性阻尼材料标准化产品，并推广应用于航空航天、汽车、船舶、精密仪器及军工等领域。2004年，Kishi[8]等以热塑性聚氨酯、聚乙烯基离聚物和聚酰胺为原料，通过填充碳纤维层（CFRP）增强了交织基材的阻尼性能，制备出硬度较高、阻尼效果较好的复合材料。2006年，WangYQ等[9]基于橡胶硫化改性的事实，提出了一种制备具有从橡胶态到玻璃态梯度的高分子聚合物的新方法，结果表明梯度聚合物具有－60～76℃跨越宽度损耗正切值范围，表现出宽广的温域范围。2007年，Patri等[10]报道了基于互穿聚合物网络技术利用聚甲基丙烯酸酯（PMMA）改性丁苯橡胶（SBR），成功制备出 SBR/PMMA 聚合物，与纯 SBR 相比表现出更强的拉伸性能，虽然损耗正切峰值有所下降，但其大阻尼温域范围得到有效拓宽。2009 年，Rezaei 等[11]利用熔融共混法及热压技术制备了短碳纤维（SCF）/聚丙烯（PP）复合材料，实验结果表明，碳纤维长度的增加能够有效增强复合材料的热稳定性，并有利于提高其阻尼性能。2011 年，Numazawa 等[12]将苯乙烯-丁二烯共聚乳液和乙烯-乙酸乙烯酯共聚乳液等利用共混技术，制备出强度较高、阻尼性能优越的复合阻尼材料。2011 年，YamazakiH 等[13]将具有窄粒度分布的单丙烯酰基封端的 PBA 预聚体与二丙烯酰基封端的 PBA 预聚体采用共聚技术制备了含有大量均匀长度悬吊链的聚丙烯酸丁酯（PBA）聚合物，实验结果表明由于悬吊链的分子运动使得聚合物产生新的阻尼峰值，拓宽了 PBA 的大阻尼温域范围。2013 年，Mousa 等[14]基于羧化丁腈橡胶/尼龙 12（作丝光处理）/木质纤维素残余物（LCR）制备出有机杂化阻尼复合材料，经 DMA 和 DSC 研究表明，该材料的阻尼峰位置向高温区域移动，且阻尼峰值随着 LCR 用量的增加而显著增大。2014 年，Araki 等[15]利用生物质材料片状纤维素颗粒（FSCP）与天然橡胶（NR）制备出绿色复合材料，并对比了分别以滑石和云母粉为填充的复合材料，研究结果表明，以 FSCP 为填充的 NR 复合材料的减震性能和密封效果均相当于（或高于）无机材料的填充效果。2015 年，Khimi 等[16]通过在天然橡胶基质中添加未改性和硅烷偶联剂改性的铁砂制备出磁流变弹性体（MRE），研究结果表明，硅烷偶联剂改善了磁流变复合阻尼材料损耗正切峰值和胶体在循环变形期间消散的能量。2017 年，Chirila 等[17]研制了具有可磁化颗粒（羰基铁粉）与硅橡胶基体的磁流变弹性体（MRE）复合材料，并提出了磁场作用下，该磁流变复合材料阻尼性能的测定方法。2021 年，Ghosh 等[18]定制了三维碳纳米管间的缠结，它增加了聚合物复合材料的强度和黏度。研究表明，有效载荷通过短程缠结直接在结构内传递，从而增强机械强度，而长程缠结可调节能量吸收能力，有效地提高了聚合物的阻尼性能。试验结果表明在存储和损耗模量方面分别提高了 15 倍和 26 倍。

在国内，20 世纪 90 年代以来，多家高校单位及研究机构开始了对高聚物材料的研发及改性，如航天材料及工艺研究所、中国科学院化学所、北京化工大学、东南大学等，取得了系列研究进展，并将其标准化产品广泛应用于各个领域。2002 年，黄光速[19]成功制备出一系列宽温域和宽频域的聚硅氧烷/聚丙烯酸酯阻尼材料，DMA 测试结果表明，改复合阻尼材料不分峰，具有宽而连续的阻尼功能区。2005 年，何显儒等[20]制备了氯化丁基橡胶（CIIR）聚（甲基）丙烯酸酯（PMAc）共混阻尼橡胶，DMA 和 DSC 结果表明，PMAc 能将 CIIR 的有效阻尼功能区向高温移动。2007 年，王雁冰等[21]以酚醛树脂为硫化剂制备了甲基乙烯基硅橡胶（PMVS）/丁基橡胶（IIR）复合材料，试验结果表明，在 PMVS 与 IIR 质量比为 100/100，酚醛树脂为 IIR 质量 4%时，其阻尼性能最佳。

2008年，T. L. Sun等[22]基于顺式聚丁二烯橡胶基体研究了各向同性和结构化两类的磁流变弹性体（MRE）的阻尼性能，DMA试验结果表明，随着铁颗粒含量的增加，玻璃化转变区损耗因子减小，结构化MRE的损耗因子低于各向同性MRE。2011年，史新妍等[23]研究了乙烯-醋酸乙烯酯橡胶EVM/三元乙丙橡胶（EPDM）共混物的阻尼性能，试验结果表明，丙烯酸锌可使混合物的阻尼因子峰增高和拓宽，聚氯乙烯（PVC）也可显著改善EVM700/EPDM共混物高温区的阻尼性能。2014年，MengSong等[24]利用分子动力学模拟和试验研究了丁腈橡胶中丙烯腈含量对AO-60/NBR阻尼性能的影响，研究结果表明，34%的丙烯腈含量使得共混物具有更好的阻尼性能。2014年，史新妍等[25]研究了多元醇对二氧化硅填充的乙烯-乙酸乙烯酯橡胶（EVM）/聚乳酸（PLA）共混物的阻尼性能的影响，DMA结果表明，多元醇由于其固有的动态机械性能以及与共混聚合物之间的氢键，显著改善了EVM/PLA共混物的阻尼性能。2015年，廖亚新[26]基于丁腈橡胶和硅橡胶两种基体材料，制备了不同成分和配比的黏弹性材料配方，经阻尼试验研究确定了具有优异阻尼性能的配合体系比。2015年，许俊红等[27]以丁腈橡胶为基体，研究了多种掺合料对基体材料阻尼性能的影响，DMA试验结果表明，适当组份比的掺合剂能有效改进了材料的阻尼性能，大幅度拓展了高阻尼的温域范围，其中单纯添加200目石墨粉效果最佳。2016年，王锦成等[28]制备了超支化聚合物改性蒙脱石/氯化丁基橡胶阻尼复合材料，经试验结果表征，加入超支化聚合物和有机蒙脱土后，该复合材料的拉伸强度、断裂伸长率以及损耗因子峰值得到显著提高。2016年，张林等[29]利用熔融共混法制备了丙烯腈丁二烯橡胶（NBR）聚氨酯-绢云母（PU-丝云母）杂化材料的新型复合材料，经动态力学机械分析表明，NBR的阻尼性能随着绢云母粉用量的增加而降低，当质量比为10%时可获得较好的阻尼性能聚氨酯（PU），因其优异的机械性能和阻尼性能而在结构工程中受到广泛关注。2021年，苏毅等[30,31]将石墨烯改性的PU-环氧复合材料用于结构工程，研究了不同石墨烯含量复合材料的力学性能和阻尼性能，结果表明石墨烯能大幅提高该复合材料的阻尼性能，并对极小粒子增强聚氨酯阻尼性能的影响因素进行了分析[32]，以探索降低高性能黏弹性阻尼材料成本的有效方法。

## 1.3 黏弹性阻尼器的研究进展

黏弹性阻尼器在振动控制中的应用可以追溯到20世纪50年代，其首次应用于飞机，用作控制机身振动引起的疲劳的一种手段。从那时起，它便广泛应用于飞机和航空航天结构的减震控制。黏弹性阻尼器在土木工程结构上的应用，始于

1969 年，在纽约世界贸易中心双塔上安装的 10,000 个黏弹性阻尼器用于抵御风荷载。而其在工程结构抗震的应用则晚一些，原因在于与减轻风致振动相比，地震作用输入到结构中的能量通常频率分布范围较广，需要提供更高阻尼比的黏弹性阻尼器。

黏弹性阻尼器的性能受外界激励和环境温度的影响较大，其刚度和阻尼特性会随着环境温度和激励频率的改变而改变，从而导致其力学性能非常复杂，因此如何用简洁、可靠的公式描述它的应力-应变关系，准确地确定出它的材料常数，是一个非常重要的问题。为了精确地描述黏弹性阻尼器的应力-应变关系，许多研究人员提出了各式各样的力学模型，主要有以下几种：Kelvin 模型、Maxwell 模型、标准线性固体模型、等效标准固体模型、等效刚度和等效阻尼模型、分数导数模型、有限元模型等。

### 1.3.1 黏弹性阻尼器的构造

黏弹性阻尼器的构造各种各样，但它们的减震原理是相同的。它设置在产生相对变形比较大的位置（如支座处、拉索），当结构发生相对位移时，黏弹性阻尼器产生剪切滞回变形以耗散输入的能量，从而减小结构的动力响应。

典型的黏弹性阻尼器如图 1.2 所示，由约束钢板黏结黏弹性材料层组成，分有平板式阻尼器、筒式黏弹性阻尼器、黏弹性阻尼墙等形式。

为了提升黏弹性阻尼器的性能，Toopchi-NezhadH 等[33]通过改变黏弹性阻尼器的黏弹性垫的结构，改善其滞回特性，创新性引入预压缩部分黏合黏弹性阻尼装置。循环剪切试验结果表明，预压应力使黏弹性材料的有效固有阻尼增大。扇形黏弹性阻尼器[34]（图 1.3）布置在梁柱节点，比较适合于装配式框架，但该阻尼器耗能机理是节点梁柱相对转角变形耗能，其转动量一般较小（层间位移角常小于 1/50），故又增加铅辅助耗能，但铅加工过程中易产生污染，且该型阻尼器仅具有单一的耗能功能，无法传递梁端剪力。杨奔等[35]设计了耗能很强、布置灵活、安全可靠的扇形黏弹性阻尼器。

为了提升黏弹性阻尼器的工作效率、最大程度改善结构受力，ShuZhan 等[36]介绍了一种新型的可替换抗弯矩黏弹性阻尼器（RMVDs），以提高钢弯矩框架建筑的固有阻尼水平、控制风诱发和/或地震诱发的动力震动（图 1.4）。利用 RMVDs 的黏弹性段可以提高钢弯矩框架体系的整体阻尼。RMVD 的能量耗散机制容易在黏弹性段和“熔丝”段之间转移，当层间漂移超过预先设定的阈值时，可以提供延展性和稳定的性能。

### 1.3.2 木结构的黏弹性阻尼器减震研究进展

由于木结构技术的飞速发展，其建筑高度越来越高，在高烈度地震区的应用也越来越多，减隔震技术在木结构中的应用和研究也逐年在增长，主要研究方向包括古建筑木结构的减震措施、现代木结构的减震方法、木结构减震创新体系和耗能连接件等方面。

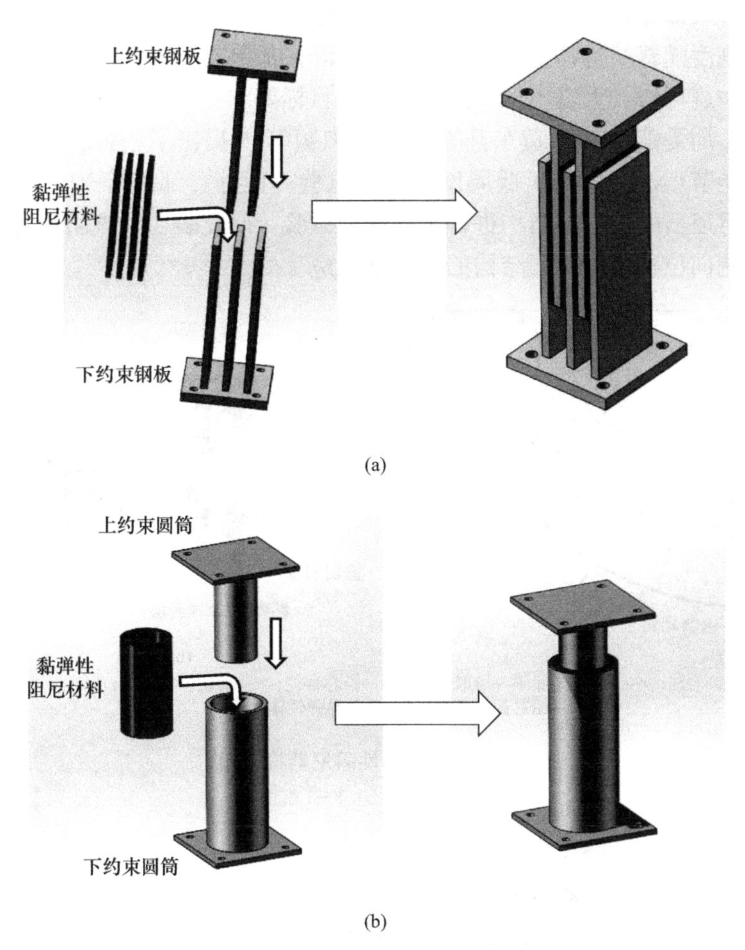


图 1.2 典型黏弹性阻尼器

(a) 平板式黏弹性阻尼器；(b) 筒式黏弹性阻尼器[38]

现有榫卯结构体系刚度小，在地震作用下榫卯连接节点强度低、耗能差且变形不可回复；而北美轻型木结构体系虽然抗侧刚度大，但耗材多、造价高昂且不易灵活获取较开阔的使用空间，不利于在中国进行大范围的推广。针对上述两种常用木结构体系存在的弊端，严健等[156]提出了梁柱构件连接为铰接的木框架结构模型，并在框架内设置黏弹性阻尼器支撑以增强结构抗侧刚度和地震耗能能力，从而确保满足木结构强度、刚度和使用功能要求。试验表明板式黏弹性阻尼器的荷载-位移滞回曲线饱满、呈反 S 形，说明板式黏弹性阻尼器在加载过程中虽然存在较小的滑移阶段，但仍然具有较好的耗能性能；所有地震工况作用下，木框架未出现明显的裂纹，结构位移角最大值为1/43，满足木框架结构弹塑性层间位移角限值1/30的要求，表明板式黏弹性阻尼器提供了一定抗侧刚度；拟动力试验过程中，木框架正向加载的恢复力拉移曲线饱满且较稳定，黏弹性阻尼支撑耗散了大部分输入的地震动能量，有效地提高了木框架结构的抗震能力；木框架结构刚度随着结构损伤的累积而不断下降，最终趋于平稳，满足了结构"小震不坏、中震可修、大震不倒"的抗震设防目标要求。为了进一步提升木框架的耗能能力，周爱萍等[56]、黄东升等[57]和赵淑颖等[58]提出了一种新的装配式木框架结构消能节点，并进行了低周反复荷载试验。此外，邹爽等[59]对安装了黏弹性角位移阻尼器的木框架结构进行了振动台试验，研究表明，该阻尼器能有效减小结构的侧向位移，降低了结构的加速度反应。

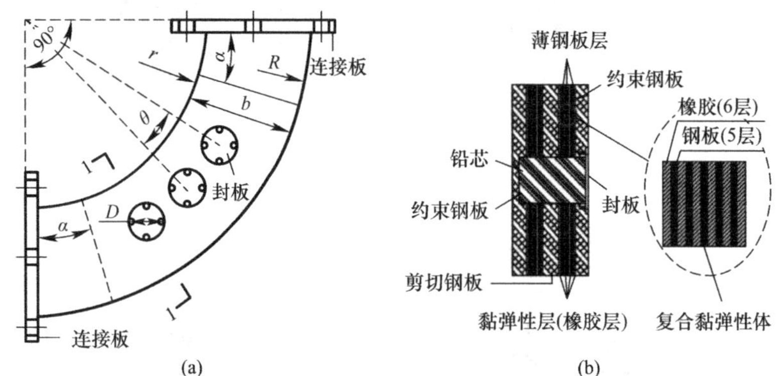


图 1.3　扇形黏弹性阻尼器构造图[34]

(a) 正视图；(b) 1—1 剖面图

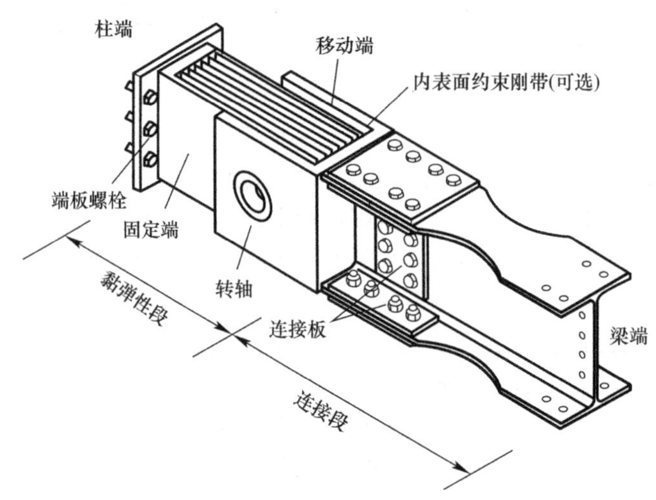


图 1.4　可替换抗弯矩黏弹性阻尼器（RMVDs）[36]

### 1.3.3 网架与壳体结构的黏弹性阻尼器减震研究进展

网架和壳体结构面积大，受风荷载影响较大，且安全性要求高。韩淼等[60]开展了某带挑檐大跨度网架屋盖刚性结构 1∶100 模型的风洞试验，根据场地条件设定风场特征，找到最不利风角并利用有限元分析软件对结构进行风振响应计算。在挑檐角部设置黏弹性阻尼器，计算结果表明对挑檐风振响应控制效果显著，位移响应均方根减震系数为 10.3%，加速度响应峰值减震系数为 26.3%。设置黏弹性阻尼器对存在一定程度既有锈蚀的网架结构的风致响应减震效果明显，锈蚀深度小于 1mm 时，位移响应均方根减震系数达到 10.3%～21.0%，加速度响应峰值减震系数达到 26.3%～39.6%。

BJXA 等[61]提出了在单层网壳结构上设置黏弹性阻尼器的优化布置方法（图 1.5），对比研究了黏弹性阻尼器的现有布局和优化布局的差异，从确定性和概率的角度研究了黏弹性阻尼器优化布置方法的有效性。在不同的地震激励下进行确定性数值模拟，在概率意义上比较了建议布置和优化布置的控制效果，并提取了概率响应、等效极值分布和失效概率。

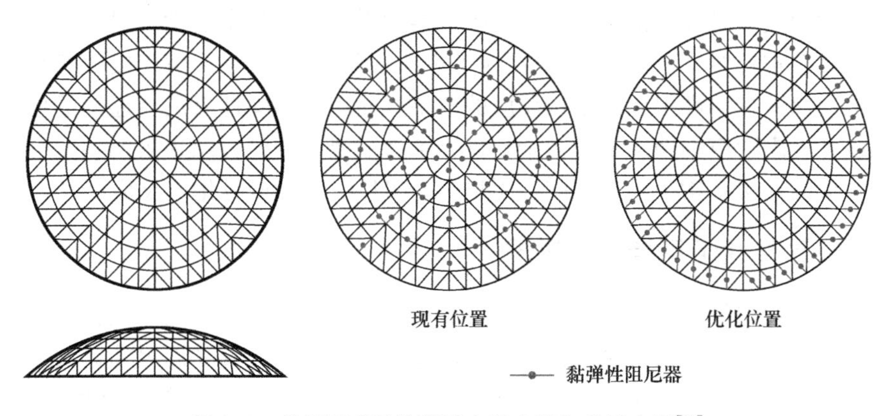


图 1.5 单层网壳结构阻尼布置方案与改进方案[61]

FanF 等[62]在网壳结构中引入黏弹性阻尼器减震系统，建立了带黏弹性阻尼器的网壳减震系统的有限元分析程序。利用该程序对单层网壳和拱顶进行了大量的数值计算。结果表明，黏弹性阻尼器减震系统适用于网壳结构，且减震效果良好。

### 1.3.4 桥梁结构的黏弹性阻尼器减震研究进展

桥梁结构具有跨度长、变形大、受力复杂等特点，黏弹性阻尼对桥梁工程的减震控制也是较有效的。王东昀等[63]以一座跨走滑断层铁路简支梁桥为研究对象，采用人工合成的地面运动时程曲线，应用非线性时程分析方法研究了新型黏弹性阻尼减震器对跨断层桥梁地震响应的影响。桥梁结构安装新型黏弹性阻尼减震器后，结构周期延长，减小了结构的地震响应；有效减小了桥梁的墩顶位移和墩底剪力，可以防止落梁的发生及桥墩的剪切破坏；对方向性效应的影响明显大于对滑冲效应的影响，主要是由于方向性效应里的高阶成分被减震装置消耗了。在进行抗震设计时，可以对减震器进行参数优化或采取其他设防措施减小滑冲效应对结构的影响。

ALC 等[64]选取苏通大桥的三种不同长度斜拉索为研究对象，对黏弹性阻尼器和黏滞阻尼器这两种广泛应用于长索多模态振动控制的阻尼器进行了综合性能比较，证实黏弹性阻尼器阻尼理论与实际结果的吻合性良好。根据实验结果，黏弹性阻尼器在斜拉索减震控制中性能更优。

桥梁结构节点数量多且大多受力集中，因此使用黏弹性阻尼器调整关键节点的约束意义重大。Moliner E 等[65]研究了黏弹性阻尼器对中短跨径简支高速铁路桥梁共振的减震性能。提出的解决方案是基于一组连接到桥板和辅助结构的离散黏弹性阻尼器来改造桥梁，这些黏弹性阻尼器放置在桥面下面，并位于桥台上。MatsagarVA 等[66]通过不动点迭代，将固支和铰支的特征方程重新排列成适合数值求解的形式，研究了横向安装黏滞阻尼器的受拉梁的自由震动，对斜拉索的震动抑制具有重要意义。AJK 等[67]探讨了在地震节点或建筑-天桥连接中安装黏弹性阻尼器以减少地震引起的结构反应的效果。使用由黏弹性阻尼器连接的单自由度系统，考虑噪声和地震地面激励，进行了参数研究。分析结果表明，固有频率不同桥梁的连接结构中采用黏弹性阻尼器，可以有效地降低地震反应。

## 1.3.5 黏弹性阻尼墙研究进展

将黏弹性阻尼器与墙体组合，可发展出一种能够抵抗梁柱之间位移、变形的阻尼墙，也常采用钢板与黏弹性材料叠层连接的形式，但其平面尺寸远大于黏弹性阻尼器，其构造如图 1.6 所示。邓雪松等[80]提出一种复合型铅黏弹性阻尼墙，

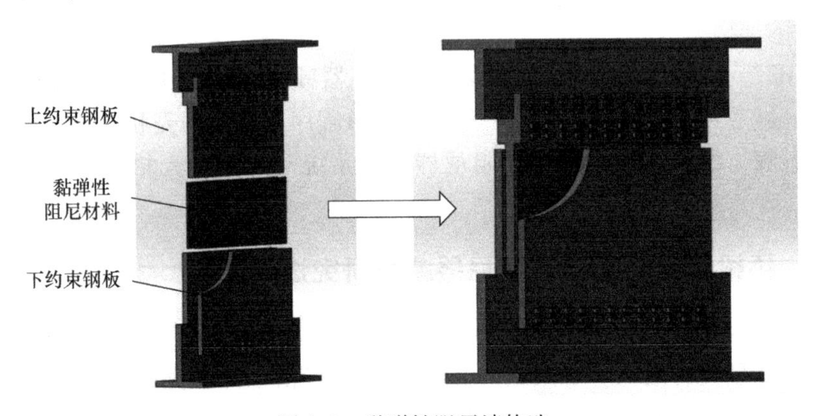


图 1.6　黏弹性阻尼墙构造

介绍了铅黏弹性阻尼墙的构造与原理。对4种不同硬度天然橡胶进行材性试验及本构参数拟合，设计24组不同参数铅黏弹性阻尼墙，采用ABAQUS有限元软件进行模拟分析，研究了不同黏弹性材料、黏弹性层面积、铅芯直径、铅芯布置方式、复合黏弹性层厚度和单层薄钢板与黏弹性层厚度比对阻尼墙滞回性能及力学性能的影响。2015年，许俊红等[45]设计了一种短轴向剪切加载模式方法，对其研制的新型5+4式黏弹性阻尼墙进行了动态力学性能试验，研究结果表明，该阻尼墙在新式装置加载模式下可以很好地发挥材料的阻尼耗能性能，与黏弹性材料试验结果得到的损耗因子比较接近。

除此以外，Chou C C等[81]提出了一种新型钢结构抗风抗震墙，根据结构响应不同由两个不同的运动相位激活速度相关的黏弹性阻尼器和位移相关的摩擦阻尼器。由杠杆在结构小位移中激活黏弹性阻尼器，传递放大的横向力至能量耗散框架结构；在中到大型位移中激活摩擦阻尼器，约束黏弹性阻尼器，并向框架提供摩擦能量耗散。Huang Z等[82]建立了两种积分有限元模型来模拟“弹性-黏弹性-弹性夹层结构”夹层梁结构中的剪切和压缩两种阻尼机制。前者的基本假设是黏弹性岩心中的纵向剪切变形产生阻尼，忽略横向压缩变形；后者假定震动能量仅通过黏弹性芯的横向压缩变形来耗散。Marko J等[83]研究了多层结构在模拟地震荷载作用下的响应，并在剪力墙内设置了摩擦阻尼器、黏弹性阻尼器和摩擦-黏弹性组合阻尼器。将剪力墙切出部分的初始刚度移除，并用装置的刚度和阻尼代替评估阻尼器刚度、阻尼系数、位置、结构和尺寸等参数对不同地震场景下阻尼器性能的影响。

### 1.3.6 位移放大型黏弹性阻尼器研究进展

对于某些刚度很大的结构，发生破坏时位移很小，因此传统的黏弹性阻尼耗能效果不佳。吴福健等[74]提出一种新型位移放大型黏弹性阻尼器（图1.7），对附加位移放大装置的黏弹性阻尼器进行阻尼力理论公式推导。基于能量等效原则，针对位移放大型黏弹性阻尼器减震结构提出一种简化计算的等效能量法。研究了结构层加速度、层间位移、层间剪力以及阻尼器的耗能。采用两种模型，验证等效能量法的有效性和分析精度，并通过有限元软件ABAQUS对一个12层设置传统黏弹性阻尼器与附加位移放大装置黏弹性阻尼器的框架减震结构进行对比分析。结果表明，附加位移放大装置的黏弹性阻尼器能更有效地减小结构的层间位移、层间剪力、层加速度等结构动力响应，且耗能更为显著。

### 1.3.7 宽温域黏弹性阻尼器减震研究进展

黏弹性阻尼器性能对温度变化比较敏感，董尧荣等[75]对一个五层黏弹性减震框架结构在宽温域环境下进行了地震模拟混合试验。结果表明黏弹性阻尼器对结构动力响应有着较好的控制作用。随着温度的升高，黏弹性阻尼器对结构位移和加速度的控制效果基本均呈逐渐减弱趋势，且减弱速率逐渐减小；黏弹性阻尼器的滞回曲线的饱满程度、耗能效率和力峰值均逐渐降低且降低速率逐渐减小。各环境温度下，黏弹性阻尼器对加设层的位移和加速度控制效果均最好，对其他层的控制效果均基本随与加设层距离的增加而逐渐减弱，且减弱速率逐渐减小；随着加设楼层的升高，黏弹性阻尼器耗能和力峰值对低温的敏感程度逐渐增大。Lin R C 等[76]采用模型结构模拟了单自由度结构和三自由度结构，对阻尼器的温度依赖性问题进行了研究。

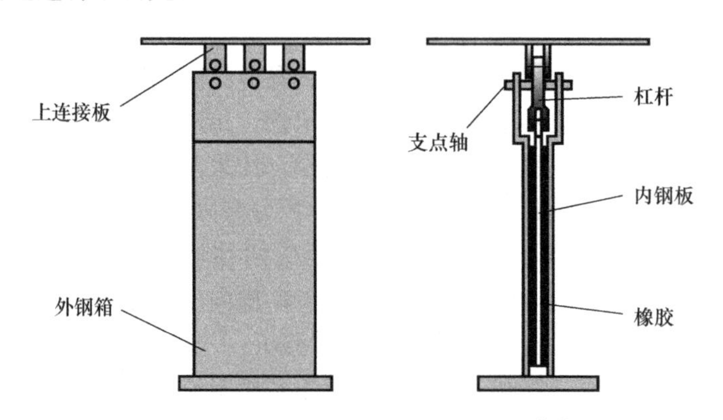


图 1.7　微小位移黏弹性阻尼示意图[74]

为了考虑结构分析过程中的温度影响，Ghaemmaghami A R 等[77]提出一种数值算法来模拟具有频率、应变和温度相关黏弹性阻尼器的多自由度结构的非线性时程地震反应。在中村法的基础上建立了扩展的递推参数模型，在时域模拟黏弹性阻尼器随频率、应变和温度变化的特性。A Y X 等[78]通过多响应历史分析（RHA）来揭示矢量有效性的概率特性。以 3 个地震数据库和 3 个不同自然周期的结构模型为基础，研究了所需的 RHA 数目。采用傅立叶级数对建筑热环境进行建模，考虑了温度的季节波动，并得到了温度的概率特性。基于全概率定律，建立了矢量流场有效性评估的概率框架。Aprile A 等[79]提出了一种演化模型来描述阻尼器的力学性能与变形频率和耗散引起的温度升高的关系。利用分数阶导数算子模拟了变形频率对存储和损耗模量的影响，采用演化传递函数的概念对材料温度对力-变形关系的影响进行了建模。在正弦和地震变形情况下，模型预测结果与试验结果吻合较好，可用于计算含黏弹性阻尼器的单自由度结构在地震激励下的响应谱。

## 1.3.8　考虑 SSI 效应的黏弹性阻尼器减震研究进展

地基作为结构边界条件中的关键一环，基础的性能会对结构分析与阻尼设计产生较大影响。Mohammad M 等[68]用新的剪切变形梁理论分析了单壁碳纳米管的阻尼强迫振动。对嵌入热环境中的黏弹性基础上的柔性梁进行有限元建模（图 1.8）。采用新的剪切变形梁理论，结合高阶非局部应变梯度理论建立平衡方程。BozyigitB 等[69]分析 Adomian 分解方法和微分变换方法对黏弹性地基上轴向加载 Timoshenko 梁自由振动的有效性。在不同的边界条件下，研究了轴向压缩荷载、地基反力模量和地基阻尼对梁模型固有频率的影响。

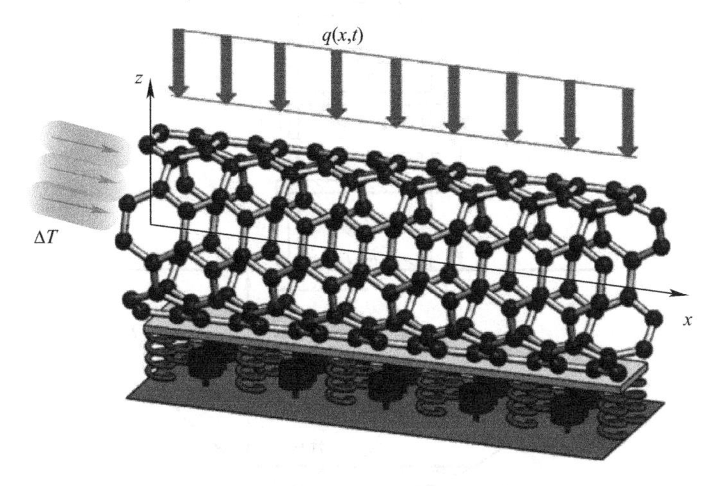


图 1.8　微观黏弹性基础上的柔性梁结构[68]

由于土-结构动力相互作用问题的复杂性，在进行结构的减震设计时，结构工程师常采用刚性地基假设，此种假定在地基刚度比较大时是可行的，而对于软土地基，该假设可能会带来一定的计算误差。宋和平等[70]结合实际工程，对消能减震结构体系的地震反应进行了分析，结果表明，在考虑 SSI 效应后，阻尼器的减震效果明显变差。张兆超[71]通过数值分析认为土-结构动力相互作用降低了消能装置的减震效率，基于刚性地基假设进行高层结构的减震控制和抗震性能评估并不一定偏于安全。因此有必要对软土地基上的消能减震结构进行 SSI 效应的影响分析。

国内学者建立了一种考虑 SSI 效应的黏弹性阻尼器减震框架结构体系的简化分析方法[72]。将原 SSI 减震结构体系等效为固定基础上的串联质点系模型，采用经典的振型分解法求解结构体系的地震反应。研究了黏弹性阻尼器性能受 SSI 效应的影响，建立了软土地基上的黏弹性消能减震结构地震反应的计算方法，在保证计算精度的同时提升了计算效率。

赵学斐等[73]在黏弹性阻尼的频域中建立了考虑土-结构动力相互作用的黏弹性框架减震结构的动力模型（图 1.9），采用随机振动理论对结构体系进行抗震研究。以结构层间位移角作为控制参数，基于首次穿越原则，定义了结构的失效概率。在 10 层及 20 层典型框架结构体系中，计算结构在不同初始附加阻尼比、

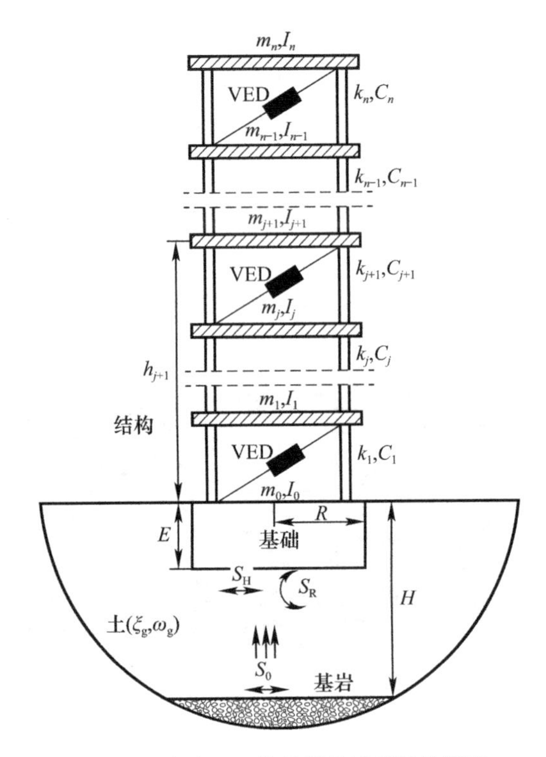


图 1.9　考虑 SSI 的黏弹性减震结构模型

基础埋深比及土体剪切波速下的随机地震反应及其失效概率。研究表明，随着土体的变软，阻尼器对结构层间位移角的控制效果将有所减弱，对于高宽比较大的 20 层结构，其控制效果的下降幅度更为明显。对于软土地基上高层建筑的消能减震设计，SSI 效应的影响不容忽视。

## 1.4　黏弹性阻尼器的工程应用

### 1.4.1　黏弹性阻尼器在风振控制中的应用

黏弹性阻尼器是美国 3M 公司的 D. B. Caldwell 首先提出来的，最早主要用于结构抗风中。纽约世界贸易中心是第一个应用实例，它将阻尼器放置在支撑楼板的桁架梁的下弦杆件上，由 10 层到 110 层，每层安装 100 个阻尼器，每幢塔楼上都放置了 10000 个阻尼器。这些黏弹性阻尼器主要是用来减小由风造成的侧向位移[50]，主要目的是将风致振动限制在人能够感觉的水平以下。美国纽约港务局从 1969 年安装这些阻尼器之后，就不断地监控及记录这些阻尼器的反应。在 30 多年的考验中，它们经历了许多中等及强风暴袭击，并无严重老化现象，效果良好。从那以后，黏弹性阻尼器能够有效地减小结构风振反应的功能逐渐被工程人员所认同，并逐步得到推广应用。美国匹兹堡钢铁大厦 64 层的次塔楼中也安装了这种黏弹性阻尼器。

美国华盛顿州西雅图市的 Columbia Sea first 高 291m，为钢-混凝土结构，平面呈三角形[51]。在设计阶段进行的边界层风洞试验表明，在大风中居住者会有不舒适感，为此安装了 260 个大型黏弹性阻尼器进行减震。这种黏弹性阻尼器每只重 272kg，它的重量是纽约世界贸易中心使用的阻尼器的 20 倍，它们与建筑物的对角线斜撑相互平行，并安装在相对位移较大的部位。经计算，在频繁的风暴作用下黏弹性阻尼器将它的基本振型阻尼比从 0.8%增加到 6.4%，而在设计风压下能增加到 3.2%。1988 年，美国华盛顿州西雅图市的双联合广场大楼也安装了类似的阻尼器，每层楼有 16 个大型阻尼器平行于柱子布置。

我国首都规划大厦为 50 层的钢结构，高 205m。设置阻尼器后将阻尼比由原来的 0.02 提高到 0.09，层间地震位移平均减小 17%，风振加速度（第 41～50 层）平均减小 54%[47]。

苏毅[41]系统地研究了 2301 型黏弹性材料制成的圆筒阻尼器的动态力学特性、疲劳及老化性能，试验结果表明，该阻尼器具有较稳定的耗能性能，并将其应用于大悬挑钢网架结构的风振控制，提出了修正的模态应变能法，给出了消能支撑竖向控制力计算公式。

### 1.4.2 黏弹性阻尼器在地震控制中的应用

在减小地震响应方面，黏弹性阻尼器主要用于控制钢框架结构和混凝土框架结构对地震的响应。

宿迁市府东街底部商用住宅共六层，其抗震设防烈度为 9 度。结构设计时，在底层大开间上部的 5 层住宅中设置黏弹性耗能支撑，将设防烈度由 9 度减为 8 度，使得结构既安全又经济[54]。9 度抗震设防的宿迁市交通大厦也安装了黏弹性耗能支撑。计算表明，安装黏弹性阻尼器后，上部结构可按 8 度抗震设防要求设计，节约主体造价约 10%[37]。

我国台北捷运系统剑谭车站的悬吊式屋顶装设了 8 个黏弹性阻尼器，并由美国科罗拉多州立大学以 1/120 的缩尺模型进行了一系列的风洞试验。试验结果显示，垂直振动模态和扭转振动模态各可产生 8%和 4%的阻尼比。工程师根据风洞试验的结果，采用模态应变能法设计出与原结构顶层相连接的阻尼器系统。所设计出的阻尼器是几个较薄的黏弹性阻尼材料层黏合在铝金属板上，铝金属板为鳍状。

徐赵东等[136]将 56 个黏弹性阻尼器安装于西安石油宾馆的抗震加固应用中，通过结构模拟分析表明，黏弹性阻尼器在多遇及罕遇地震作用下有效地控制了结构的地震响应。

在过去的近四十年里，随着黏弹性阻尼器性能试验和黏弹性阻尼减震结构分析及设计方法的日趋成熟，黏弹性阻尼减震技术在国内外的实际工程项目中也得到了一定的应用（图 1.10）。如国外早期用于高层建筑结构风振控制的纽约世界贸易中心[50]、西雅图市哥伦比亚中心大厦和 60 层联合广场大厦[51]，用于地震响应控制的圣克拉拉市 13 层钢框架结构[52]，用于加固改造项目的有圣地亚哥海军设备供应局[53]；国内用于风振控制的实际工程有合肥奥体中心综合体育馆大悬挑钢网架结构[41]、黑龙江广播电视塔，用于地震反应控制的实际案例有宿迁市 13 层交通大厦[37]、宿迁市府东街小区[54]、宿豫区计生委办公楼[55]、南京市大报恩寺[44]、西安富锦佳苑等，用于加固改造项目的潮汕星河大厦[46]、西安石油宾馆[136]等建筑。以上黏弹性阻尼装置减震技术的成功应用，推动了黏弹性阻尼减震结构设计及分析理论的发展。

(a) (b) (c) (d) (e)

图 1.10 黏弹性阻尼器工程应用实例

(a) 纽约世界贸易中心[50]；(b) 哥伦比亚中心大厦[51]；(c) 潮汕星河大厦[46]；(d) 合肥奥体中心综合体育馆[41]；(e) 宿迁市交通大厦[37]

# 第2章 黏弹性材料及黏弹性阻尼器

## 2.1 黏弹性材料的基本概念

物体在静力荷载下，各种不同的物态有不同的特性：气体不能承受剪力，同时受到压力后便会压缩；液体同样不能承受剪力，但在压力作用下压缩很小；固体既可承受剪力，也可承受压力而发生很小的压缩。为了更好地研究物体的力学性能，通常会对这些物体做一些简化，在工程材料中常面对的是固体或者流体，研究时常把它们分为弹性固体、弹塑性固体、塑性固体、黏性流体、黏塑性固体和黏弹性材料等种类。本书涉及的黏弹性材料的受力性能既有弹性固体的特点，也有黏性流体的特点。

### 2.1.1 弹性固体和黏性流体

众所周知，弹性固体和黏性流体是两类研究材料性质的常见理想材料。弹性固体具有明确的形状，在静载作用下发生的变形与时间无关，卸除外力之后能完全恢复原状。而黏性流体没有确定的形状，或决定于容器，在外力作用下形变随时间而发展，产生不可逆的流动。

**1. 弹性固体**

弹性固体在突加的应力下发生突然的应变，而在连续变动的应力作用下将产生连续变化的应变。这种力学行为可以将之视为受弹簧支承的质点，在外荷载的作用下是立即且瞬时的弹性与回复行为，并跟变形的速率无关。

如果该体系的弹性系数是个常数，我们可以将此物体视为线性弹性，则应力与应变之间呈线性关系，符合虎克定律。一般在小变形的条件下，大部分的弹性材料都可以用此假设。然而有些材料例外（如橡胶），虽然也是弹性材料，但应力与应变之间纵使在小变形的条件下也并未呈线性关系，我们将此视为非线性弹性材料。

不同于流体，弹性固体受到应力后，变形是实时且瞬发的，因此应力与应变之间不会有相位差。若比较弹性固体与黏性流体，弹性固体在受到应力后，会产生应变，当应力移除后，便会恢复原状，所以弹性固体能将外力转换成位能的方式储存起来。相对的黏性流体在承受应力后，会有应变率的改变，在应力移除后，状态并不会回复，能量已经被消散掉了。

**2. 黏性流体**

黏性流体是指黏性效应不可忽略的流体。自然界中的实际流体都具有黏性，所以实际流体又称黏性流体。黏性效应是指流体质点间、可流层间因相对运动而产生摩擦力而反抗相对运动的性质。有些流体的黏性效应很小（例如水、空气），有些则很大（例如甘油、油漆、蜂蜜）。

黏性流体由大量分子所组成，相邻两层流体作相对滑动或剪切变形时，由于流体分子间的相互作用，会在相反方向上产生阻止流体相对滑动或剪切变形的剪应力，称为黏性应力。

由于流体中存在着黏性，流体的一部分机械能将不可逆地转化为热能，并使流体流动出现许多复杂现象，例如边界层效应、摩阻效应、非牛顿流动效应等。为了研究黏性流体，常常把黏性流体分为牛顿流体和非牛顿流体。

牛顿于 1687 年首先对稳定剪力的流体做研究，得到一个结果：当一流体在温度、压力不变的情况下，流动能力降低的阻力正比于流体的速度梯度。其中将施加于流体的剪应力与剪应变率的比值称为黏度，用来表征流体内部的摩擦力。黏度较高的物质，不太容易流动；而黏度较低的物质，比较容易流动。黏性流体受到外力时，其应力与应变率关系为 $\tau=\eta\dot{\gamma}$，其中 $\eta$ 为黏性系数。此时可以用一个黏壶单元来简化分析。当该黏壶单元，受到一个固定应力时，会以一个应变率持续变形。若该黏壶单元遭受一个冲击式的固定应变时，在受到该冲击的瞬时会产生趋近于无限大的应力，然后随着时间的增加，应力会快速地减小。当应力降至零后，保持零应力的状态。如果黏性系数是一个常数，我们将此流体称为牛顿流体。在小应变率的条件下，大部分的流体都符合牛顿定律，即应力与应变之间呈线性关系。

到了近代，因为流变仪的发展，逐渐发现流体的行为并非像牛顿流体那样简单，影响流体黏度的因素很多，其中有些流体的黏度会随着剪应变率改变。这些不符合牛顿流体定义的流体被统归类为非牛顿流体。其中黏度会随着剪切速率增大的流体为剪切增稠流体，相反的，黏度随着剪切速率减少的流体为剪切稀变流体。

非牛顿流体广泛存在于生活、生产和大自然之中。绝大多数生物流体都属于所定义的非牛顿流体。如人体血液、淋巴液、囊液等多种体液，以及像细胞质那样的“半流体”都属于非牛顿流体。高分子聚合物的浓溶液和悬浮液等一般为非牛顿流体。如聚乙烯、聚丙烯酰胺、聚氯乙烯、尼龙 6、PVS、赛璐珞、涤纶、橡胶溶液、各种工程塑料、化纤的熔体、溶液等，都是非牛顿流体。此外，石油、泥浆、水煤浆、陶瓷浆、纸浆、油漆、油墨、牙膏、家蚕丝再生溶液、钻井用的洗井液和完井液、磁浆、某些感光材料的涂液、泡沫、液晶、高含沙水流、泥石流、地幔等也都是非牛顿流体。

### 2.1.2　黏弹性材料

古希腊哲学家 Heraclit 曾提出过“一切皆流、一切皆变”的观点，即任何物体和材料均具有流变特性。在自然界里，不存在完全弹性固体和完全黏性液体，大多数的材料都是黏弹性材料。

在做研究的时候，忽略次要因素时，很多材料可以视为弹性固体材料和黏性流体材料。但有相当多的材料同时具有弹性和黏性两种不同机理的形变，综合地体现为黏性流体和弹性固体两者的特性，这样的材料称为黏弹性材料。黏弹性材料兼具弹性固体与黏性液体的特性，一般而言，其力学行为模式，可以由完全弹性以及完全黏性两种特性组合而成，用来描述其受力行为模式。

许多固态新物质、新材料的力学特性超出了弹性的范畴，这样使得黏弹性理论的出现和发展成为必然。黏弹性体材料受力后的变形过程是一个随时间变化的过程，卸载后的恢复过程又是一个延迟过程，因此黏弹性体内的应力不仅与当时的应变有关，而且与应变的全部变化历史有关。这时应力与应变间的一一对应关系已不复存在。常见的黏弹性体如高分子材料、筑路与建筑材料、高温下的金属等。

在很多情况下，例如在室温条件下钢的变形，时间因素的影响是很小的，以致可以忽略不计，弹性理论和弹塑性理论能够合理地使用。然而在另外一些情况下，时间效应却是重要的，例如在高温环境中的金属材料，可以在较低的应力下屈服，随着时间的流逝它能积累很大的变形。对于岩石，相对于地质时间尺度的地壳运动来说，它的流变性质也是不能忽略的。在这些情况下，在变形过程的分析中考虑时间因素是完全必要的。

## 2.2　聚合物基黏弹性材料

自然界中许多材料在常温下都展现出黏弹性特性，但总体来说可以概括成三大类，即橡胶、塑料、聚脲等聚合物材料；岩石、混凝土等工程地质材料；骨骼、肌肉等生物材料。这些材料黏弹性性能的强弱一般用损耗因子的大小来判断。这里，损耗因子是指材料在周期荷载作用下损耗模量与储能模量之比，通常用“$\tan\delta$”来表示。损耗因子越大说明材料的黏性效应越显著，损耗因子越小说明材料的弹性性能越显著。在黏弹性阻尼器中，主要使用聚合物基黏弹性材料作为其耗能材料。

高聚物材料[84]具有所有已知材料中可变性范围最宽的力学性质，包括从液体、软橡皮到很硬的刚性固体。各种高聚物对于机械应力的反应相差很大；例如聚苯乙烯制品很脆，一敲就碎；而尼龙制品却很坚韧，不易变形也不易破碎；轻度交联的橡胶拉伸时，可伸长好几倍，力解除后还能基本上回复原状；而胶泥变形后，却完全保持着新的形状。高聚物力学性质的这种多样性，为不同的应用提供了广阔的选择余地。然而，与金属材料相比，高聚物的力学性质对温度和时间的依赖性要强得多，表现为高聚物材料的黏弹性行为，即同时具有黏性液体和纯粹弹性固体的行为，这种双重性的力学行为使高聚物的力学性质显得复杂而有趣。

高聚物的力学性质之所以具有这些特点，是由于高聚物由长链分子组成，分子运动具有明显的松弛特性的缘故。而各种高聚物的力学性质的差异，则直接与各种结构因素有关，除了化学组成之外，这些结构因素包括分子量及其分布、支化和交联、结晶度和结晶的形态、共聚的方式、分子取向、增塑以及填料等。

Ferry[85]已经对一些聚合物的黏弹性性能进行了系统研究，并给出了聚合物材料黏弹性响应的一般特征，如图 2.1 所示。可以看出从低温到高温，聚合物材料逐渐从玻璃态向橡胶态转变，其中在玻璃化转变区损耗因子达到了峰值 $\alpha$，从而说明在这个区域材料内耗较大。这是由于聚合物的微观结构主要由分子链段组成，当材料处于玻璃态时，分子链段被冻结不能运动，受外力时消耗能量较少；当材料处于玻璃化转变区时，分子链逐渐能运动，但分子链间内摩擦力较大，造成内耗较大。同时，从图 2.1 中还可以发现当聚合物处于玻璃态时，损耗因子也出现了一个次级峰值 $\beta$，这是玻璃态聚合物特有的典型现象，如 PMMA 和聚苯乙烯。这主要是由于材料微观结构中比链段小的单元运动造成的，如端基、局部侧基等。聚合物按照分子链排列的几何特征可以分为：无定形聚合物和结晶聚合物[87]。无定形聚合物主要包括：聚脲、PMMA、ABS 塑料、聚苯乙烯以及聚氯乙烯等；结晶聚合物主要包括：尼龙、聚乙烯、聚丙烯以及聚四氟乙烯等。无定形聚合物的微观结构表现出分子无序性，具有明显的玻璃化转变点，但无熔融点。由于本文的研究主题不是聚合物的物化性能，而是其力学性能。故关于无定形聚合物的黏弹性效应可参阅 Koppelmann[87]、Iwayanagi[88]、McLoughlin[89]、Schmieder[90]和 Wetton[91]等人的研究。结晶聚合物由于其分子链的规律性和对称性，微观结构表现出分子有序性，具有明显的熔融点，但无玻璃化转变点。与无定形聚合物相比，结晶聚合物的损耗因子 $\alpha$ 峰更宽。关于结晶聚合物的黏弹性效应可参阅 Hopkins[92]、Ferry、MacKnight[93]、Aklonis[94]和 Shen[95]等人的研究。

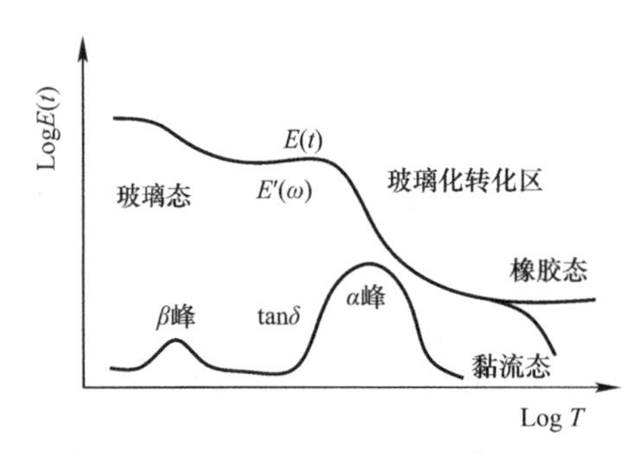

图 2.1　聚合物黏弹性响应的一般形式

黏弹性消能阻尼器的核心耗能部件是由上述的黏弹性材料组成的。黏弹性消能阻尼器通过黏弹性材料的滞回耗能特性来耗散结构的振动能量，因此，黏弹性材料的力学性能决定了黏弹性阻尼器的动态力学性能。

黏弹性材料一般可分为橡胶类和塑料类。这些高分子聚合物材料一般由长分子链组成，其有机分子链如图 2.2 所示。当聚合体变形时，聚合物网状结构恢复部分变形，分子之间的相对运动也部分复原，这便是黏弹性材料的弹性；聚合物网状结构在外力作用下变得松弛，长分子链的分支甚至可能断裂，使聚合物产生永久变形，这便是黏弹性材料的黏性。这种黏性就表现为应变滞后于应力，使它具有滞回耗能的特性。由于材料的分子运动与温度直接相关，故黏弹性材料对温度非常敏感。

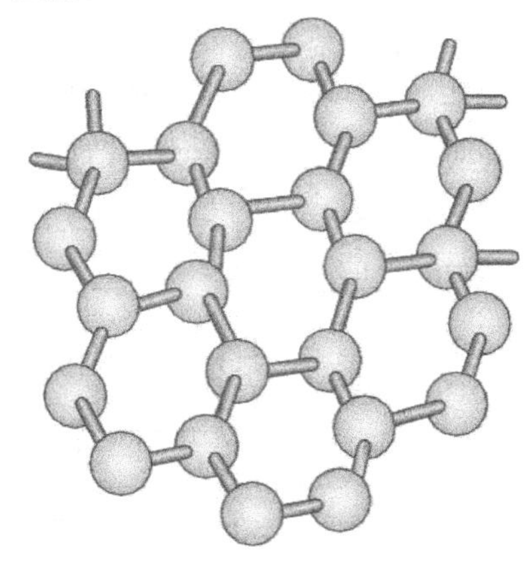

图 2.2　典型的高分子聚合物网状结构

目前应用于黏弹性消能阻尼器的高分子聚合物材料一般以丁腈橡胶、丁基橡胶、环氧树脂等为主。丁腈橡胶是由丙烯腈与丁二烯单体聚合而成的共聚物，耐油性极好，耐磨性较高，耐热性较好，黏结力强，其衍生出的氢化丁腈橡胶有效改善了耐热和耐老化性能，在高温下仍能保持较高的物理机械性能；丁基橡胶由异丁烯和少量异戊二烯合成，是气密性最好的橡胶，具有良好的化学稳定性和热稳定性；环氧树脂是环氧氯丙烷与双酚 A 或多元醇的缩聚产物，具有优良的物理机械和电绝缘性能以及与各种材料的黏结性能，应用前景十分广泛。

# 2.3　黏弹性材料特性

## 2.3.1　黏弹性介质

对一般工程问题而言，构件受到外加载荷的作用，在单元体上产生应力和应变。单元体上载荷的施加可由应力控制（或应变控制），导致的响应为应变响应（或应力响应）。对于恒定的应力，材料应变将不断增加而构成蠕变问题；对于恒定的应变，材料应力将不断减少而构成应力松弛问题。施加变化的应力，则造成变化的瞬时应变和瞬时应变率，从而使应变是应力历史的函数。如果材料有黏性，那么应变将滞后于应力而形成滞后现象。总而言之，黏性是需要时间才能表现出来的。

对于弹性体，由于应力的突然增加，导致应变的突然增加，工程中一般称为瞬时加载；反之，应力的突然减小，将导致应变的突然减小，工程中一般称为瞬时卸载。这里必须指出，蠕变或松弛需要较长时间才能表现出来，而弹性的响应快，但其也需要时间，只是弹性体经历的时间相对于蠕变或松弛较短。

对于黏弹性体，如果突加应力，则会产生突加的弹性应变并随之产生连续的流动；施加变化的应力则造成变化的瞬时应变和瞬时应变率，从而使应变是应力历史的函数。如图 2.3（a）所示，卸载后，弹性应变立即恢复，并随时间恢复，但一般不能完全恢复原状，存在热力学的损耗，因而是不可逆的过程。

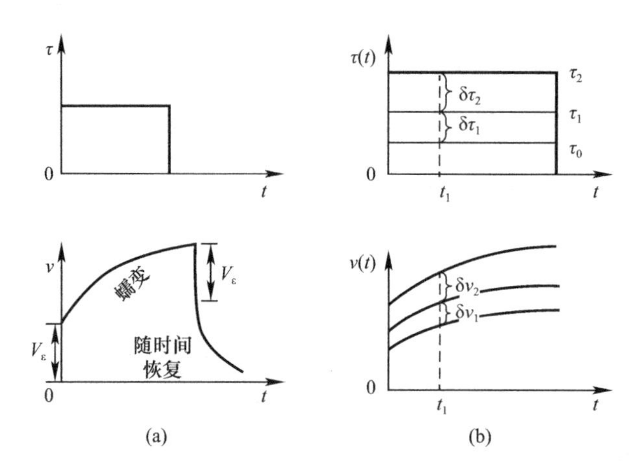


图 2.3　黏弹性介质在应力作用下的响应特性

在工程中应用较广泛的是线性黏弹性体，它的特点是任一瞬时的载荷与变形之间保持线性关系，但应力与应变的比值及其模量却随着时间和频率而变化（但模量与当时的应力和应变值无关）。一般黏弹性体在小变形时常可近似假设为线性黏弹性体。以图 2.3（b）为例，在任一瞬时 $t$，形变与时间成指数关系：

$$\varepsilon_2 = \frac{\sigma}{E_2}(1 - e^{-t/\tau}) \tag{2-1}$$

式中　$\varepsilon_2$——高弹形变；

$\tau$——松弛时间（或称推迟时间），它与链段运动的黏度 $\eta_2$ 和高弹形变模量 $E_2$ 有关，$\tau = \eta_2 / E_2$。

外力除去时，高弹形变是逐渐回复的，如图 2.4 所示。

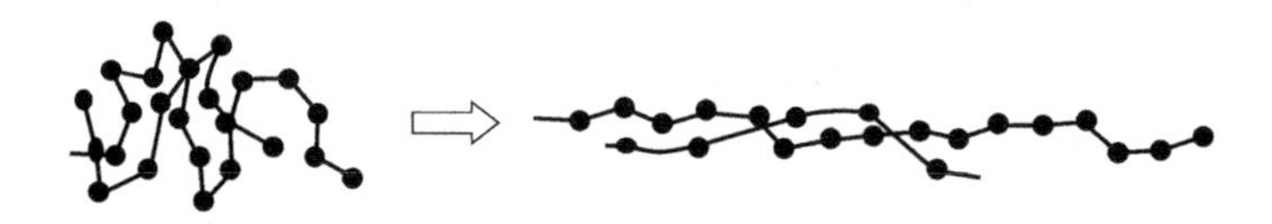

图 2.4　高弹形变示意图

### 2.3.2　黏性流动

分子间没有化学交联的线型聚合物，还会发生分子间的相对滑移，称为黏性流动，用符号 $\varepsilon_3$ 表示：

$$\varepsilon_3 = \frac{\sigma}{\eta_3} \cdot t \tag{2-2}$$

式中　$\eta_3$——本体黏度，外力除去后，黏性流动是不能回复的，如图 2.5 所示。

因此，普弹形变 $\varepsilon_1$ 和高弹形变 $\varepsilon_2$ 称为可逆形变。而黏性流动 $\varepsilon_3$ 称为不可逆形变。

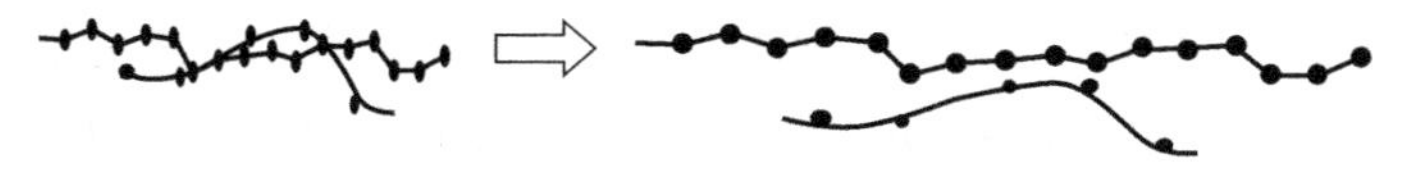

图 2.5　黏性流动示意图

### 2.3.3　聚合物的黏弹性行为

一个理想的黏性体，当受到外力后，形变是随时间呈线性发展的。而高分子材料的形变性质是与时间有关的，这种关系介于理想弹性体和理想黏性体之间。因此高分子材料常被称为黏弹性材料，黏弹性是高分子聚合物的一个重要特性。

聚合物的力学性质随时间的变化统称为力学松弛，主要包括蠕变、应力松弛、滞后现象和力学损耗。

**1. 聚合物滞后现象**

聚合物作为结构材料，在实际应用时，往往受到交变力（应力大小呈周期性变化）的作用，如轮胎、传送皮带、齿轮、消振器等，它们都是在有交变力作用的场合下使用的。以橡胶轮胎为例，当车辆行驶时，轮胎上某一部位一会儿着地，一会儿离地，受到的是一定频率的外力；其形变也是一会儿大，一会儿小，交替地变化着。例如，如果汽车每小时行驶 60km，相当于其轮胎某处将受到每分钟 300 次的周期性外力的作用，把轮胎的应力和应变随时间的变化记录下来，可以得到如图 2.6 所示的两条波形曲线。

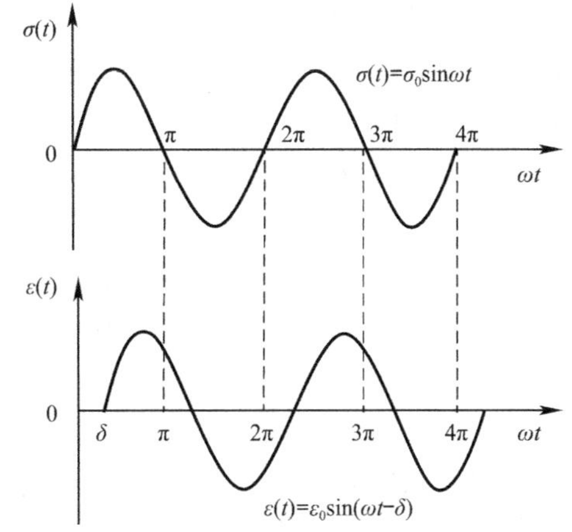


图 2.6　应力和应变随时间的变化曲线

应力曲线的数学表达式为：

$$\sigma(t) = \sigma_0 \sin\omega t \tag{2-3}$$

式中 $\sigma(t)$ ——轮胎某处受到的应力随时间的变化；

$\sigma_0$——该处受到的最大应力；

$\omega$——外力变化的角频率；

$t$——时间。

应变曲线的数学表达式为

$$\varepsilon(t)=\varepsilon_0\sin(\omega t-\delta) \tag{2-4}$$

式中 $\varepsilon(t)$ ——轮胎某处的形变随时间的变化；

$\varepsilon_0$——形变的最大值；

$\delta$——形变发展落后于应力的相位差。

聚合物在交变应力作用下，形变落后于应力变化的现象就称为滞后现象。滞后现象的发生是由于链段在运动时要受到内摩擦力的作用，当外力变化时，链段的运动跟不上外力的变化，所以形变落后于应力，有一个相位差。$\delta$ 越大说明链段运动越困难，越跟不上外力的变化。

聚合物的滞后现象与其化学结构有关，一般刚性分子的滞后现象小，柔性分子的滞后现象严重。滞后现象还受到外界条件的影响，如果外力作用的频率低，链段来得及运动，滞后现象很小；如果外力作用的频率很高，链段根本来不及运动，聚合物就像一块刚硬的材料，滞后现象也很小；当外力作用的频率不太高时，链段可以运动，但应变则会跟不上应力变化，出现较明显的滞后现象。改变温度也会发生类似的情况，在外力的频率不变时，提高温度，会使链段运动加快。当温度很高时，形变几乎不滞后于应力的变化；当温度很低时，链段运动速度很慢，在应力增长的时间内形变还来不及发展，因此也无滞后现象；只有在某一温度，即 $T_u$（黏弹性材料的玻璃化转变温度）上下几十摄氏度的范围内，链段能充分运动，但应变跟不上应力变化，所以滞后现象严重。因此，增加外力作用的频率和降低温度对滞后现象有着相同的影响。

**2. 聚合物力学损耗**

当形变落后于应力的变化，发生滞后现象，每一个循环变化中就要消耗功，称为力学损耗，有时也称为内耗。

在每一个循环中，单位体积试样损耗的能量正比于最大应力 $\sigma_0$、最大应变 $\varepsilon_0$ 以及应力和应变的相位差的正弦。因此，$\delta$ 又称为力学损耗角。人们常用力学损耗角的正切 $\tan\delta$ 来表示内耗的大小。

可以从应力-应变曲线上拉伸回缩的循环和试样内部的分子运动情况来了解损耗的原因。图 2.7（a）表示橡胶拉伸回缩过程中应力-应变的变化情况，如果应变完全跟得上应力的变化，拉伸与回缩曲线应重合在一起。发生滞后现象时，拉伸曲线上的应变达不到与其应力相对应的平衡应变值，而回缩时，情况正好相反，回缩曲线上的应变大于与其应力相对应的平衡应变值，在图 2.7（a）上对应

为应力 $\sigma_1$，有 $\varepsilon_1' < \varepsilon_2''$。在这种情况下，拉伸时外力对聚合物体系做的功，一方面用来改变分子链段的构象，另一方面用来提供链段运动时克服链段间的内摩擦阻力所需要的能量。回缩时，伸展的分子链重新蜷曲起来，聚合物体系对外做功，此时链段运动仍需克服链段间的内摩擦阻力。这样，在一个拉伸回缩循环中，有一部分功被损耗，转化为热。内摩擦阻力越大，滞后现象越严重，消耗的功也越大，即内耗越大。

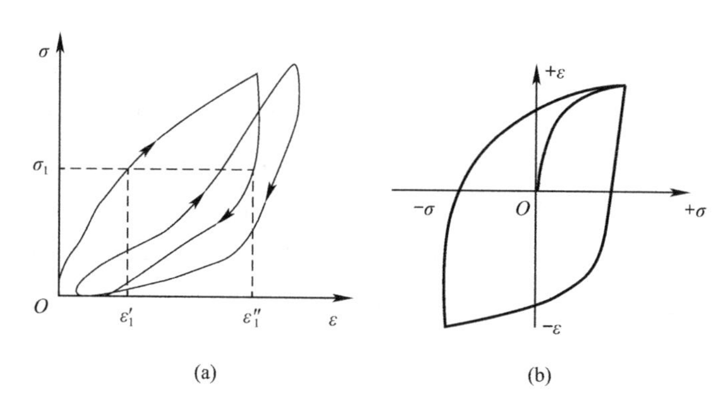


图 2.7　橡胶的拉伸回缩循环和拉伸压缩循环的应力-应变曲线
(a) 拉伸回缩循环；(b) 拉伸压缩回环

拉伸和回缩时，外力对橡胶所做的功和橡胶对外力所做的功分别相当于拉伸曲线和回缩曲线包围的面积。于是一个拉伸回缩循环中损耗的能量与这两块面积之差相当。内耗较大的橡胶，吸收冲击能量较大，回弹性就较差。

橡胶的拉伸压缩循环的应力-应变曲线如图 2.7 (b) 所示，其构成的闭合曲线常称为“滞后圈”。滞后圈的大小恰为单位体积的橡胶在每个拉伸压缩循环中损耗的功。数学上有：

$$\Delta\omega = \sigma_0\varepsilon_0\omega\int_0^{2\pi/\omega t}\sin\omega t\cos(\omega t - \delta)\mathrm{d}t \tag{2-5}$$

将上式展开并积分得：

$$\Delta\omega = \pi\sigma_0\varepsilon_0\sin\delta \tag{2-6}$$

聚合物的形变和内耗与温度的关系如图 2.8 所示。在 $T_g$ 以下，聚合物受外力

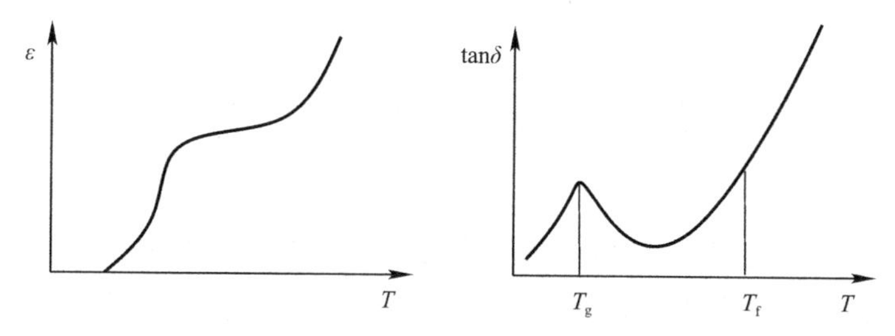


图 2.8　聚合物的形变和内耗与温度的关系

作用形变很小，这种形变主要由键长和键角的改变引起，速度很快，几乎完全跟得上应力的变化。$\delta$很小，内耗很小；$\delta$较大，内耗也大。当温度进一步升高时，虽然变形大，但链段运动比较自由，$\delta$变小，内耗变小。因此，在玻璃化转变区域将出现一个内耗的极大值，称为内耗峰。当向黏流态过渡时，由于分子间相互滑移，因而内耗急剧增加。

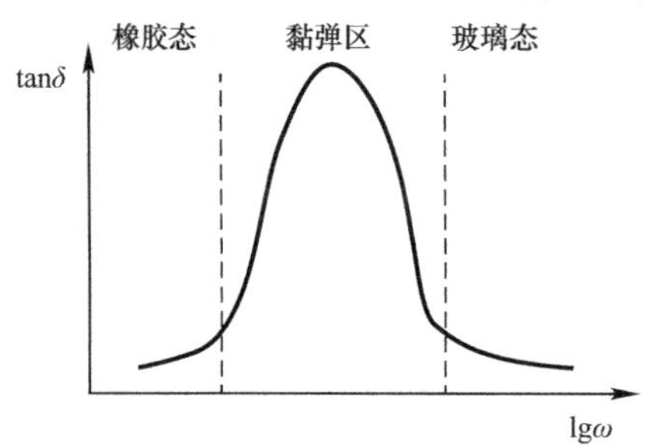


图 2.9　聚合物的内耗与频率的关系

聚合物的内耗与频率的关系如图 2.9 所示。当频率很低时，高分子的链段运动完全跟得上外力的变化，内耗很小，聚合物表现出橡胶的高弹性；当频率很高时，链段运动完全跟不上外力的变化，内耗也很小，聚合物显得刚性，表现出玻璃态；只有在中间区域，链段运动跟不上外力的变化。内耗在一定的频率范围将出现一个极大值。这个区域中材料的黏弹性表现得很明显。

## 2.4　黏弹性消能阻尼器的类型与标记

黏弹性消能阻尼器的类型主要包括平板式黏弹性消能阻尼器、筒式黏弹性消能阻尼器和黏弹性消能阻尼墙。平板式黏弹性消能阻尼器（其构造可参见 1.2a）由黏弹性材料和约束板组成，约束板和黏弹性材料层均为板状，其代号为 P。若板式黏弹性阻尼器的阻尼力设计值 300KN，表现剪应变设计值 250%，则常标记为 VE0D-P×200×150。筒式黏弹性阻尼器（其构造可参见 1.2b）由黏弹性材料和内、外约束筒组成，黏弹性材料层为筒状，其代号为 T。若筒式黏弹性阻尼器阻尼力设计值 200kN，表观剪应变设计值 150%，则常标记为 VED-T×200×150。黏弹性阻尼墙也常采用钢板与黏弹性材料叠层连接的形式（其构造可参见 1.6），通过黏弹性材料的剪切变形来耗散能量。黏弹性阻尼墙使用了比普通黏弹性阻尼器大得多的黏弹性材料，因此给结构增加的阻尼就更大。

## 2.5　黏弹性消能阻尼器的支撑形式

黏弹性消能阻尼器的主要支撑形式有：对角支撑、人字型支撑、八字型支撑、墙型支撑、间柱型支撑、剪刀式支撑等类型，如图 2.10 所示。在我国比较常见的是对角支撑和人字型支撑，其主要目的是减少结构的水平振动，当然，其中对角支撑也对减少结构的垂直振动有所帮助。

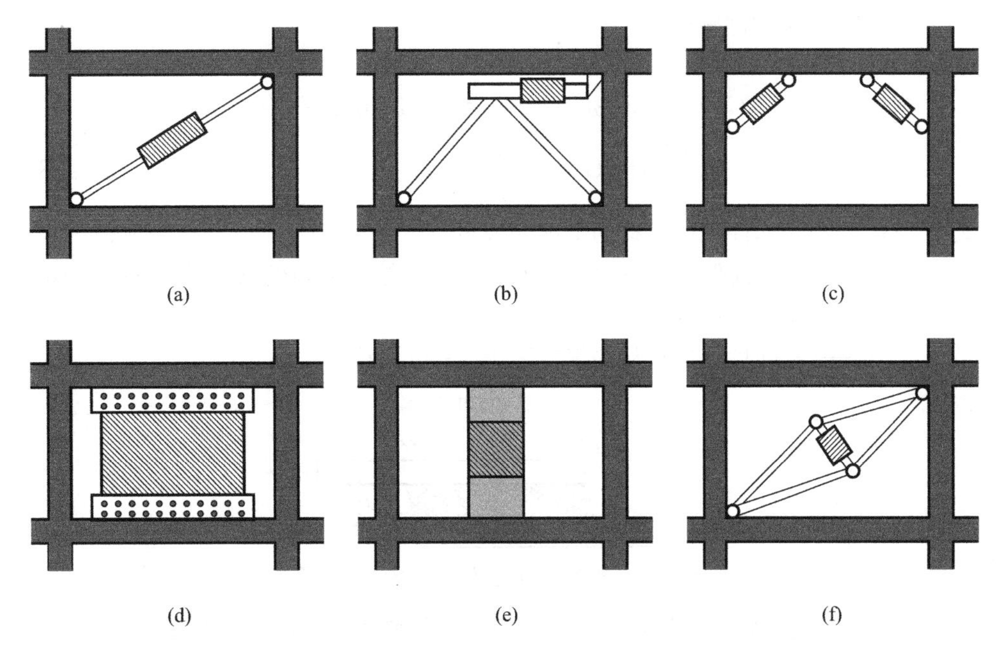


图 2.10 黏弹性消能阻尼器的主要支撑形式

(a) 对角支撑；(b) 人字型支撑；(c) 八字型支撑；(d) 墙型支撑；(e) 间柱型支撑；(f) 剪刀式支撑

# 2.6 黏弹性消能阻尼器的减震原理和理论力学模型

## 2.6.1 典型黏弹性消能阻尼器的耗能机理

黏弹性阻尼器是一种速度相关型阻尼器，黏弹性阻尼器是以夹层方式将黏弹性阻尼材料和约束钢板组合在一起，它与钢杆相连构成黏弹性消能支撑安装在结构上，其工作原理是黏弹性材料随约束钢板往复运动，通过黏弹性阻尼材料的剪切滞回变形来耗散能量。

## 2.6.2 黏弹性消能阻尼器的动态力学性能

采用正弦激励法，黏弹性阻尼材料力-位移变形如图 2.11 所示，产生剪切变形时，剪应力 $\tau$ 和剪应变 $\gamma$ 的表达式为：

$$\begin{cases}\tau = \tau_{\max}\sin(\omega t + \alpha) \\ \gamma = \gamma_{\max}\sin\omega t\end{cases} \tag{2-7}$$

式中 $\alpha$——相位角；

$\gamma_{max}$、$\tau_{max}$——剪应变和剪应力的最大值；

$\omega$——激励圆频率。

$\gamma$ 和 $\tau$ 的关系可写为：

$$\tau = |G^*|\gamma_{max}\sin(\omega t+\alpha) = \gamma_{max}(G'\sin\omega t + G''\cos\omega t)$$
$$= G'\gamma + \frac{G''}{\omega}\dot{\gamma} = G'\gamma + \frac{\eta G'}{\omega}\dot{\gamma} \tag{2-8}$$

式中 $G^*$——黏弹性阻尼材料的复剪切模量；

$G'$、$G''$——黏弹性阻尼材料的储存剪切模量和损耗剪切模量，$G'=|G^*|\cos\alpha$，$G''=|G^*|\sin\alpha$；

$\eta$——黏弹性阻尼材料的损耗因子，$\eta=G''/G'$。

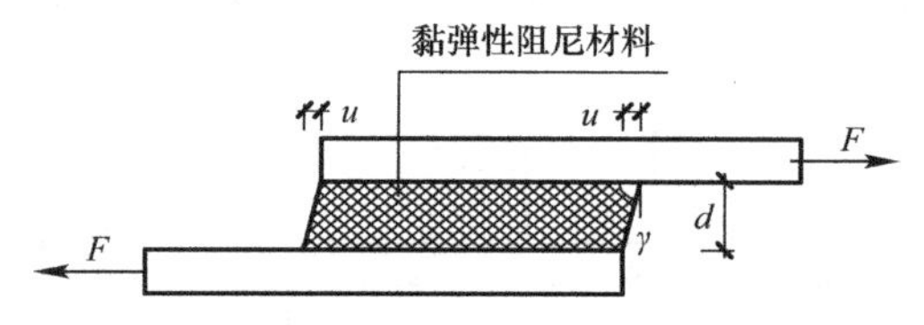


图 2.11 黏弹性阻尼材料的力-位移变形

假设黏弹性阻尼材料截面上剪应力相等，黏弹性阻尼材料面积为 $A$，则：

$$F = \tau A = G'A\frac{u}{d} + \frac{\eta G'A}{\omega d}\dot{u} \tag{2-9}$$

式中 $d$——黏弹性阻尼材料的厚度；

$u$——黏弹性阻尼材料的剪切变形；

等式右边第一项是黏弹性阻尼材料的弹性力，第二项是黏弹性阻尼材料的阻尼力。

定义黏弹性阻尼材料的储存刚度 $k'=\frac{G'A}{d}$，黏弹性阻尼材料的等效阻尼 $c'=\frac{\eta k'}{\omega}=\frac{\eta G'A}{\omega d}=\frac{G''A}{\omega d}$，则式（2-9）可写为：

$$F = k'u + c'\dot{u} \tag{2-10}$$

式（2-9）也可写为：

$$\tau = G'\gamma \pm G''\sqrt{\gamma_{max}^2 - \gamma^2} \tag{2-11}$$

两边均乘以 $A$，得：

$$F = \tau A = \frac{G'A}{d}u \pm \frac{G''A}{d}\sqrt{u_{max}^2 - u^2} \tag{2-12}$$

该式在数学上表示一椭圆，反映了黏弹性阻尼材料受正弦激励时力与位移的关系，如图 2.12 所示。

由该椭圆可得到黏弹性阻尼材料的储存剪切模量 $G'$ 和损耗剪切模量 $G''$ 以及

损耗因子 $\eta$ 的计算公式：

$$G' = \frac{F'd}{Au_{\max}} \tag{2-13a}$$

$$G'' = \frac{F''d}{Au_{\max}} \tag{2-13b}$$

$$\eta = \frac{G''}{G'} = \frac{F''}{F'} \tag{2-13c}$$

式中　$F'$、$F''$——对应最大剪切位移和零位移时的恢复力。

因此，根据试验得到的滞回曲线，利用式（2-13）可逐一算出各种条件下黏弹性阻尼材料的储存剪切模量 $G'$ 和损耗剪切模量 $G''$ 以及损耗因子 $\eta$。

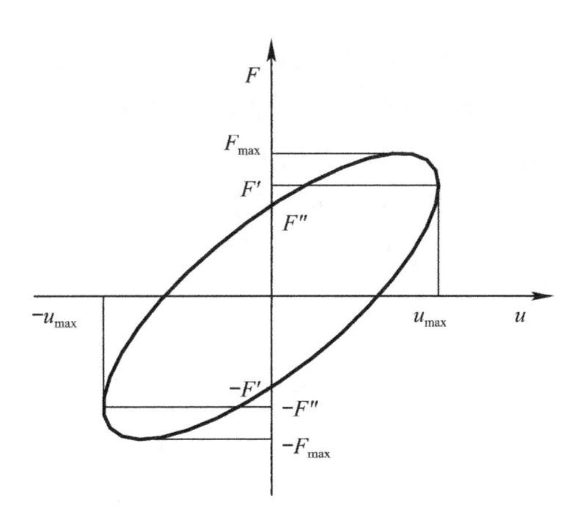


图 2.12　黏弹性阻尼材料力-位移关系曲线

## 2.6.3　黏弹性消能阻尼器的理论力学模型

目前，描述黏弹性阻尼器力学性能的常用的计算模型主要有 Maxwell 模型、Kelvin-Voigt 模型、标准线性固体模型、复刚度模型、四参数模型、改进的四参数模型、等效标准固体模型和有限元模型等。

### 1. Maxwell 模型

Maxwell 模型将黏弹性阻尼器模拟成一个弹性元件和一个阻尼元件相串联的形式，如图 2.13 所示。总的应变为：

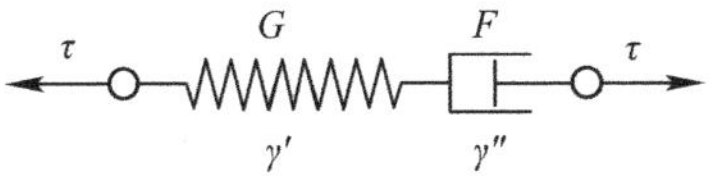

$$\gamma = \gamma' + \gamma'' \tag{2-14}$$

式中　$\gamma'$——弹性元件之应变；

$\gamma''$——阻尼元件之应变。

图 2.13　Maxwell 模型

对式（2-14）进行微分后，可以导出：

$$\tau + p_1\dot{\tau} = q_1\dot{\gamma} \tag{2-15}$$

$$p_1 = \frac{F}{G} \tag{2-16}$$

$$q_1 = F \tag{2-17}$$

式中　$p_1$、$q_1$——由黏弹性材料性能确定的系数。

式（2-15）就是黏弹性阻尼器 Maxwell 模型的本构方程，根据式（4-2）可以写出黏弹性阻尼器的力-位移关系式为：

$$F_d + P_1\dot{F}_d = Q_1\dot{u}_d \tag{2-18}$$

式中　$P_1$、$Q_1$——相应的系数，一般通过试验确定。

Maxwell 模型概念清晰，分析简单，能较好地反映黏弹性阻尼器的松弛现象以及储能模量随频率的变化趋向，但该模型在线性本构关系范围内，材料显示出典型的流体特性，即在有限应力下可以无限地变形，不能体现出黏弹性阻尼器的瞬态弹性响应，也不能体现出环境温度、激励频率和应变幅值对黏弹性阻尼器耗能特性的影响，故此模型不太适合于分析黏弹性阻尼器。

**2. Kelvin-Voigt 模型**

Kelvin 模型是由弹性元件和黏壶元件相互并联而成，如图 2.14 所示，其本构关系为：

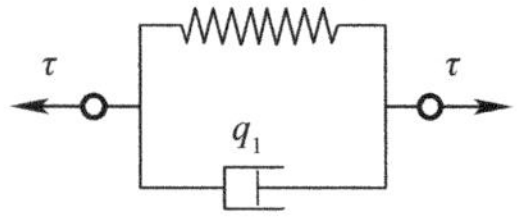

图 2.14 Kelvin 模型

$$\tau = q_0\gamma + q_1\dot{\gamma} \tag{2-19}$$

式中 $\tau$——剪应力；

$\gamma$、$\dot{\gamma}$——剪应变、剪应变率；

$q_0$、$q_1$——由黏弹性材料性能确定的系数。

根据式（2-19）可以写出黏弹性阻尼器的力-位移关系式为：

$$F_d = K_d u_d + C_d \dot{u}_d \tag{2-20}$$

式中 $F_d$——黏弹性阻尼器的输出力；

$u_d$、$\dot{u}_d$——黏弹性阻尼器两端的相对位移、相对速度；

$K_d$、$C_d$——黏弹性阻尼器的等效刚度、等效阻尼；

对于这种光滑形滞变恢复力，通常取等效线性刚度系数 $K_d = K_{d1}$，即：

$$K_d = \frac{nG_1A}{t} \tag{2-21}$$

利用滞变耗能与阻尼耗能相等的原则来确定等效线性阻尼系数 $C_d$：

$$C_d = \frac{E_d}{\pi\omega\gamma_0^2} \tag{2-22}$$

将 $E_d = \pi\gamma_0^2 G_2 V$ 代入式（2-22），可得：

$$\begin{aligned} C_d &= \frac{\pi\left(\frac{u_d}{t}\right)^2 \cdot G_2 \cdot n \cdot A \cdot t}{\pi\omega u_d^2} \\ &= \frac{nG_2A}{\omega t} \end{aligned} \tag{2-23}$$

将 $\eta = \frac{G_2}{G_1}$ 代入式（2-23），可得：

$$C_d = \frac{n\eta G_1 A}{\omega t} \tag{2-24}$$

将式（2-23）或式（2-24）代入式（2-20），可得：

$$F_d = \frac{n \cdot G_1 \cdot A}{t}u_d + \frac{n \cdot G_2 \cdot A}{\omega t}\dot{u}_d \tag{2-25}$$

或

$$F_d = \frac{nG_1A}{t}u_d + \frac{n\eta G_1 A}{\omega t}\dot{u}_d$$

$$= \frac{nG_1A}{t}\left(u_{\mathrm{d}} + \frac{\eta}{\omega}\dot{u}_{\mathrm{d}}\right) \tag{2-26}$$

Kelvin模型体现了黏弹性阻尼器的瞬态弹性响应，能较好地反映黏弹性阻尼器的蠕变和松弛现象，是常用的一种计算分析模型，但该模型没有考虑温度、频率和应变幅值对黏弹性阻尼器耗能特性的影响。

**3. 标准线性固体模型**

该模型是将黏弹性阻尼器模拟为弹性元件和开尔文元件相串联的形式，如图2.15所示，其本构关系为：

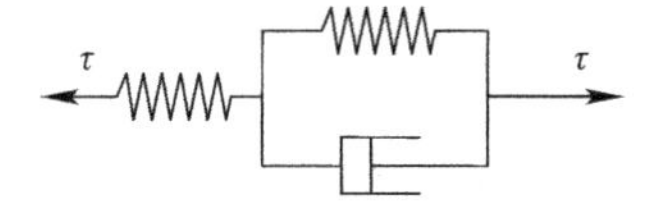

图2.15 标准线性固体模型

$$\tau + p_1\dot{\tau} = q_0\gamma + q_1\dot{\gamma} \tag{2-27}$$

式中 $q_0$、$q_1$ 和 $p_1$——由黏弹性材料性能确定的系数。

标准线性固体模型不仅能够反映黏弹性阻尼器的松弛及其轻微的蠕变特性，而且能够反映黏弹性阻尼器的性能随频率的变化趋向，但不能反映温度对黏弹性阻尼器性能的影响，也不能精确地描述频率对黏弹性阻尼器性能的影响规律。

**4. 复刚度模型**

在正弦荷载的激励下，黏弹性阻尼器的应力比应变领先相位角 $\alpha$，则有以下关系：

$$\gamma = \gamma_0 e^{i\omega t} \tag{2-28}$$

$$G^* = G_1 + iG_2 \tag{2-29}$$

$$\tau = G^*\gamma = (G_1 + iG_2)\gamma_0 e^{i\omega t} \tag{2-30}$$

式中 $\omega$——激励频率；

$\gamma_0$——剪切应变幅值；

$G^*$——黏弹性材料的复模量。

由式（2-30）可以写出黏弹性阻尼器的力-位移关系式为：

$$F_{\mathrm{d}} = K^* u_{\mathrm{d}} = (K_{\mathrm{d1}} + iK_{\mathrm{d2}})u_{\mathrm{dm}}e^{i\omega t} \tag{2-31}$$

式中 $u_{\mathrm{dm}}$——阻尼器的位移幅值；

$K^*$——阻尼器的复刚度。

复刚度模型概念清晰，易于理解，应用较多，但仅适用于小应变的情况，没有体现环境温度、激励频率和应变幅值对阻尼器耗能特性的影响，而且需要在频域内解决问题。

**5. 四参数模型**

为了反应频率对黏弹性阻尼器性能的影响，Kasai提出了四参数模型，其应力-应变关系为：

$$\tau(t) + aD''[\tau(t)] = G\{\gamma(t) + bD''[\gamma(t)]\} \tag{2-32}$$

式中 $a$、$b$——常数；

$G$——弹性常数；

$\alpha$——指数，$0<\alpha<1$。

$D''[\tau(t)]$、$D''[\gamma(t)]$ 分别定义为：

$$\left.\begin{aligned} D''[\tau(t)] &= \frac{1}{\Gamma(1-\alpha)}\frac{\mathrm{d}}{\mathrm{d}t}\int_0^t \frac{\tau(t')}{(t-t')^{\alpha}}\mathrm{d}t' \\ D''[\gamma(t)] &= \frac{1}{\Gamma(1-\alpha)}\frac{\mathrm{d}}{\mathrm{d}t}\int_0^t \frac{\gamma(t')}{(t-t')^{\alpha}}\mathrm{d}t' \end{aligned}\right\} \tag{2-33}$$

该模型能够反映频率对黏弹性阻尼器力学性能的影响，但没能体现温度和应变幅值对黏弹性阻尼器力学性能的影响，而且模型的概念不太明确，计算公式较为繁杂，在进行实际的结构分析中较为少用。

**6. 改进四参数模型**

环境温度、激振频率及应变幅值是影响黏弹性阻尼器力学性能的主要因素，因此在描述其应力-应变关系时需准确反映以上各参数。

1）温频等效原理

黏弹性阻尼材料的剪切模量和损耗因子都是温度和频率的函数，当温度处在玻璃态转变温度 $T_g$ 至 $T_g+100$℃范围内时，多数黏弹性阻尼材料的温度与频率之间存在着等效关系，可以认为改变温度的效应等同于频率标尺上乘以一个因子。但由于温度的改变还影响到模量的改变，还需作一些校正。因为黏弹性阻尼材料的体积是温度的函数，而模量的定义是基于单位截面面积的，因此它要随单位体积内所含物质的量即密度而变化，密度可以作为考虑这种影响的一个参数，于是就得到温频等效的数学表达式为：

$$G(\omega,T)=G(\beta_T\omega,T_0)\rho_0/\rho \tag{2-34}$$

$$\eta(\omega,T)=\eta(\beta_T\omega,T_0)\rho_0/\rho \tag{2-35}$$

试验表明，不同温度下，$\rho$ 值的变化并不明显，因此近似认为 $\rho_0/\rho\approx1$。

故实用的温频等效的公式为：

$$G(\omega,T)=G(\beta_T\omega,T_0) \tag{2-36}$$

$$\eta(\omega,T)=\eta(\beta_T\omega,T_0) \tag{2-37}$$

$\beta_T$ 是温度转换系数，任取一参考温度 $T_0$，由 WLF 方程可以得到：

$$\log\beta_T=\frac{-C_1(T-T_0)}{C_2+T-T_0} \tag{2-38}$$

试验表明，可以取系数 $C_1=0.439$、$C_2=0.615$，则式（2-38）可写为：

$$\log\beta_T=\frac{-0.439(T-T_0)}{0.615+T-T_0} \tag{2-39}$$

2）改进四参数模型

将四参数模型与温频等效原理相结合，并结合实际应用范围加以改进，即把

四参数模型中的 $\omega$ 改为 $\beta_T\omega$，并把参数 $\alpha$ 调整为 $\alpha_1$，这就是提出的改进四参数模型，其形式为：

$$G' = G\frac{1+b(\beta_T\omega)^{\alpha_1}+(b+a)(\beta_T\omega)^{\alpha_1}\cos(\alpha_1\pi/2)}{[1+a(\beta_T\omega)^{\alpha_1}\cos(\alpha_1\pi/2)]^2+[a(\beta_T\omega)^{\alpha_1}\sin(\alpha_1\pi/2)]^2} \tag{2-40}$$

$$G'' = G\frac{(b-a)(\beta_T\omega)^{\alpha_1}\sin(\alpha_1\pi/2)}{[1+a(\beta_T\omega)^{\alpha_1} os(\alpha_1\pi/2)]^2+[a(\beta_T\omega)^{\alpha_1}\sin(\alpha_1\pi/2)]^2} \tag{2-41}$$

$$\eta = \frac{(b-a)(\beta_T\omega)^{\alpha_1}\sin(\alpha_1\pi/2)}{1+(a+b)(\beta_T\omega)^{\alpha_1}\cos(\alpha_1\pi/2)+ab(\beta_T\omega)^{2\alpha_1}} \tag{2-42}$$

首先在四参数模型中确定 $a$、$b$、$\alpha$ 和 $G$。然后给定参考温度 $T_0$，在材料温度等于 $T_0$ 时先后以三种不同的频率 $\omega_1$、$\omega_2$、$\omega_3$ 对阻尼器进行激励，测得材料相应的初始力学性能 $\eta(\omega_1)$、$\eta(\omega_2)$、$\eta(\omega_3)$ 和 $G'(\omega_1)$，将它们代入式中，用 Matlab 编制程序，可解得 $a$、$b$、$\alpha$ 和 $G$。最后改变温度为 $T$，在改进四参数模型的公式（2-40）和式（2-42）中将参数 $\alpha$ 调整为 $\alpha_1$，$\alpha_1=\alpha_0-(T-T_0)\mu$。

按上述步骤，可在试验结果的基础上确定黏弹性阻尼器的模型参数为：$a=0.825$，$b=2.92$，$\alpha_1=0.521-(T-T_0)0.894$，$G=0.632$，$T_0=20$℃。

由所示模型和上述参数求得的滞回曲线见图 2.16，为便于比较，给出了相应的试验曲线，从图中可看出两者吻合较好，这表明上述模型参数的取值是合理的。可见，给出的改进四参数模型不仅保留了四参数模型的优点，而且较精确地反映黏弹性阻尼器的性能随温度的变化特性。

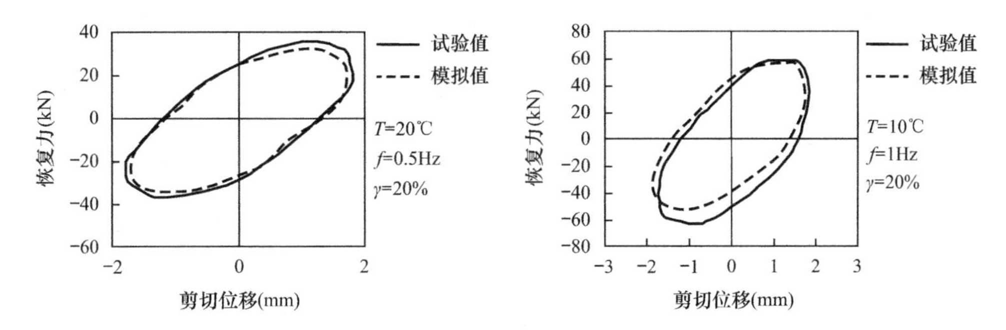


图 2.16 试验与模拟滞回曲线对比图

**7. 有限元模型**

由于黏弹性阻尼器的耗能特性与环境温度、激励频率和应变幅值有关，为了反映上述因素的影响，Tsai[96]建立了黏弹性阻尼器的有限元模型。

R. L. Bagley[97]给出了如下的黏弹性阻尼材料应力和应变之间的关系：

$$\tau(t) = G_0\gamma(t)+G_1D''[\gamma(t)] \tag{2-43}$$

式中 $\tau(t)$ ——剪应力；

$\gamma(t)$ ——剪应变；

$G_0$、$G_1$——基本模型参数，由式（2-45）确定。

$D''$［$\gamma(t)$］定义为：

$$D''[\gamma(t)]=\frac{1}{\Gamma(1-\alpha)}\frac{\mathrm{d}}{\mathrm{d}t}\int_0^t\frac{\gamma(t')}{(t-t')^{\alpha}}\mathrm{d}t' 0<\alpha<1 \tag{2-44}$$

式中 $\Gamma(\cdot)$ ——gama 函数。

由于式（2-43）并未反映温度对黏弹性材料性能的影响，为弥补这点不足，$G_0$ 和 $G_1$ 按下式计算：

$$G_0=G_1=A_0\left(1+\mu\exp\left\{-\beta\left[\int\tau\mathrm{d}\gamma+\theta(T-T_0)\right]\right\}\right) \tag{2-45}$$

式中 $T$——环境温度；

$T_0$——为参考温度；

$\alpha$、$A_0$、$\beta$、$\mu$、$\theta$——需通过试验确定的参数，它们都是在温度 $T_0$ 下获得的。

式（2-45）表明，基本模型参数 $G_0$ 和 $G_1$ 随总能量的增加而降低。总能量包括黏弹性材料的应变能和从周围环境温度获得的能量。环境温度的影响是以贮存在材料中的初应变能的形式表现出来，并进而影响黏弹性材料材性。地震过程中，由于应变能转化为热能而导致的黏弹性材料温度升高，这也在式（2-45）中得到了体现。由于对不同的应变速率和应变幅值，式（2-45）中应变能的累积速度是不同的，因此该式还考虑了应变速度、应变幅值和激励频率对黏弹性材料的影响。

假设应变在时间步长（$n-1$）$\Delta t$ 和 $n\Delta t$ 之间呈线性变化，则应变可由下式确定：

$$\gamma(t')=\left(n-\frac{t'}{\Delta t}\right)\gamma[(n-1)\Delta t]+\left[\frac{t'}{\Delta t}-(n-1)\right]\gamma(n\Delta t) \quad (n-1)\Delta t\leqslant t'\leqslant n\Delta t \tag{2-46}$$

将式（2-46）代入式（2-43）和式（2-44），得到 $N\Delta t$ 时刻黏弹性阻尼材料的应力-应变关系：

$$\tau(N\Delta t)=\left[G_0+\frac{G_1(\Delta t)^{-\alpha}}{\Gamma(2-\alpha)}\right]\gamma(N\Delta t)+F(N\Delta t) \tag{2-47}$$

应变的前时效 $F(N\Delta t)$ 为：

$$F(N\Delta t)=\frac{G_1(\Delta t)^{-\alpha}}{\Gamma(2-\alpha)}\{[(N-1)^{1-\alpha}+(-N+1-\alpha)N^{-\alpha}]\gamma(0)+\sum_{n=1}^{N-1}[-2(N-n)^{1-\alpha}+(N-n+1)^{1-\alpha}+(N-n-1)^{1-\alpha}]\gamma(n\Delta t)\} \tag{2-48}$$

该模型同时考虑了温度、频率和应变幅值对黏弹性阻尼器性能的影响，是较为精确的，但是该模型相当复杂，应用起来较困难。

**8. 等效标准固体模型**

等效标准固体模型是在温频等效原理和标准线性固体模型的基础上建立起来的一种描述黏弹性阻尼器随温度和频率变化特性的计算模型。

黏弹性材料的剪切模量和损耗因子虽然都是温度和频率的函数，但它们随温度和频率的变化关系是不完全相同的，当温度处在玻璃态转变温度 $T_g$ 至 $T_g+100℃$ 的范围之内时，多数黏弹性材料的温度和频率之间存在着等效关系，即低温与高频的影响等效，高温与低频的影响等效。如果将温度和频率对黏弹性材料性能的影响进行综合考虑，那么将有：

$$\left.\begin{aligned} G_1(\omega,T) &= G_1(\alpha_T\omega,T_0) \\ \eta(\omega,T) &= \eta(\alpha_T\omega,T_0) \end{aligned}\right\} \tag{2-49}$$

式中　$T_0$——参考温度；

$\alpha_T$——温度转换系数，是温度 $T$ 的函数，由式（2-50）确定。

$$\alpha_T = 10^{-12(T-T_0)/[525+(T-T_0)]} \tag{2-50}$$

黏弹性阻尼器用于建筑结构减震的温度和频率范围为：$-30℃\leqslant T\leqslant 60℃$，$0.1\text{Hz}\leqslant\omega\leqslant 10\text{Hz}$。在此范围内，为精确地描述黏弹性阻尼器的参数 $G_1$、$G_2$ 和 $\eta$ 随温度和频率的变化特性，将标准线性固体模型中的频率改成折算频率 $\alpha_T\omega$，经过整理可得：

$$\left.\begin{aligned} G_1 &= (q_0+p_1q_1\alpha_T^c\omega^c)/(1+p_1^2\alpha_T^c\omega^c) \\ \eta &= (q_1-p_1q_0)\alpha_T^d\omega^d/(q_0+p_1q_1\alpha_T^{2d}\omega^{2d}) \end{aligned}\right\} \tag{2-51}$$

式中　$c$、$d$——由试验确定的指数。

标准线性固体模型虽然能够反映黏弹性阻尼器的性能随频率的变化趋向以及黏弹性阻尼器的松弛和蠕变特性，但不能反映温度对黏弹性阻尼器性能的影响，也不能精确地描述频率对黏弹性阻尼器性能的影响规律。等效标准固体模型将温频等效原理同标准线性固体模型相结合，并结合实际应用范围加以改进，它不仅保留了标准线性固体模型的优点，而且能够精确地描述黏弹性阻尼器的性能随温度和频率的变化特性。

# 第3章 黏弹性阻尼器的性能试验方法

黏弹性阻尼器是建筑结构减震的关键构件，其抗震性能是否满足设计师提出的要求，是保证结构在地震激励或风致振动下安全可靠运维的前提，这依赖于性能试验的验证；为扩大应用范围、提升性能水平，高性能的新型黏弹性阻尼材料及阻尼器研发也离不开性能试验研究。但研发和产品的性能试验内容和方法不尽相同，本章从这两个方面进行阐述。

本章给出了两类典型的黏弹性阻尼器的性能试验研究示例，即平板式黏弹性阻尼器和筒式黏弹性阻尼器。两者试验研究的方法、手段和结论等可为读者提供参考。通过性能试验研究，保证研发的黏弹性阻尼器在同一的负荷工况和试验条件下可重复出现，是保证其可靠性的关键，还可为进一步改善黏弹性阻尼材料的配方或其构造提供依据。此外，通过保持某些因素不变，控制性地变动其他因素，可更好地分析某个特定的因素对黏弹性阻尼器性能的影响。黏弹性阻尼器的产品性能试验，可在研制阶段暴露试制产品各方面的缺陷，评价产品可靠性达到预定指标的情况；在生产阶段为监控生产过程提供信息；对定型产品进行可靠性鉴定或验收；暴露和分析产品在不同环境和应力条件下的失效规律、失效模式和失效机理；在工程中为用户选择合适安全的黏弹性阻尼器提供依据。

## 3.1 黏弹性阻尼器研发性能试验方法与示例

平板式黏弹性阻尼器需解决的关键技术是：①黏弹性材料的配方；②黏弹性材料与钢板之间有可靠的黏结；③黏弹性阻尼器的动态力学性能指标；④黏弹性阻尼器的老化性能。黏弹性材料的重要性可想而知，是高性能黏弹性阻尼器的研发重点。黏弹性材料与钢板之间的黏结采用热压胶结法工艺，黏弹性材料与钢板之间的黏结性能往往成为限制黏弹性阻尼产品质量的关键技术。黏弹性阻尼器的动态力学性能指标及其老化性能则是满足设计要求，保证结构在既定目标下在地震激励或风致振动下安全可靠运行工作的前提。

### 3.1.1 平板式黏弹性阻尼器的性能试验方法与示例

#### 1. 平板式黏弹性阻尼器

平板式黏弹性阻尼器是最早用于实际工程的产品，采用三明治构造形式，常见的黏弹性阻尼器采用三块钢板夹两层黏弹性阻尼材料（简称“3+2”型黏弹性阻尼器，如图 3.1a 所示），或者五块钢板夹四层黏弹性阻尼材料（简称“5+4”型黏弹性阻尼器，如图 3.1b 所示）。

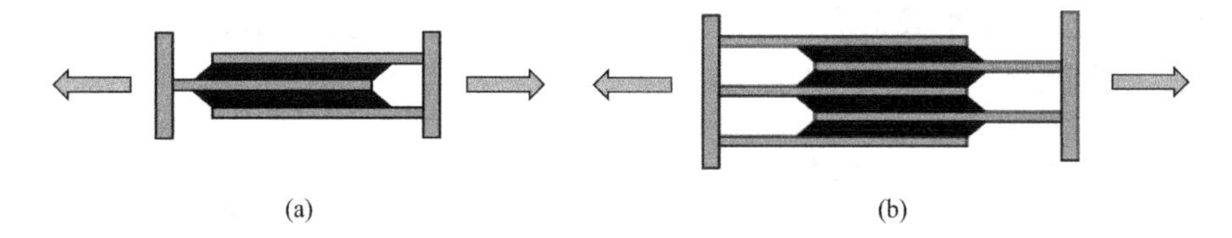


图 3.1 黏弹性阻尼器构造图

(a)“3+2”型黏弹性阻尼器；(b)“5+4”型黏弹性阻尼器

**2. 动态力学性能试验**

下面以一种“3+2”型黏弹性阻尼器为例，阐述其动态力学性能试验。

1）试件

共六个试件，其详细尺寸见图 3.2。

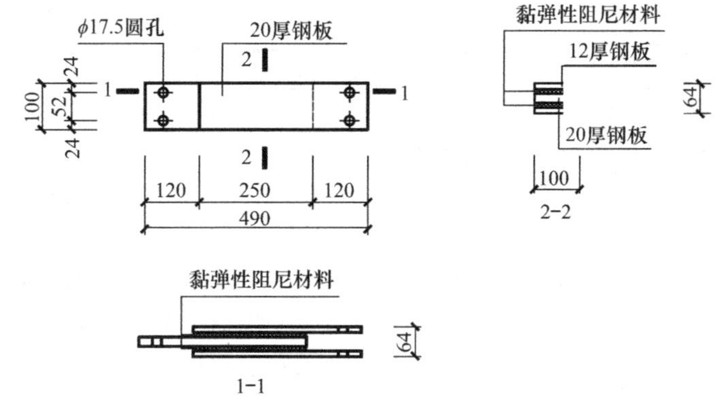


图 3.2 黏弹性阻尼器试件尺寸（mm）

表 3.1 给出了黏弹性阻尼材料的主要性能指标。从表中可以看出，该黏弹性阻尼材料在一般建筑所处的环境温度和工作频率范围内，具有较高的剪切模量和损耗因子，比较适合在建筑结构中应用。

**2301 型黏弹性阻尼材料的主要性能指标　　表 3.1**

| 项目 | 单位 | 性能指标 |
|---|---|---|
| 抗拉强度 | MPa | 17.5 |
| 伸长率 | % | 430 |
| 永久变形 | % | 20 |
| 最大损耗因子 | — | 1.4 |
| 弹性 | % | 6 |
| 剪切模量 | MPa | 2.0～100 |

黏弹性材料与钢板间的剪切黏结强度为 1.52MPa。

2）试验装置

试验是在东南大学结构与材料试验中心的拟动力试验机上进行的，主要试验设备有：电液伺服加载系统、100kN 作动器、位移计、记录显示装置、伺服控制器等。整个试验装置如图 3.3 所示。

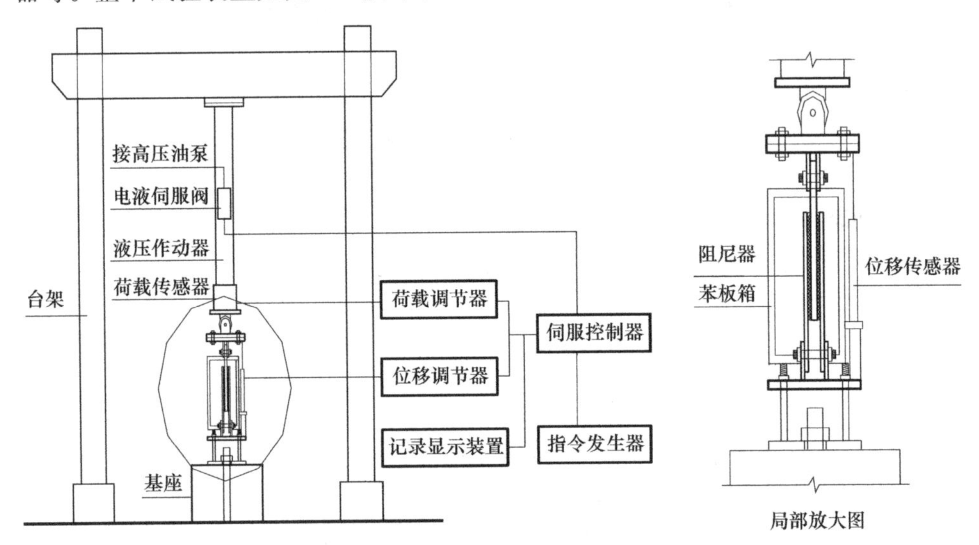


图 3.3　试验装置图

3）试验方法

采用正弦激励法[105]，在不同的环境温度下，用剪切位移来控制加载，通过施加不同频率的正弦力，分别测得各种剪切应变幅值下黏弹性阻尼器的剪切位移和恢复力，从而得到阻尼器随温度、激振频率和剪切位移变化的动力特性。拟动力试验机上带有数据采集系统，在试验过程中可把测得的阻尼器的位移和恢复力采集下来并送往计算机。同时，$x-y$ 记录仪将自动绘制力-变形滞回曲线。

试验温度范围为 0～45℃，频率范围为 0.15～4.0Hz，剪切变形幅值范围为 1～30mm。试验步骤如下：

（1）安装试件，并进行几何对中和物理对中。

（2）在室温 25℃时，输入剪切应变幅值 $\gamma_0$ 为 10%，即黏弹性材料的最大剪切位移为 1mm，施加频率为 0.15Hz 的正弦力，测得剪切位移和恢复力，由计算机记录力与位移的数值，同时由 $x-y$ 记录仪绘制滞回环。

（3）温度、频率都不变，由小到大逐级输入剪切应变幅值 $\gamma_0$ 为 20%、30%、60%、100%、120%、150%、200%，每级都按步骤（2）的方法进行试验。

（4）温度不变，按 0.15Hz、0.3Hz、0.5Hz、1.0Hz、2.0Hz、4.0Hz 逐次改变频率，对每一次频率，分别输入 $\gamma_0$ 为 10%、20%、30%、60%的剪切应变幅值，并按步骤（2）的方法进行试验。

(5) 降低温度，在试件外安装保温的苯板箱，箱内放置冰，调整冰的数量，并保持一定时间，当温度稳定后进行试验，在0℃、8℃、12℃、17℃、20℃等各个温度下，按步骤(2)和(4)进行试验。

(6) 升高温度，在苯板箱内放入热水杯，调整热水杯的数量，并保持一定时间，当温度稳定后做试验，在30℃、35℃、40℃、45℃等各个温度下，按步骤(2)和(4)进行试验。

(7) 撤去热水杯及苯板箱，在室温25℃下，对各种激振频率，由小到大输入剪切变形值，直至试件破坏，记录最终的剪切位移及恢复力值。

4) 主要试验结果

试验过程中观察到的黏弹性阻尼器的主要试验现象如下：

(1) 当输入的剪切应变幅值超过30%时，肉眼可观察到2301型黏弹性阻尼材料的剪切变形，如图3.4中打箭头处所示，卸载后，剪切变形基本消失，残余变形不明显。

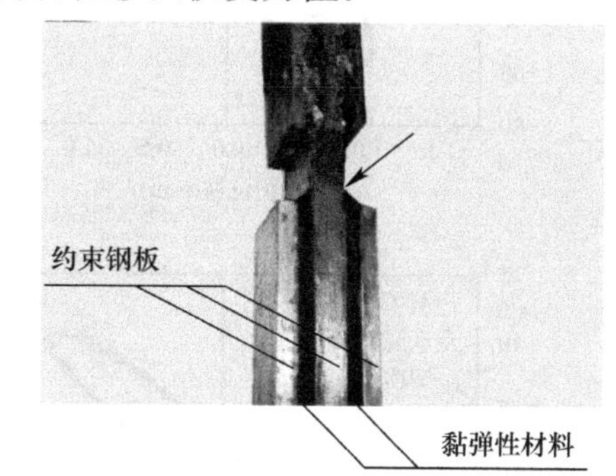


图3.4 黏弹性阻尼器变形图

(2) 对计算机采集到的数据进行整理分析，将各种条件下的力-剪切位移滞回曲线绘制出来，计算机得出的滞回曲线与$x-y$记录仪记录到的滞回环一致，基本上为椭圆形，表明阻尼器具有较强的消能能力，如图3.5所示。

(3) 滞回环随加载循环次数的增加会有比较明显的变化，一般是在3～5个循环内，材料的剪切模量有所下降，此后，滞回环趋于稳定。

(4) 同一温度、同一剪切变形幅值下，随着激励频率的增大，椭圆长轴的斜率逐渐增大，滞回环也趋于饱满，表明黏弹性阻尼器的刚度随激励频率的增大而增大，消能能力也随激励频率的增大而增强，如图3.6所示。

(5) 0℃时，各种激励频率下滞回环长轴的斜率明显增大，增加温度至8℃、12℃时，滞回环趋于饱满，长轴的斜率有所减小，由12℃继续增温至17℃、20℃、25℃、30℃、35℃、40℃、45℃，滞回环饱满程度又逐渐减小，椭圆长轴的斜率越来越小，12℃时滞回环的饱满程度是各种试验温度中最大的，表明12℃时，黏弹性阻尼器的消能能力最强，如图3.7所示。

(6) 各种温度、各种频率下，逐级增大输入剪切变形幅值，试件中阻尼材料的剪切变形随输入剪切应变幅值的增大而增大，但滞回环长轴的斜率及滞回环的饱满程度没有明显的变化，如图3.8所示。

(7) 室温25℃时，0.15Hz下，当输入剪切变形幅值达到29.8mm时，即剪切应变幅值达298%时，试件中2301型黏弹性阻尼材料与钢板的热压胶结层开始出现局部小面积撕裂，认为试件破坏，此时最大恢复力为 76kN，卸载后，残余变形仍不明显，图 3.9 为破坏时的力-剪切位移滞回曲线。

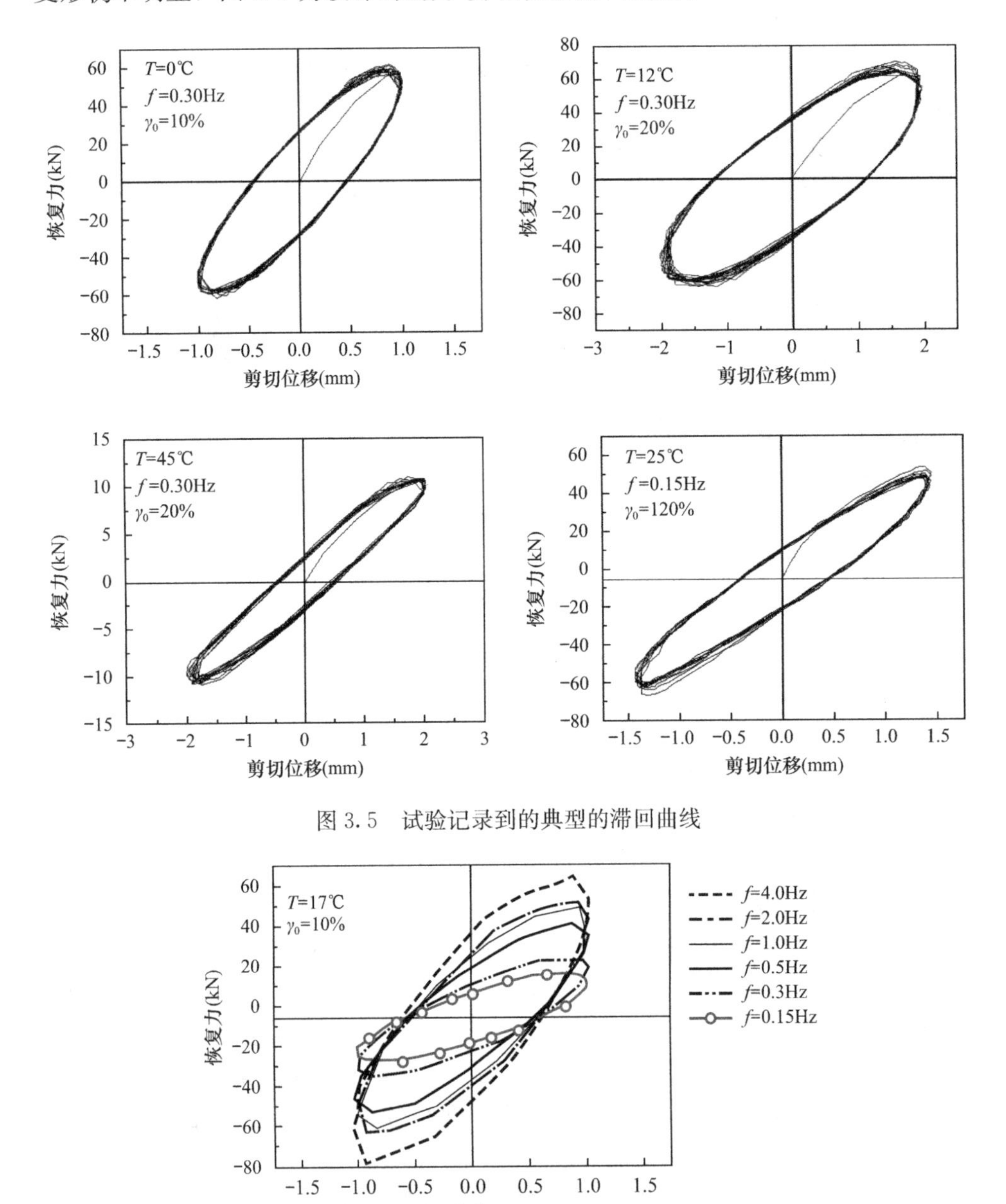


图 3.5　试验记录到的典型的滞回曲线

图 3.6　不同激励频率下的滞回曲线

5）试验分析及结论

各种条件下黏弹性阻尼器表观的储存剪切模量 $\overline{G}'$ 及损耗因子 $\eta$ 的对比表明，

当剪切应变幅值不大于250%时，同温度、同频率下的$\overline{G}'$值和$\eta$变化不明显，可忽略剪切应变幅值对黏弹性阻尼器动力性能的影响。

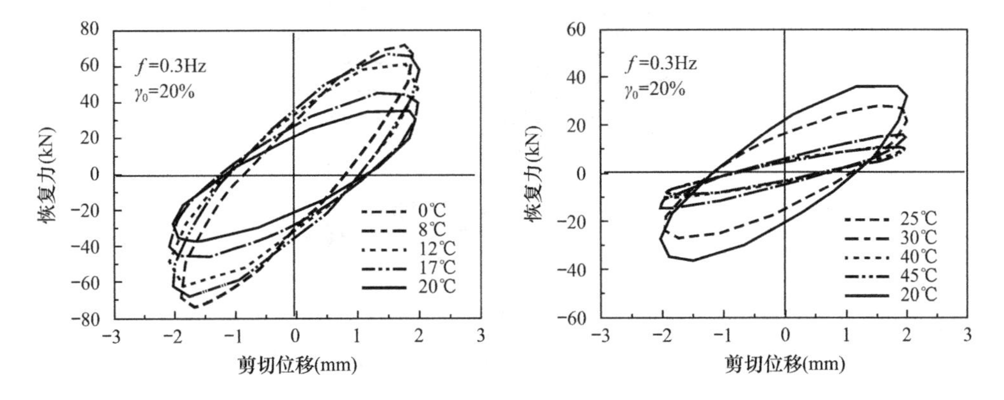


图 3.7 不同温度下的滞回曲线

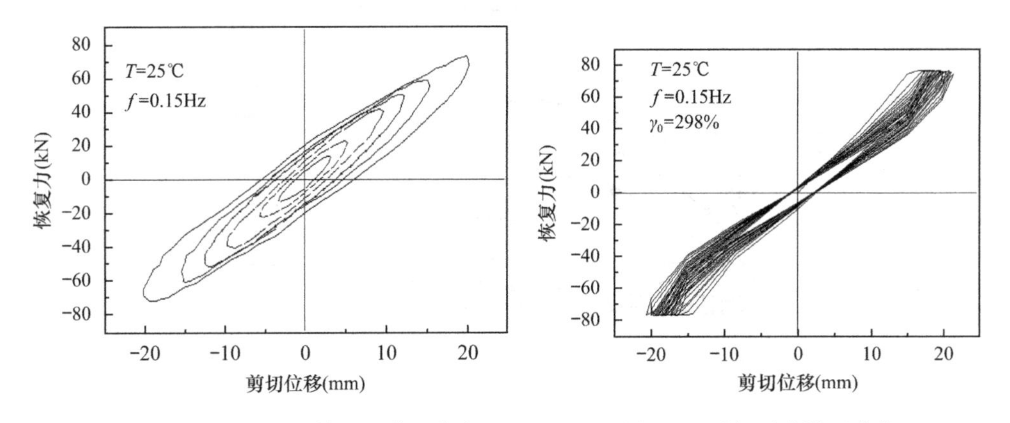


图 3.8 不同剪切应变幅值下的滞回曲线

图 3.9 破坏时的滞回曲线

将各种温度下各个频率下平板式黏弹性阻尼器的表观储存剪切模量及损耗因子$\eta$，制成曲线图，如图3.10～图3.13所示。由图3.10知，同一频率下，表观储存剪切模量$\overline{G}'$随温度的升高而逐渐减小，0℃与45℃间相差一个数量级；图3.11表明，同一温度下，表观储存剪切模量随频率的增大而逐渐增加；图3.12示出了损耗因子$\eta$随温度的变化情况，在所测定的各个温度下，12℃时的损耗因子$\eta$值最大，随着温度的升高或降低，损耗因子$\eta$值逐渐减少；图3.13表明，同一温度下，损耗因子$\eta$随着频率的增加而逐渐增大。各种条件下平板式黏弹性阻尼器的动力特性的变化情况与$x-y$记录仪记录到的滞回曲线所反映的情况是一致的。

当激励频率大于1Hz时，在0℃与45℃范围内，该阻尼器损耗因子$\eta$的试验值均大于0.6；当激励频率为0.5Hz时，在0℃与30℃范围内，损耗因子$\eta$的试验值也均大于0.6；激励频率在0.30Hz以下时，损耗因子$\eta$的试验值较小。

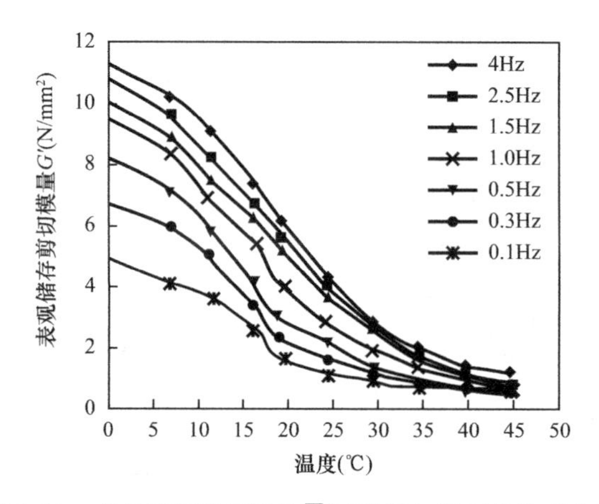


图 3.10 表观储存剪切模量 $\overline{G}'$ 试验值与温度的关系曲线

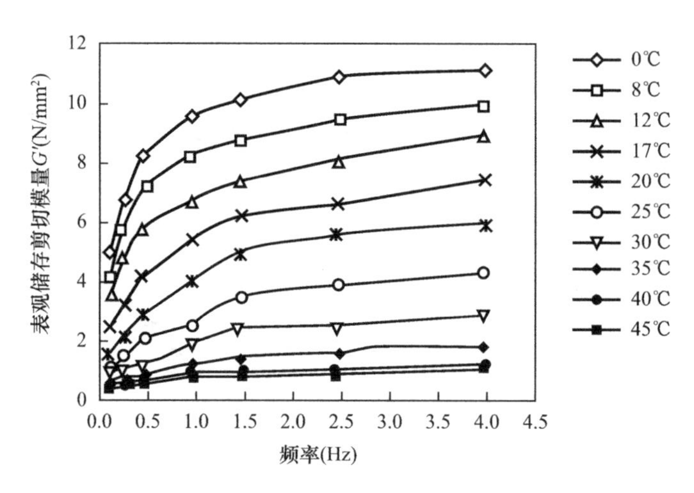


图 3.11 表观储存剪切模量 $\overline{G}'$ 试验值与频率的关系曲线

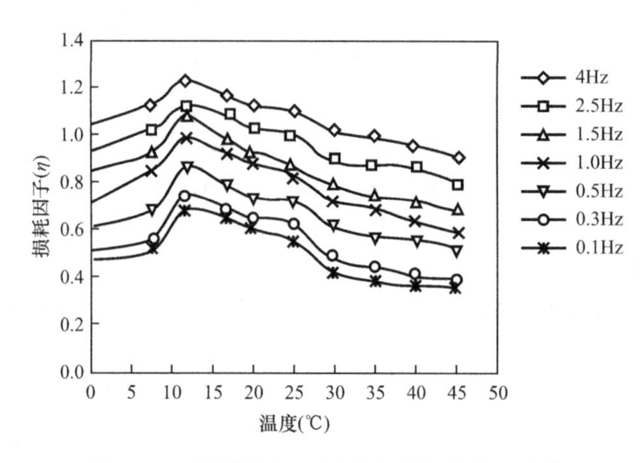


图 3.12 损耗因子 $\eta$ 试验值与温度的关系曲线

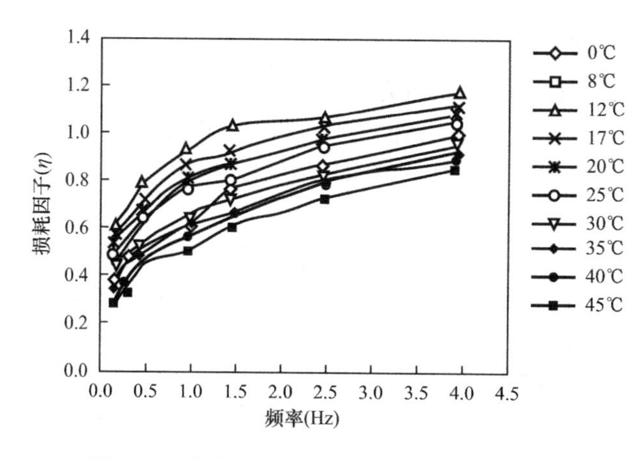


图 3.13 损耗因子 $\eta$ 试验值与频率的关系曲线

综上所述可以得出以下结论：

(1) 当剪切应变幅值不大于 250%时，平板式黏弹性阻尼器能承受多次交变力的作用，具有稳定的动态力学性能和较强的消能能力，可较好地用于结构工程的抗震减震，同时，基本上可忽略剪切应变幅值对黏弹性阻尼器动力性能的影响。

(2) 当剪切应变幅值增至 298%时，阻尼材料与钢板间的黏合层才开始有局部的破坏，这些都表明 2301 黏弹性阻尼材料与钢板间的热压胶结面的受力是可靠的，具有较大的黏结强度。

(3) 抗震设计时，在 10～25℃范围内，当激励频率为 0.7～1.5Hz 时，建议取损耗因子 $\eta$ 为 0.8～0.9，表观储存剪切模量 $\overline{G}'$ 为 4.2N/mm²，这与采用 Zn22 黏弹性材料的阻尼器，损耗因子 $\eta$ 只有 0.64，最大剪应变幅值只有 80%相比，有了较大的进步。

**3. 老化性能试验研究**

试验分两方面，一是黏弹性材料的老化性能试验（在南京大学高分子材料试验室完成）；二是黏弹性阻尼器的老化性能试验[106]。这里主要介绍后者。

1) 试件

共六个试件，其中三个是老化试件，另三个是未老化试件，所用黏弹性材料为常州兰陵橡胶厂生产的 2301 型黏弹性阻尼材料，试件尺寸与图 3.2 所示的相同。

测定黏弹性阻尼器的老化性能，在自然状态下需要较长时间，因此需要采用高温加速老化的方法。

高温加速老化的理论是由 S. Arrhenius[103] 提出的，其化学反应速度与温度之间的关系式如下：

$$t = t_0 \times 10^{0.434E\left(\frac{1}{T}-\frac{1}{T_0}\right)/R} \tag{3-1}$$

式中 $t_0$、$T_0$——设计使用期（天）和使用环境的绝对温度（K）；

$t$、$T$——试验所需时间（天）和试验所需温度（K）；

$R$——气体常数，其值为 8.31J/Mol. k；

$E$——橡胶活化能，其值为 90.4kJ/Mol。

根据此式可计算出相对于某一使用环境温度和设计使用年限的加速老化的温度和时间。

高温加速老化试验中试验温度的确定必须综合考虑试验速度的需要和反应过程与实际情况的一致性。提高试验温度可缩短试验时间，但片面提高试验温度会使热分解的可能性和配合剂的迁移挥发性有所增加，使反应过程与实际情况不符，影响试验结果的可靠性。黏弹性材料属橡胶类，在温度为 50～100℃范围内其老化机理没有改变。我们综合考虑黏弹性阻尼材料的种类和试验速度的需要，选取试验温度为 80℃，即 353K。

试验装置采用 SC101 鼓风电热恒温干燥箱，其恒温波动度为±1℃。鼓风的作用是使箱内温度均匀，并且排除老化过程中产生的挥发物，并可补充新鲜空气，保持空气成分一致、稳定。

把要老化的黏弹性材料试件和三个要老化的黏弹性阻尼器试件一起放入 SC101 鼓风电热恒温干燥箱中，温度设为 80℃，经过 54 天取出。由公式（3-1）可知，这就相当于环境温度为 20℃时经过了 80 年的老化情况。

2）老化黏弹性阻尼器的动态力学性能试验

试验步骤如下：

（1）安装试件，并进行几何对中和物理对中；

（2）在室温 10℃时，输入剪切应变幅值 $\gamma_0$ 为 10%，即黏弹性材料的最大剪切位移为 1mm，施加频率为 0.15Hz 的正弦力，测得老化黏弹性阻尼材料的剪切位移和恢复力，由计算机记录力与位移的数值，同时由 $x-y$ 记录仪绘制滞回环；

（3）重复黏弹性阻尼器的试验步骤（3）、（4）；

（4）升高温度，在苯板箱内放入热水杯，调整热水杯的数量，并保持一定时间，当温度稳定后做试验，在 15℃、20℃、25℃、30℃、35℃等各个温度下，按黏弹性阻尼器的试验步骤（2）和（4）进行试验；

（5）温度 25℃下，对各种激振频率，由小到大输入剪切变形值，直至试件破坏，记录最终剪切应变及恢复力。

3）老化黏弹性阻尼器的主要试验结果与分析

（1）黏弹性阻尼材料的试验结果

表 3.2 给出了未老化的与老化后的 2301 型黏弹性阻尼材料的主要性能指标。

由表 3.2 知，2301 型黏弹性阻尼材料老化后各项性能指标均有较大变化，值得深入研究。

（2）黏弹性阻尼器的试验结果

**2301型黏弹性阻尼材料的主要性能指标**　　**表3.2**

| 项目 | 计量单位 | 未老化的性能指标 | 老化后的性能指标 |
|---|---|---|---|
| 抗拉强度 | MPa | 17.5 | 19.3 |
| 伸长率 | % | 430 | 328 |
| 永久变形 | % | 20 | 29 |
| 最大损耗因子 | | 1.4 | 1.1 |
| 弹性 | % | 6 | 3.1 |
| 剪切模量 | MPa | 2.0～100 | 5.0～110 |

老化黏弹性阻尼器由计算机得到的滞回曲线和 $x-y$ 记录仪得到的滞回环一致，基本上仍为椭圆形，表明其消能能力还是较强的，如图3.14所示。

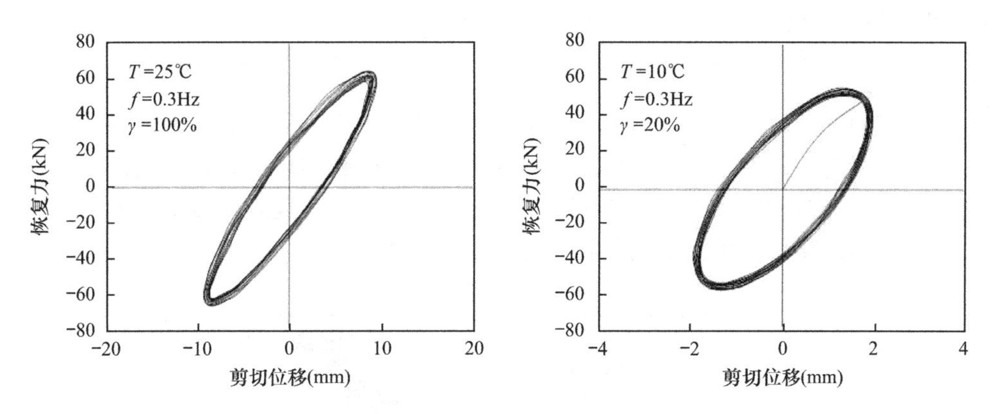


图3.14　老化黏弹性阻尼器的典型滞回曲线

分别改变温度、频率、应变等条件，老化黏弹性阻尼器的动态力学性能变化趋势与普通黏弹性阻尼器动态力学性能变化趋势基本相同，如图3.15～图3.17所示。

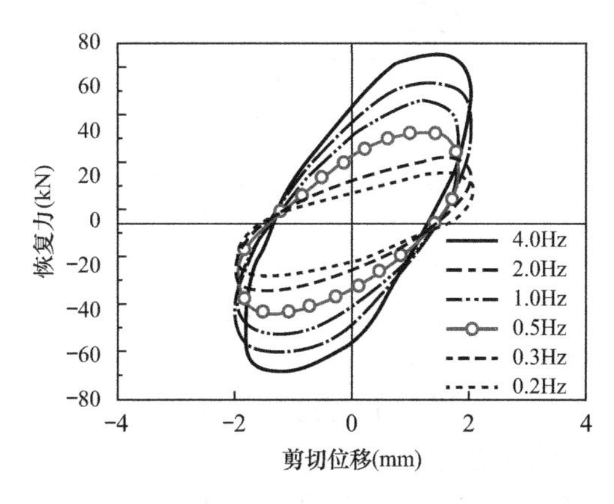


图3.15　老化黏弹性阻尼器不同激励频率下的滞回曲线

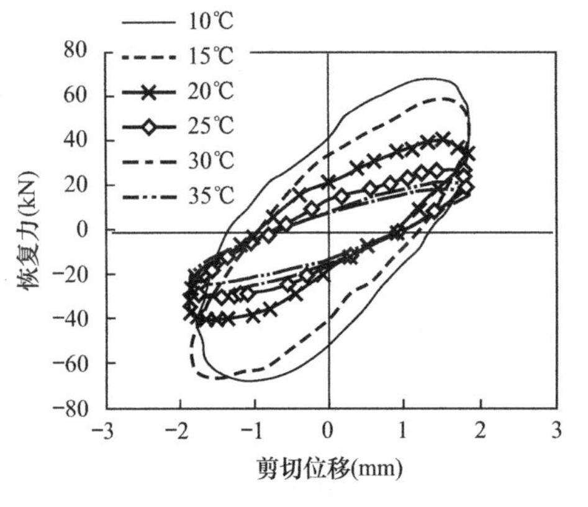


图 3.16　老化黏弹性阻尼器不同温度下的滞回曲线

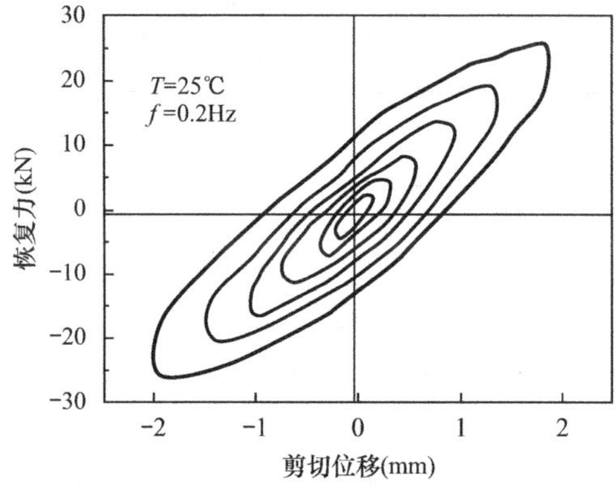


图 3.17　老化黏弹性阻尼器不同剪切应变幅值下的滞回曲线

在 25℃、0.15Hz 下，当输入剪切变形幅值达到 24.2mm 时，即剪切应变幅值达 242%时，试件中黏弹性阻尼材料与钢板的热压胶结层开始出现局部小面积撕裂，认为此时试件破坏。此时最大恢复力为 85kN，卸载后，残余变形仍不明显，图 3.18 为破坏时力-剪切位移曲线。

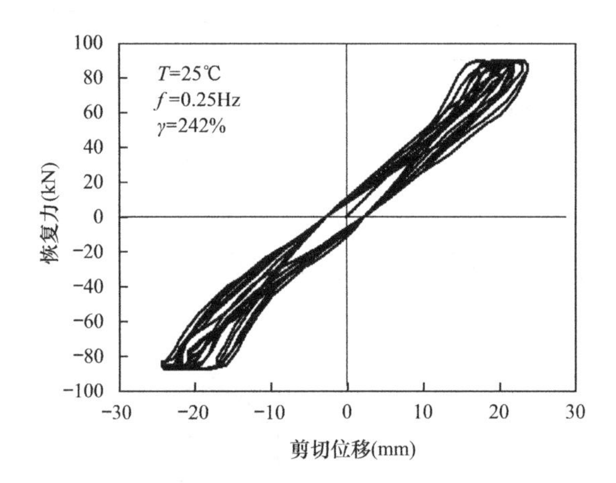


图 3.18　老化黏弹性阻尼器破坏时的滞回曲线

(3) 老化黏弹性阻尼器的动态力学性能分析

将各种温度各个频率下的老化黏弹性阻尼器的表观储存剪切模量 $\overline{G}'$ 及损耗因子 $\eta$ 制成曲线图，如图 3.19、图 3.20 所示。

图 3.21、图 3.22 为不同温度下老化黏弹性阻尼器与未老化黏弹性阻尼器 $\overline{G}'$、$\eta$ 的对比（图中实线为老化的，虚线为未老化的），表 3.3、表 3.4 列出了老化黏弹性阻尼器与未老化黏弹性阻尼器的 $\eta_{max}$、$\overline{G}'_{max}$。

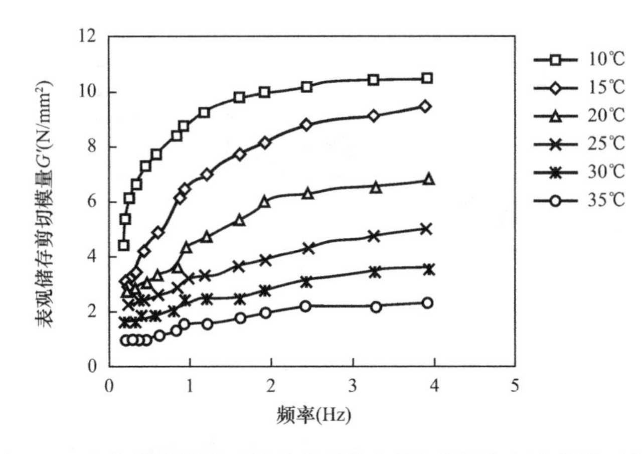


图 3.19 老化黏弹性阻尼器的表观储存剪切模量与频率的关系曲线

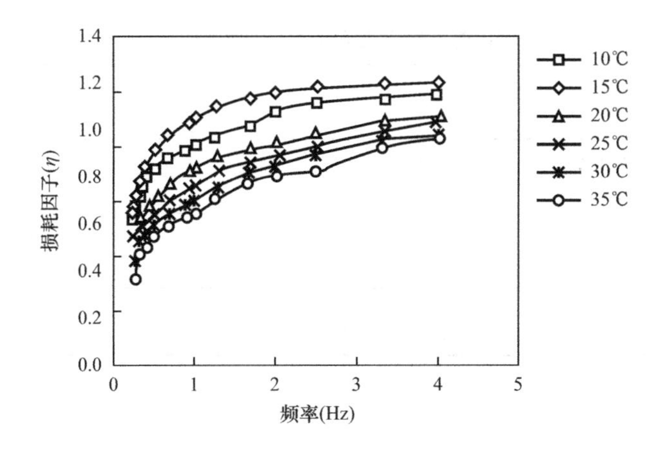


图 3.20 老化黏弹性阻尼器的损耗因子与频率的关系曲线

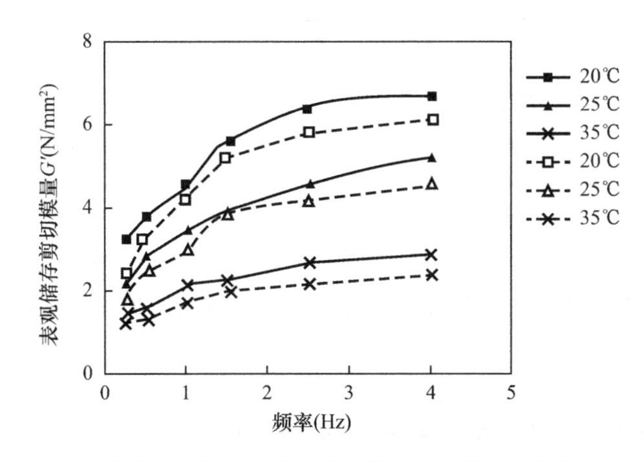


图 3.21 老化与未老化黏弹性阻尼器的表观储存剪切模量与频率的对比关系曲线

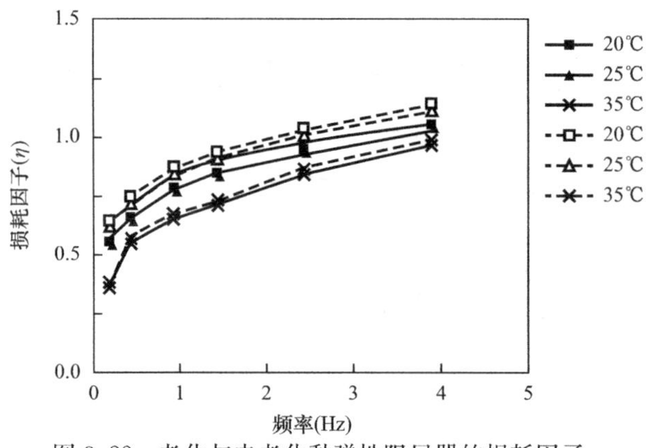


图 3.22　老化与未老化黏弹性阻尼器的损耗因子 $\eta$ 与频率的对比关系曲线

**老化前后最大表观储存剪切模量对比**　　　　**表 3.3**

| 项目＼温度 | 10℃ | 15℃ | 20℃ | 25℃ | 30℃ | 35℃ |
|---|---|---|---|---|---|---|
| 未老化的黏弹性阻尼器的 $\overline{G}'_{max}$ (N/mm²) | 9.575 | 8.225 | 6.2 | 4.5 | 3.1 | 2.14 |
| 老化黏弹性阻尼器的 $\overline{G}'_{max}$ (N/mm²) | 10.523 | 9.512 | 6.853 | 5.231 | 3.955 | 2.67 |

**老化前后最大损耗因子对比**　　　　**表 3.4**

| 项目＼温度 | 10℃ | 15℃ | 20℃ | 25℃ | 30℃ | 35℃ |
|---|---|---|---|---|---|---|
| 未老化的黏弹性阻尼器的 $\eta_{max}$ | 1.215 | 1.235 | 1.16 | 1.13 | 1.03 | 1.00 |
| 老化黏弹性阻尼器的 $\eta_{max}$ | 1.175 | 1.22 | 1.075 | 1.043 | 1.0145 | 0.986 |

从以上的试验结果可知，老化黏弹性阻尼器的表观储存剪切模量增量略大，而损耗因子略有降低，但其性能仍是稳定的。

(4) 老化黏弹性阻尼器的试验结论

① 黏弹性阻尼器具有良好的耐久性，虽然黏弹性阻尼材料的老化性较差，但由于阻尼器中阻尼材料大部分被钢板包裹，只有周边与空气接触，且周边已老化材料对内部材料起保护作用，使得老化速度大大降低。

② 虽然已经老化的黏弹性阻尼器的损耗因子略有下降，但其表观储存剪切模量 $\overline{G}'$ 略有增大，使黏弹性阻尼器消能能力降低很小。

③ 所做黏弹性阻尼器的老化相当于室温 20℃时经过了 80 年的情况，超过一般建筑物的设计使用年限的要求，因此符合工程要求。

### 3.1.2　筒式黏弹性阻尼器的性能试验研究方法与示例

**1. 筒式黏弹性阻尼器**

筒式黏弹性阻尼器由黏弹性材料和内、外约束筒组成。黏弹性材料层为筒状，夹于内、外约束筒之间，并在与两者接触面上采取可靠黏结措施，其构造也采用“三明治”形式，如图 3.23 所示。

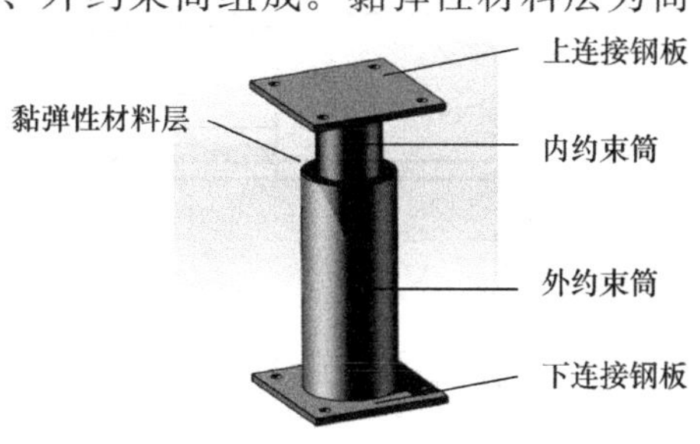


图 3.23　筒式黏弹性阻尼器构造图

**2. 动态力学性能试验**

1）试件

本次试验采用的筒式黏弹性阻尼器是由东南大学建筑工程抗震与减震研究中心和常州兰陵橡胶厂合作开发研制的，试件共有 3 个，其构造及尺寸如图 3.24 所示，其中 2301 型黏弹性材料层厚度为 16.5mm，锚固钢板 1、2 的尺寸及孔洞是分别与疲劳试验机中上、下连接钢板相对应的。

2）试验装置

阻尼器的动态力学性能试验[108]在东南大学结构与材料试验中心的 MTS 疲劳试验机上进行，整个试验装置如图 3.25 所示。

3）试验方法

试验采用正弦激励法，在不同的环境温度下，用表观剪切应变幅值来控制加载，通过施加不同频率的正弦力，分别测得各种剪切应变幅值下黏弹性阻尼器的剪切位移和恢复力，从而得到阻尼器随温度、激振频率和剪切位移变化的动力特性。这里，表观剪切应变幅值是指剪切位移 $u$ 与黏弹性材料层厚度 $d$ 之比的百分率，即 $\frac{u}{d}\times 100\%$，见图 3.26。称剪切应变为“表观剪切应变”的原因见下述。试验中，筒式黏弹性阻尼器的位移和剪力由 MTS 疲劳试验机采集，并发送到计算机。

试验温度采用自然温度，范围为 0～30℃，频率范围为 0.5～2.0Hz，表观剪切变形幅值范围为 1.65～16.5mm。

试验步骤如下：

（1）安装试件，并进行几何对中和物理对中；

（2）在室温 20℃时，输入表观剪切应变幅值 $\bar{\gamma}_0$ 为 10%，施加频率为 0.5Hz 的正弦力，测得剪切变形和恢复力，由计算机记录力与剪切变形的数值，并绘制滞回环；

（3）温度、频率都不变，由小到大逐级输入表观剪切应变幅值 $\bar{\gamma}_0$ 为 10%、20%、30%、50%、100%，每级都按步骤（2）的方法进行试验；

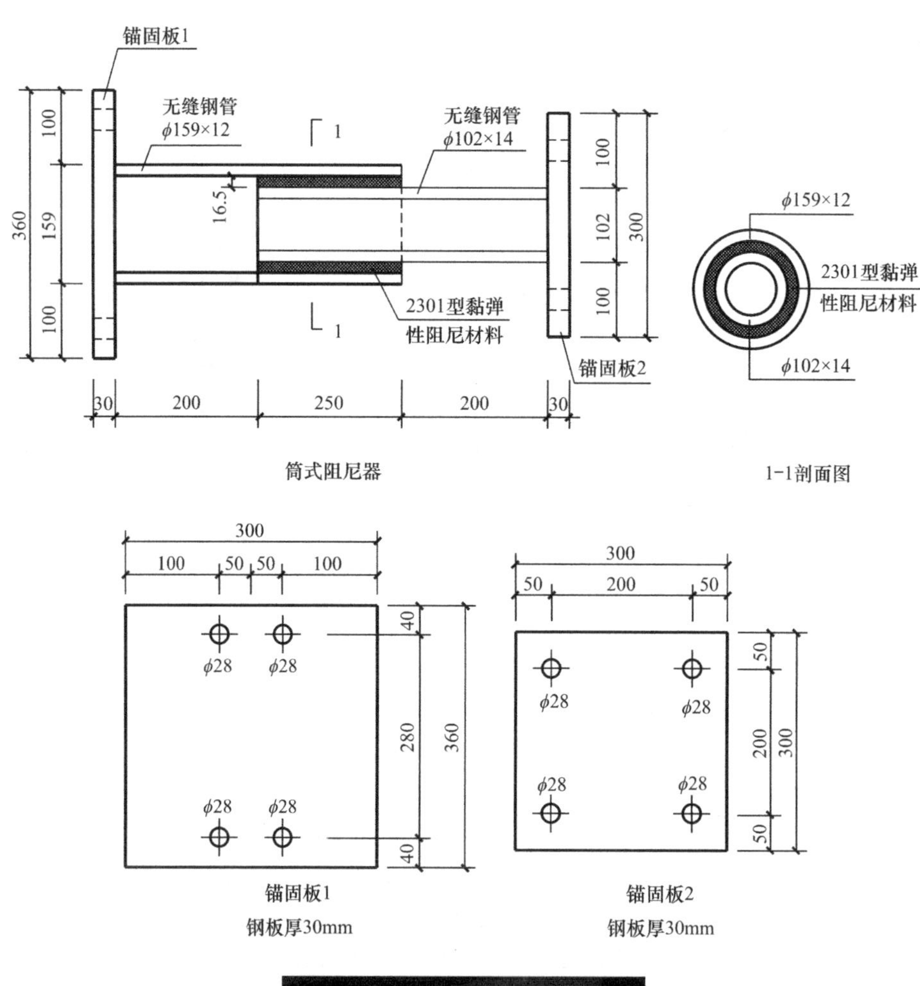

图 3.24　筒式黏弹性阻尼器试件（mm）

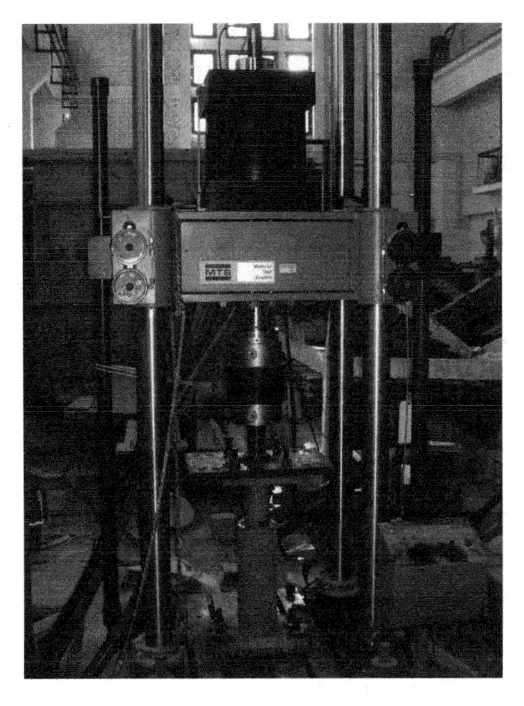

图 3.25 试验装置图

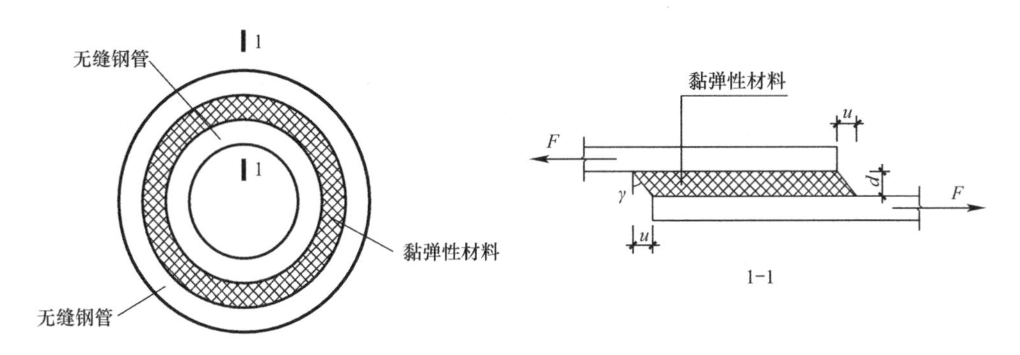


图 3.26 黏弹性阻尼器力-剪切位移变形

(4) 温度不变，按 0.5Hz、1.0Hz、1.5Hz、2.0Hz 逐次改变频率，对每一次频率，分别输入 $\bar{\gamma}_0$ 为 10%、20%、30%、50%、100%的剪切变形幅值，并按步骤 (2) 的方法进行试验；

(5) 在自然温度为 0℃、5.5℃、7.8℃、10.2℃、11.8℃、14.5℃、17.5℃、30℃等各个温度下，按步骤 (2)、(3)、(4) 进行试验；

(6) 在室温 25℃下，对各种激振频率，由小到大输入剪切变形值，直至试件破坏，记录最终的剪切变形及恢复力值。

通过性能试验，测定筒式黏弹性阻尼器的力-剪切位移滞回曲线及其耗能性能，并研究环境温度、频率和应变幅值对筒式黏弹性阻尼器力学特性的影响，最后研究筒式黏弹性阻尼器的疲劳、老化性能。

4）主要试验结果

（1）当输入的剪切应变幅值不超过 20%时，卸载后剪切变形基本消失，残余变形不明显。

（2）对计算机采集到的数据进行整理分析，将各种条件下的力-剪切位移滞回曲线绘制出来后，发现基本上为光滑的椭圆形。此椭圆的面积是阻尼器耗能能力的标志，椭圆长轴的斜率则是其刚度的标志。典型的滞回曲线如图 3.27 所示。

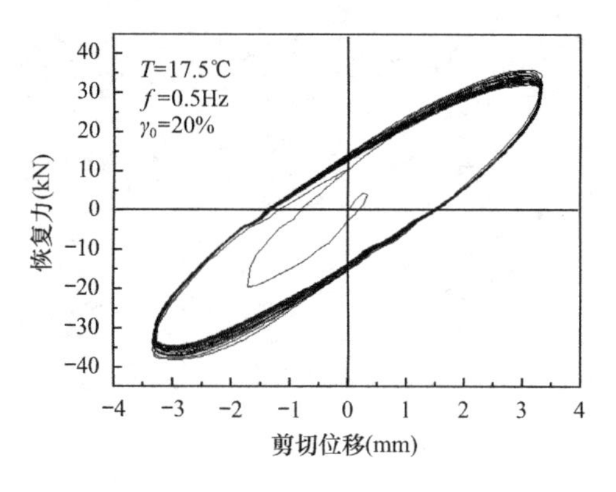


图 3.27 典型的滞回曲线

（3）在变形较小的情况下，黏弹性阻尼器的耗能性能与环境温度、频率的关系更密切，而表观的剪切应变幅值的影响较小。在变形较大的情况下，滞回环长轴的斜率随输入表观剪切应变幅值的增大而降低。也就是说，在相同的环境温度和工作频率下，小变形时，阻尼器的刚度变化不大；大变形时，阻尼器的刚度会随变形的增大而减小；如图 3.28 所示。

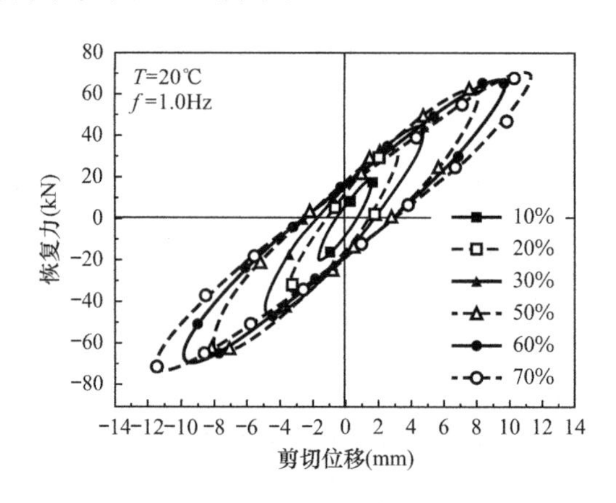


图 3.28 不同剪切应变幅值下的滞回曲线

（4）在相同的表观剪切应变幅值和频率下，环境温度为 11.8℃时，滞回环的饱满程度最好，即此时阻尼器的耗能能力最强。环境温度比 11.8℃高得越多，椭圆长轴的斜率就越小，即阻尼器的刚度越小，滞回环的饱满程度也减小得越多（图 3.29）。

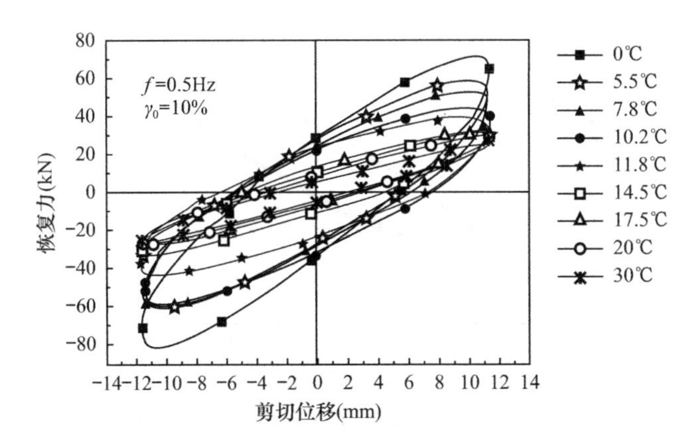


图 3.29　不同环境温度下的滞回曲线

（5）在相同的剪切应变幅值和环境温度下，随振动频率的增大，黏弹性阻尼器滞回曲线的椭圆长轴斜率增大，表明黏弹性阻尼器的刚度随激励频率的增大而增大（图 3.30）。

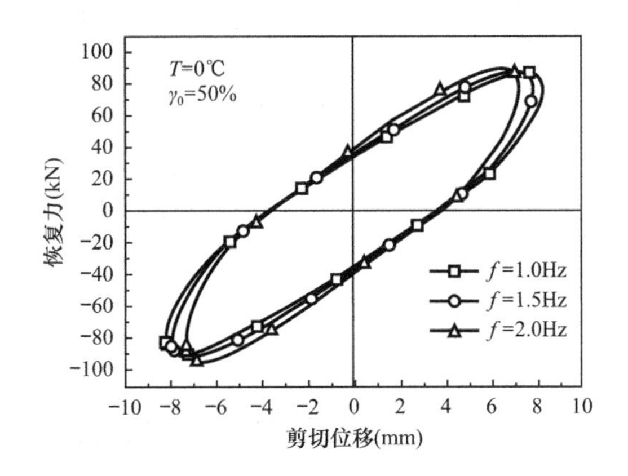


图 3.30　不同激励频率下的滞回曲线

（6）增加振动次数和振幅，通常会使阻尼器黏弹性材料变软，主要是由耗能产生的热能使得黏弹性材料内部温度升高引起的，但是这种软化程度到了一定的振动次数之后基本不会再发生变化。对抗震结构而言，大幅度振动次数一般不多，振动的持续时间也不是很长，因此黏弹性材料的内部升温对阻尼器性能产生的影响不大。然而，对于抗风结构而言，风荷载对结构作用的持续时间一般很长[109]，有时可能持续几个小时，这时黏弹性材料的内部升温对阻尼器性能影响很大。环境温度越低，内升温的影响越大。从图 3.31 和图 3.32 可以看出，随着振动次数的增加，椭圆长轴斜率会减小，滞回环的饱满程度降低。

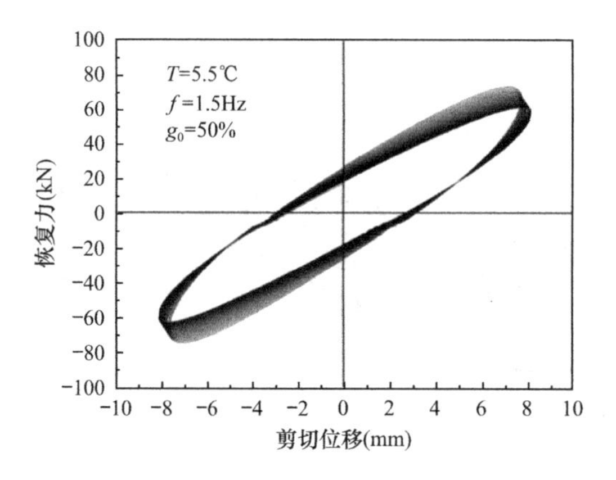


图 3.31 黏弹性材料内部温度升高对阻尼器性能的影响

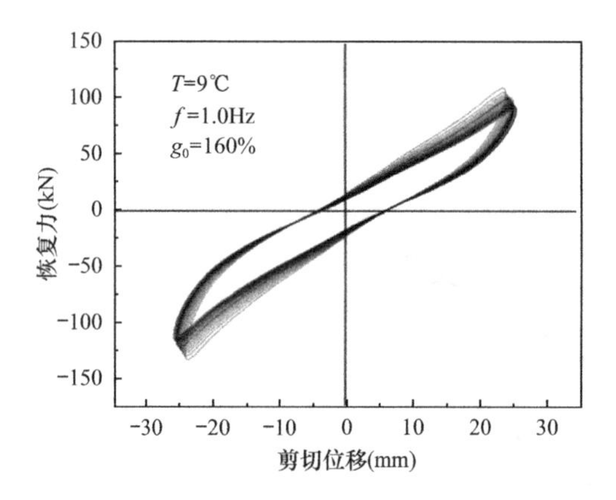


图 3.32 破坏时的滞回曲线

(7) 在环境温度 9℃输入剪切变形幅值达到 26.4mm 时，即剪切应变幅值达 160%时，试件的 2301 型黏弹性阻尼材料与内外约束钢管的热压胶结层出现局部撕裂，认为试件破坏。此时最大恢复力为 107kN，卸载后，残余变形仍不明显。破坏时的力-剪切位移滞回曲线已不是椭圆形状，呈反 S 形，如图 3.32 所示。

5) 试验结果分析及结论

(1) 试验数据（表 3.5～表 3.13）

**0℃下黏弹性阻尼器的动力性能** **表 3.5**

| 应变幅值 | 频率（Hz） | $k_{eff}$(N/mm) | $W$(N·m) | $\overline{G}'$(N/mm²) | $\overline{G}''$(N/mm²) | $\overline{G}^*$(N/mm²) | $\eta$ |
|---|---|---|---|---|---|---|---|
| 10% | 0.5 | 33481.28 | 38.58 | 5.16 | 2.94 | 5.94 | 0.57 |
| 10% | 1 | 40154.93 | 48.68 | 6.08 | 3.71 | 7.12 | 0.61 |
| 10% | 1.5 | 46573.28 | 58.39 | 6.96 | 4.45 | 8.26 | 0.64 |
| 10% | 2 | 51318.36 | 66.52 | 7.56 | 5.07 | 9.10 | 0.67 |
| 20% | 0.5 | 32461.04 | 151.68 | 4.98 | 2.89 | 5.76 | 0.58 |
| 20% | 1 | 36461.47 | 176.87 | 5.52 | 3.37 | 6.47 | 0.61 |
| 20% | 1.5 | 41395.87 | 203.11 | 6.24 | 3.87 | 7.34 | 0.62 |

续表

| 应变幅值 | 频率（Hz） | $k_{eff}$(N/mm) | $W$(N·m) | $\overline{G}'$(N/mm²) | $\overline{G}''$(N/mm²) | $\overline{G}^*$(N/mm²) | $\eta$ |
|---|---|---|---|---|---|---|---|
| 20% | 2 | 47260.86 | 237.23 | 7.06 | 4.52 | 8.38 | 0.64 |
| 30% | 0.5 | 26221.20 | 245.63 | 4.16 | 2.08 | 4.65 | 0.50 |
| 30% | 1 | 30490.32 | 298.77 | 4.78 | 2.53 | 5.41 | 0.53 |
| 30% | 1.5 | 35551.15 | 368.44 | 5.48 | 3.12 | 6.31 | 0.57 |
| 30% | 2 | 40309.77 | 428.67 | 6.16 | 3.63 | 7.15 | 0.59 |
| 50% | 0.5 | 18886.73 | 475.64 | 3.02 | 1.45 | 3.35 | 0.48 |
| 50% | 1 | 21304.73 | 554.37 | 3.38 | 1.69 | 3.78 | 0.50 |
| 50% | 1.5 | 24557.99 | 649.49 | 3.88 | 1.98 | 4.36 | 0.51 |
| 50% | 2 | 27208.28 | 731.50 | 4.28 | 2.23 | 4.83 | 0.52 |

**5.5℃下黏弹性阻尼器的动力性能　　表3.6**

| 应变幅值 | 频率（Hz） | $k_{eff}$(N/mm) | $W$(N·m) | $\overline{G}'$(N/mm²) | $\overline{G}''$(N/mm²) | $\overline{G}^*$(N/mm²) | $\eta$ |
|---|---|---|---|---|---|---|---|
| 10% | 0.5 | 27081.83 | 32.41 | 4.12 | 2.47 | 4.80 | 0.60 |
| 10% | 1 | 33190.86 | 41.20 | 4.98 | 3.14 | 5.89 | 0.63 |
| 10% | 1.5 | 38095.04 | 50.38 | 5.56 | 3.84 | 6.76 | 0.69 |
| 10% | 2 | 43004.61 | 60.09 | 6.1 | 4.58 | 7.63 | 0.75 |
| 20% | 0.5 | 26541.02 | 128.59 | 4.02 | 2.45 | 4.71 | 0.61 |
| 20% | 1 | 29437.81 | 145.91 | 4.42 | 2.78 | 5.22 | 0.63 |
| 20% | 1.5 | 30246.04 | 151.68 | 4.52 | 2.89 | 5.36 | 0.64 |
| 20% | 2 | 33649.27 | 174.25 | 4.96 | 3.32 | 5.97 | 0.67 |
| 30% | 0.5 | 22975.46 | 225.55 | 3.6 | 1.91 | 4.08 | 0.53 |
| 30% | 1 | 25484.78 | 257.44 | 3.96 | 2.18 | 4.52 | 0.55 |
| 30% | 1.5 | 28684.25 | 297.59 | 4.42 | 2.52 | 5.09 | 0.57 |
| 30% | 2 | 31165.02 | 343.64 | 4.7 | 2.91 | 5.53 | 0.62 |
| 50% | 0.5 | 18940.17 | 469.08 | 3.04 | 1.43 | 3.36 | 0.47 |
| 50% | 1 | 20977.51 | 537.96 | 3.34 | 1.64 | 3.72 | 0.49 |
| 50% | 1.5 | 23353.54 | 636.37 | 3.66 | 1.94 | 4.14 | 0.53 |
| 50% | 2 | 25250.80 | 698.70 | 3.94 | 2.13 | 4.48 | 0.54 |

**7.8℃下黏弹性阻尼器的动力性能　　表3.7**

| 应变幅值 | 频率（Hz） | $k_{eff}$(N/mm) | $W$(N·m) | $\overline{G}'$(N/mm²) | $\overline{G}''$(N/mm²) | $\overline{G}^*$(N/mm²) | $\eta$ |
|---|---|---|---|---|---|---|---|
| 10% | 0.5 | 23601.36 | 32.41 | 3.38 | 2.47 | 4.19 | 0.73 |
| 10% | 1 | 28457.14 | 41.07 | 3.96 | 3.13 | 5.05 | 0.79 |
| 10% | 1.5 | 32388.89 | 48.15 | 4.42 | 3.67 | 5.75 | 0.83 |
| 10% | 2 | 35778.94 | 55.37 | 4.74 | 4.22 | 6.35 | 0.89 |
| 20% | 0.5 | 21628.32 | 118.61 | 3.1 | 2.26 | 3.84 | 0.73 |
| 20% | 1 | 24041.07 | 136.46 | 3.38 | 2.6 | 4.26 | 0.77 |

续表

| 应变幅值 | 频率（Hz） | $k_{eff}$(N/mm) | $W$(N·m) | $\overline{G}'$(N/mm$^2$) | $\overline{G}''$(N/mm$^2$) | $\overline{G}^*$(N/mm$^2$) | $\eta$ |
|---|---|---|---|---|---|---|---|
| 20% | 1.5 | 26291.23 | 151.68 | 3.66 | 2.89 | 4.66 | 0.79 |
| 20% | 2 | 28862.09 | 169.00 | 3.98 | 3.22 | 5.12 | 0.81 |
| 30% | 0.5 | 18622.27 | 203.11 | 2.82 | 1.72 | 3.30 | 0.61 |
| 30% | 1 | 20612.28 | 232.64 | 3.08 | 1.97 | 3.66 | 0.64 |
| 30% | 1.5 | 22488.89 | 253.89 | 3.36 | 2.15 | 3.99 | 0.64 |
| 30% | 2 | 23642.26 | 272.79 | 3.5 | 2.31 | 4.19 | 0.66 |
| 50% | 0.5 | 14749.43 | 383.79 | 2.34 | 1.17 | 2.62 | 0.50 |
| 50% | 1 | 16090.76 | 439.56 | 2.52 | 1.34 | 2.85 | 0.53 |
| 50% | 1.5 | 17808.80 | 492.04 | 2.78 | 1.5 | 3.16 | 0.54 |
| 50% | 2 | 19636.47 | 557.65 | 3.04 | 1.7 | 3.48 | 0.56 |

**10.2℃下黏弹性阻尼器的动力性能** **表3.8**

| 应变幅值 | 频率（Hz） | $k_{eff}$(N/mm) | $W$(N·m) | $\overline{G}'$(N/mm$^2$) | $\overline{G}''$(N/mm$^2$) | $\overline{G}^*$(N/mm$^2$) | $\eta$ |
|---|---|---|---|---|---|---|---|
| 10% | 0.5 | 23447.06 | 36.08 | 3.12 | 2.75 | 4.16 | 0.88 |
| 10% | 1 | 27411.49 | 43.17 | 3.58 | 3.29 | 4.86 | 0.92 |
| 10% | 1.5 | 30463.36 | 49.07 | 3.9 | 3.74 | 5.40 | 0.96 |
| 10% | 2 | 34486.92 | 57.60 | 4.26 | 4.39 | 6.12 | 1.03 |
| 20% | 0.5 | 22478.92 | 135.41 | 3.04 | 2.58 | 3.99 | 0.85 |
| 20% | 1 | 23728.08 | 145.91 | 3.16 | 2.78 | 4.21 | 0.88 |
| 20% | 1.5 | 25469.81 | 158.50 | 3.36 | 3.02 | 4.52 | 0.90 |
| 20% | 2 | 33555.29 | 211.51 | 4.38 | 4.03 | 5.95 | 0.92 |
| 30% | 0.5 | 19214.99 | 245.63 | 2.7 | 2.08 | 3.41 | 0.77 |
| 30% | 1 | 21395.84 | 277.51 | 2.98 | 2.35 | 3.80 | 0.79 |
| 30% | 1.5 | 23808.31 | 314.12 | 3.28 | 2.66 | 4.22 | 0.81 |
| 30% | 2 | 25488.34 | 343.64 | 3.46 | 2.91 | 4.52 | 0.84 |
| 50% | 0.5 | 14271.37 | 433.00 | 2.16 | 1.32 | 2.53 | 0.61 |
| 50% | 1 | 15670.05 | 492.04 | 2.34 | 1.5 | 2.78 | 0.64 |
| 50% | 1.5 | 17700.41 | 567.49 | 2.62 | 1.73 | 3.14 | 0.66 |
| 50% | 2 | 19047.52 | 629.81 | 2.78 | 1.92 | 3.38 | 0.69 |

**11.8℃下黏弹性阻尼器的动力性能** **表3.9**

| 应变幅值 | 频率（Hz） | $k_{eff}$(N/mm) | $W$(N·m) | $\overline{G}'$(N/mm$^2$) | $\overline{G}''$(N/mm$^2$) | $\overline{G}^*$(N/mm$^2$) | $\eta$ |
|---|---|---|---|---|---|---|---|
| 10% | 0.5 | 21950.11 | 34.38 | 2.88 | 2.62 | 3.89 | 0.91 |
| 10% | 1 | 25873.74 | 42.12 | 3.28 | 3.21 | 4.59 | 0.98 |
| 10% | 1.5 | 28791.31 | 48.55 | 3.52 | 3.7 | 5.11 | 1.05 |
| 10% | 2 | 31875.92 | 54.45 | 3.84 | 4.15 | 5.65 | 1.08 |
| 20% | 0.5 | 20797.42 | 129.64 | 2.74 | 2.47 | 3.69 | 0.90 |

续表

| 应变幅值 | 频率（Hz） | $k_{eff}$(N/mm) | $W$(N·m) | $\overline{G}'$(N/mm²) | $\overline{G}''$(N/mm²) | $\overline{G}^*$(N/mm²) | $\eta$ |
|---|---|---|---|---|---|---|---|
| 20% | 1 | 23740.47 | 149.58 | 3.1 | 2.85 | 4.21 | 0.92 |
| 20% | 1.5 | 27559.27 | 175.82 | 3.56 | 3.35 | 4.89 | 0.94 |
| 20% | 2 | 31254.39 | 204.69 | 3.94 | 3.9 | 5.54 | 0.99 |
| 30% | 0.5 | 18877.64 | 249.17 | 2.6 | 2.11 | 3.35 | 0.81 |
| 30% | 1 | 20009.41 | 269.24 | 2.72 | 2.28 | 3.55 | 0.84 |
| 30% | 1.5 | 22466.48 | 307.03 | 3.02 | 2.6 | 3.99 | 0.86 |
| 30% | 2 | 25516.26 | 355.45 | 3.38 | 3.01 | 4.53 | 0.89 |
| 50% | 0.5 | 15388.94 | 482.20 | 2.3 | 1.47 | 2.73 | 0.64 |
| 50% | 1 | 16136.62 | 521.56 | 2.38 | 1.59 | 2.86 | 0.67 |
| 50% | 1.5 | 17389.54 | 574.05 | 2.54 | 1.75 | 3.08 | 0.69 |
| 50% | 2 | 19589.23 | 665.89 | 2.82 | 2.03 | 3.47 | 0.72 |

**14.5℃下黏弹性阻尼器的动力性能　　　表 3.10**

| 应变幅值 | 频率（Hz） | $k_{eff}$(N/mm) | $W$(N·m) | $\overline{G}'$(N/mm²) | $\overline{G}''$(N/mm²) | $\overline{G}^*$(N/mm²) | $\eta$ |
|---|---|---|---|---|---|---|---|
| 10% | 0.5 | 20268.64 | 29.26 | 2.82 | 2.23 | 3.60 | 0.79 |
| 10% | 1 | 22247.26 | 33.33 | 3.02 | 2.54 | 3.95 | 0.84 |
| 10% | 1.5 | 24544.08 | 38.44 | 3.22 | 2.93 | 4.35 | 0.91 |
| 10% | 2 | 26487.49 | 41.99 | 3.44 | 3.2 | 4.70 | 0.93 |
| 20% | 0.5 | 19047.52 | 100.77 | 2.78 | 1.92 | 3.38 | 0.69 |
| 20% | 1 | 20815.98 | 114.42 | 2.98 | 2.18 | 3.69 | 0.73 |
| 20% | 1.5 | 22839.77 | 131.74 | 3.18 | 2.51 | 4.05 | 0.79 |
| 20% | 2 | 25170.62 | 150.63 | 3.42 | 2.87 | 4.46 | 0.84 |
| 30% | 0.5 | 17115.32 | 188.94 | 2.58 | 1.6 | 3.04 | 0.62 |
| 30% | 1 | 18763.82 | 216.10 | 2.78 | 1.83 | 3.33 | 0.66 |
| 30% | 1.5 | 20926.92 | 251.53 | 3.04 | 2.13 | 3.71 | 0.70 |
| 30% | 2 | 23580.88 | 303.49 | 3.3 | 2.57 | 4.18 | 0.78 |
| 50% | 0.5 | 14796.65 | 426.44 | 2.28 | 1.3 | 2.62 | 0.57 |
| 50% | 1 | 15837.51 | 478.92 | 2.4 | 1.46 | 2.81 | 0.61 |
| 50% | 1.5 | 17862.35 | 554.37 | 2.68 | 1.69 | 3.17 | 0.63 |
| 50% | 2 | 20046.55 | 656.05 | 2.94 | 2 | 3.56 | 0.68 |

**17.5℃下黏弹性阻尼器的动力性能　　　表 3.11**

| 应变幅值 | 频率（Hz） | $k_{eff}$(N/mm) | $W$(N·m) | $\overline{G}'$(N/mm²) | $\overline{G}''$(N/mm²) | $\overline{G}^*$(N/mm²) | $\eta$ |
|---|---|---|---|---|---|---|---|
| 10% | 0.5 | 18090.44 | 21.91 | 2.74 | 1.67 | 3.21 | 0.61 |
| 10% | 1 | 20297.39 | 25.72 | 3.02 | 1.96 | 3.60 | 0.65 |
| 10% | 1.5 | 21768.14 | 28.74 | 3.18 | 2.19 | 3.86 | 0.69 |
| 10% | 2 | 23725.67 | 32.54 | 3.4 | 2.48 | 4.21 | 0.73 |

续表

| 应变幅值 | 频率（Hz） | $k_{eff}$(N/mm) | $W$(N·m) | $\overline{G}'$(N/mm$^2$) | $\overline{G}''$(N/mm$^2$) | $\overline{G}^*$(N/mm$^2$) | $\eta$ |
|---|---|---|---|---|---|---|---|
| 20% | 0.5 | 17454.12 | 81.35 | 2.68 | 1.55 | 3.10 | 0.58 |
| 20% | 1 | 18371.04 | 89.22 | 2.78 | 1.7 | 3.26 | 0.61 |
| 20% | 1.5 | 20453.39 | 103.92 | 3.04 | 1.98 | 3.63 | 0.65 |
| 20% | 2 | 22360.76 | 117.04 | 3.28 | 2.23 | 3.97 | 0.68 |
| 30% | 0.5 | 15761.87 | 165.33 | 2.42 | 1.4 | 2.80 | 0.58 |
| 30% | 1 | 16881.97 | 179.50 | 2.58 | 1.52 | 2.99 | 0.59 |
| 30% | 1.5 | 18747.89 | 204.30 | 2.84 | 1.73 | 3.33 | 0.61 |
| 30% | 2 | 20928.06 | 233.82 | 3.14 | 1.98 | 3.71 | 0.63 |
| 50% | 0.5 | 13488.79 | 350.99 | 2.14 | 1.07 | 2.39 | 0.50 |
| 50% | 1 | 14299.96 | 390.35 | 2.24 | 1.19 | 2.54 | 0.53 |
| 50% | 1.5 | 16225.01 | 455.96 | 2.52 | 1.39 | 2.88 | 0.55 |
| 50% | 2 | 17859.86 | 521.56 | 2.74 | 1.59 | 3.17 | 0.58 |

**20℃下黏弹性阻尼器的动力性能　　表 3.12**

| 应变幅值 | 频率（Hz） | $k_{eff}$(N/mm) | $W$(N·m) | $\overline{G}'$(N/mm$^2$) | $\overline{G}''$(N/mm$^2$) | $\overline{G}^*$(N/mm$^2$) | $\eta$ |
|---|---|---|---|---|---|---|---|
| 10% | 0.5 | 16642.29 | 17.84 | 2.62 | 1.36 | 2.95 | 0.52 |
| 10% | 1 | 18312.82 | 20.21 | 2.86 | 1.54 | 3.25 | 0.54 |
| 10% | 1.5 | 19719.57 | 22.70 | 3.04 | 1.73 | 3.50 | 0.57 |
| 10% | 2 | 21861.38 | 25.85 | 3.34 | 1.97 | 3.88 | 0.59 |
| 20% | 0.5 | 15582.69 | 57.21 | 2.54 | 1.09 | 2.76 | 0.43 |
| 20% | 1 | 17254.40 | 67.18 | 2.78 | 1.28 | 3.06 | 0.46 |
| 20% | 1.5 | 18204.19 | 74.53 | 2.9 | 1.42 | 3.23 | 0.49 |
| 20% | 2 | 19945.54 | 85.55 | 3.14 | 1.63 | 3.54 | 0.52 |
| 30% | 0.5 | 14665.58 | 123.99 | 2.38 | 1.05 | 2.60 | 0.44 |
| 30% | 1 | 15388.01 | 134.62 | 2.48 | 1.14 | 2.73 | 0.46 |
| 30% | 1.5 | 16894.39 | 153.52 | 2.7 | 1.3 | 3.00 | 0.48 |
| 30% | 2 | 18103.35 | 172.41 | 2.86 | 1.46 | 3.21 | 0.51 |
| 50% | 0.5 | 12751.24 | 275.54 | 2.1 | 0.84 | 2.26 | 0.4 |
| 50% | 1 | 13526.44 | 298.50 | 2.22 | 0.91 | 2.40 | 0.41 |
| 50% | 1.5 | 14894.71 | 347.71 | 2.42 | 1.06 | 2.64 | 0.44 |
| 50% | 2 | 16624.42 | 403.47 | 2.68 | 1.23 | 2.95 | 0.46 |

**30℃下黏弹性阻尼器的动力性能　　表 3.13**

| 应变幅值 | 频率（Hz） | $k_{eff}$(N/mm) | $W$(N·m) | $\overline{G}'$(N/mm$^2$) | $\overline{G}''$(N/mm$^2$) | $\overline{G}^*$(N/mm$^2$) | $\eta$ |
|---|---|---|---|---|---|---|---|
| 10% | 0.5 | 14761.92 | 12.47 | 2.44 | 0.95 | 2.62 | 0.39 |
| 10% | 1 | 16688.06 | 14.70 | 2.74 | 1.12 | 2.96 | 0.41 |
| 10% | 1.5 | 17300.12 | 15.88 | 2.82 | 1.21 | 3.07 | 0.43 |

续表

| 应变幅值 | 频率（Hz） | $k_{eff}$(N/mm) | W(N・m) | $\overline{G}'$(N/mm²) | $\overline{G}''$(N/mm²) | $\overline{G}^*$(N/mm²) | $\eta$ |
|---|---|---|---|---|---|---|---|
| 10% | 2 | 18994.80 | 18.50 | 3.06 | 1.41 | 3.37 | 0.46 |
| 20% | 0.5 | 15117.95 | 53.53 | 2.48 | 1.02 | 2.68 | 0.41 |
| 20% | 1 | 16508.83 | 61.93 | 2.68 | 1.18 | 2.93 | 0.44 |
| 20% | 1.5 | 17688.19 | 67.70 | 2.86 | 1.29 | 3.14 | 0.45 |
| 20% | 2 | 18960.55 | 77.68 | 3.02 | 1.48 | 3.36 | 0.49 |
| 30% | 0.5 | 13924.17 | 106.28 | 2.3 | 0.9 | 2.47 | 0.39 |
| 30% | 1 | 15347.99 | 121.63 | 2.52 | 1.03 | 2.72 | 0.41 |
| 30% | 1.5 | 17070.69 | 141.71 | 2.78 | 1.2 | 3.03 | 0.43 |
| 30% | 2 | 18364.81 | 160.60 | 2.96 | 1.36 | 3.26 | 0.46 |
| 50% | 0.5 | 12418.37 | 255.86 | 2.06 | 0.78 | 2.20 | 0.38 |
| 50% | 1 | 13798.62 | 291.94 | 2.28 | 0.89 | 2.45 | 0.39 |
| 50% | 1.5 | 15347.99 | 337.87 | 2.52 | 1.03 | 2.72 | 0.41 |
| 50% | 2 | 17070.69 | 393.63 | 2.78 | 1.2 | 3.03 | 0.43 |

（2）结论

① 环境温度、工作频率和剪切应变幅值是影响筒式黏弹性阻尼器动态力学性能的主要影响因素。图 3.34～图 3.36 示出了不同温度、各个频率下阻尼器的表观剪切储存模量 $\overline{G}'$ 及损耗因子 $\eta$ 关系曲线图。在同一环境温度下，表观剪切储存模量 $\overline{G}'$ 随频率的增大而逐渐增大，如图 3.33 所示；同一工作频率下，表观剪切储存模量 $\overline{G}'$ 随环境温度的增大而逐渐减小，如图 3.34 所示；图 3.35 表明，在所测定的各个温度下，11.8℃时损耗因子 $\eta$ 达到最大值，随着温度的升高或降低，损耗因子逐渐减小。

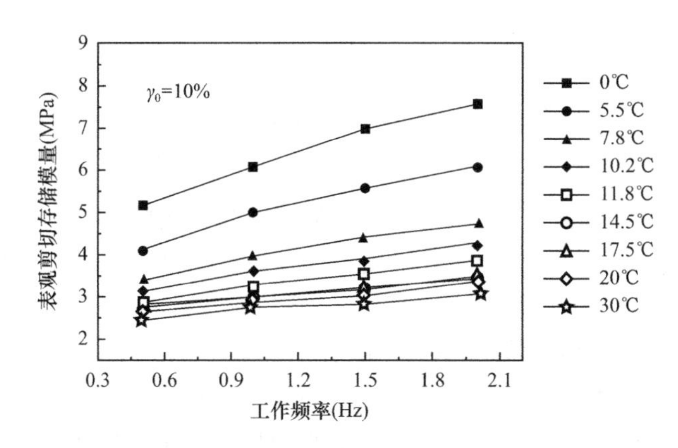


图 3.33　表观剪切储存模量 $\overline{G}'$ 试验值与工作频率的关系曲线

② 当剪切位移幅值不超过 120%时，筒式黏弹性阻尼器具有比较稳定的动态

力学性能和较强的消能能力，能承受多次交变力的作用，可较好地应用于结构工程的减震。

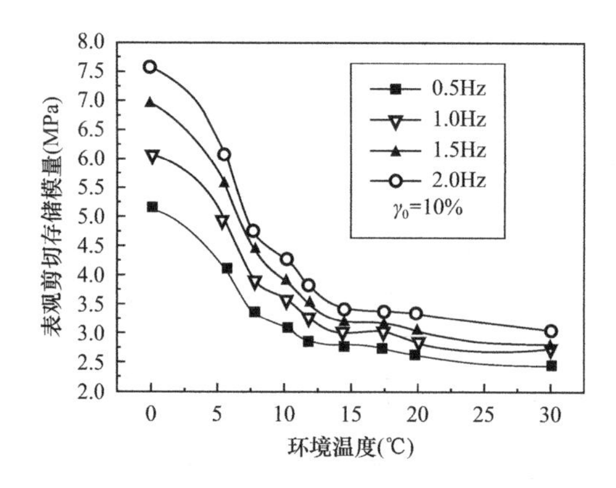


图 3.34 表观剪切储存模量 $\overline{G}'$ 试验值与环境温度的关系曲线

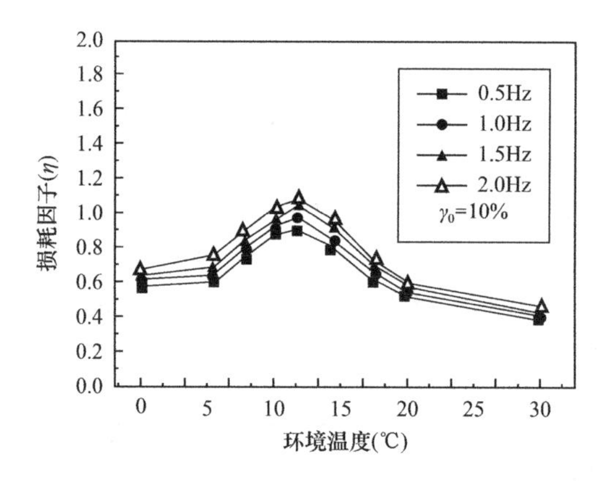


图 3.35 损耗因子 $\eta$ 试验值与环境温度的关系曲线

③ 当剪切位移幅值达到 160%时，阻尼器因黏弹性材料与约束钢管黏合层局部脱离而破坏。此时，虽滞回曲线呈反 S 形，消能能力下降，但仍然能承受较大的交变荷载，并耗散输入能量。表明 2301 型黏弹性材料与约束钢管间的热压胶结面受力是可靠的，具有较高的黏结强度。

④ 结构减震设计时，在环境温度 0～20℃范围内和工作频率 0.5～2.0Hz 条件下，建议取损耗因子 $\eta$ 为 0.7～0.8，表观剪切储存模量 $\overline{G}'$ 取 3.5MPa。

**3. 耐久性试验研究**

阻尼器的耐久性是工程界和业主最为关注的性能之一。设计时，要求阻尼器的使用寿命至少与建筑物的寿命等同或者更长些。

阻尼器在长期的工作中，会受到各种因素的影响，这些因素可能是外部的，也可能是内部的；可能是物理的，也可能是化学的。其初始具有的性能、外形、形状等随时间会发生变化，这种变化使得筒式黏弹性阻尼器丧失部分功能，这个过程叫做劣化[112]。耐久性试验就是在施加加速劣化的处理下，以较短的时间模拟真实的长时间劣化过程并测定其性能，与其初始性能比较来定量检验劣化的程度。

对工程界来说，最具说服力的耐久性试验是对实际应用的黏弹性阻尼器的长期检测。纽约港务局对世界贸易中心的黏弹性阻尼器进行了33年的监测，未发现任何耐久性问题。这种对实际结构进行监测的耐久性试验做得很少，所得到的数据还有限，有待于进一步研究。

耐久性试验包括老化性能试验和疲劳性能试验。为了能够快捷地得到阻尼器产品的耐久性评价，试验时应采取加速老化的措施。

1）老化性能试验

（1）试验简介

老化试件为一个，未老化对比试件为两个，试件尺寸与图相同。

测定黏弹性阻尼器的老化性能，在自然状态下需要较长时间，因此采用热空气加速老化试验。首先，根据阻尼器实际使用的环境温度和设计寿命选择适当的试验温度，再用Arrhenius公式计算出试件必须经历的试验时间。如果阻尼器通过热空气劣化试验之后其基本性能仍在设计范围之内，则可认为该阻尼器可以达到设计的使用寿命。

Arrhenius公式是1899年由S. A. Arrhenius提出的，其化学反应速度与温度之间的关系式如下：

$$t = t_0 \times 10^{0.434E\left(\frac{1}{T}-\frac{1}{T_0}\right)/R} \tag{3-2}$$

式中　$t_0$、$T_0$——设计使用期（天）和使用环境的绝对温度（K）；

$t$、$T$——试验所需时间（天）和试验所需温度（K）；

$R$——气体常数，8.31J/Mol.K；

$E$——橡胶活化能，其值为90.4kJ/Mol。

根据此式可计算出相对于某一使用环境温度和设计使用年限的加速老化的温度和时间。

热空气加速劣化试验中试验所需温度的确定须考虑试验时间和同实际情况的一致性。提高试验温度可缩短试验时间，但片面提高试验温度会使热分解的可能性和配合剂的迁移挥发性有所增加，使反应过程与实际情况不符，影响试验结果的可靠性。黏弹性材料属橡胶类，在温度为50～100℃范围内其老化机理没有改变。试验时，综合考虑黏弹性阻尼材料的种类和试验试件的需要，选取试验温度为80℃，即353K。

试验装置采用SC101鼓风电热恒温干燥箱，其恒温波动度为±1℃。鼓风的作用是使箱内温度均匀，并且排除老化过程中产生的挥发物，并可补充新鲜空气，保持空气成分一致、稳定。将试件放入SC101鼓风电热恒温干燥箱中，温度设为80℃，经过54天取出。由公式（3-2）可知，这相当于环境温度为20℃时经过了80年的老化情况。

（2）老化黏弹性阻尼器的动态力学性能试验

试验步骤如下：

① 安装试件，并进行几何对中和物理对中；

② 在环境温度7.8℃时，输入剪切应变幅值 $\gamma_0$ 为10%，即最大剪切位移为1.65mm，施加频率为0.5Hz的正弦力，测得老化黏弹性阻尼器的剪切位移和恢复力，由计算机记录力与位移的数值；

③ 由小到大逐级输入10%、20%、30%、50%的剪切变形幅值 $\gamma_0$，对每一级剪切变形幅值都按步骤②的方法进行试验；

④ 温度继续保持不变，按0.5Hz、1.0Hz、1.5Hz、2.0Hz逐次改变频率，对每一次频率，分别输入为10%、20%、30%、50%的剪切应变幅值，并按步骤②的方法进行试验；

⑤ 相同条件下，对未老化的两个对比试件按步骤①、②、③、④的方法进行试验。

（3）筒式黏弹性阻尼器老化性能试验的主要结果与分析

① 老化后，筒式黏弹性阻尼器的力-剪切位移滞回曲线基本上仍为椭圆形，表明其消能能力还是比较强的，如图3.36所示。

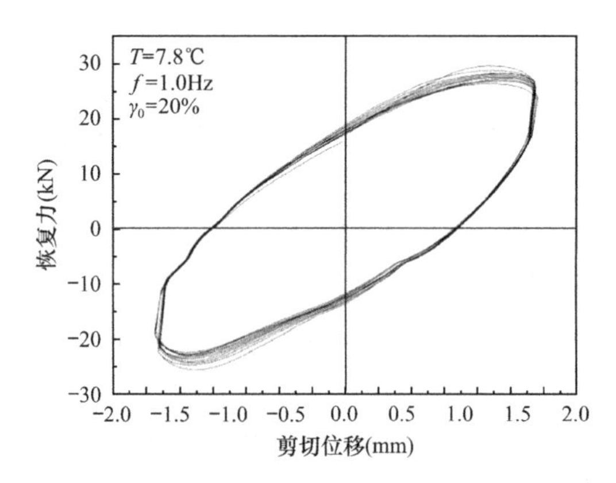


图3.36 老化后筒式黏弹性阻尼器的典型滞回曲线

② 老化后，筒式黏弹性阻尼器的动态力学性能变化趋势与普通的黏弹性阻尼器动态性能变化趋势基本相同，如图3.37所示。

③ 老化后，筒式黏弹性阻尼器的损耗因子略有下降，其表观储存剪切模量略有增大，说明试件老化后消能能力虽有降低，却不大。老化前、后的试件滞回

曲线比较如图 3.38 所示。

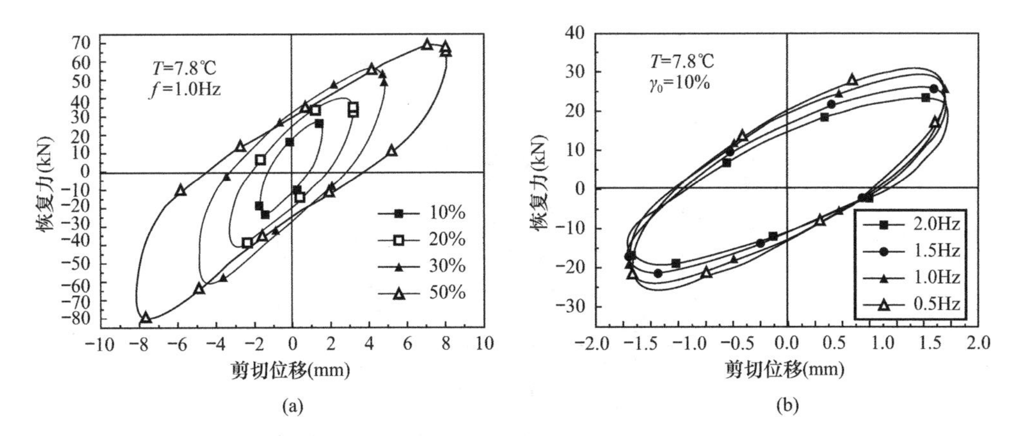


图 3.37　老化后筒式黏弹性阻尼器的动态力学性能变化趋势

(a) 不同剪切应变幅值下的滞回曲线；(b) 不同激励频率下的滞回曲线

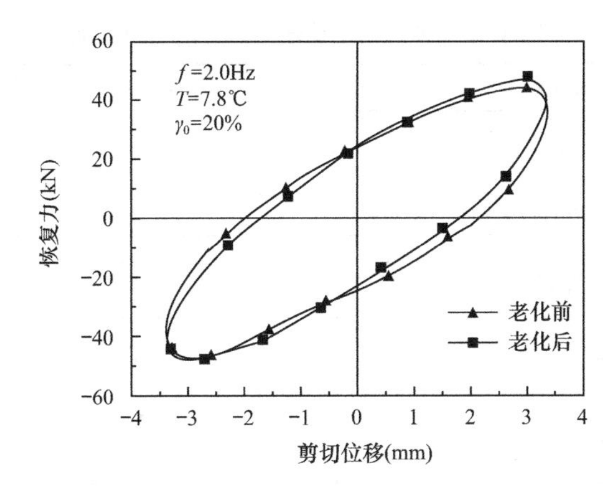


图 3.38　老化前和老化后的阻尼器滞回曲线

④ 对比图 3.39 与图 3.37（a）可知，在剪切应变幅值小于 30%时，未老化的阻尼器的等效刚度和滞回曲线的饱满程度和已老化的试件相比无明显差异。当剪切应变幅值为 50%时，未老化试件的刚度降低程度小于已老化试件，且未老化试件的滞回曲线比较饱满，而已老化试件的滞回曲线呈反 S 形，滞回曲线不饱满。这表明，经过 80 年的老化，黏弹性材料的物理性质发生了变化，它与钢管的剪切黏结强度降低了。

⑤ 老化试件的动态力学性能如表 3.14 所示。

(4) 筒式黏弹性阻尼器老化性能试验结论

① 在环境温度为 7.8℃时，采用数显邵氏橡胶硬度计 V-SA 对阻尼器的黏弹性材料进行了测定，老化前邵氏硬度为 44.5，老化后为 62，说明黏弹性阻尼材

料的抗老化性能不太好。

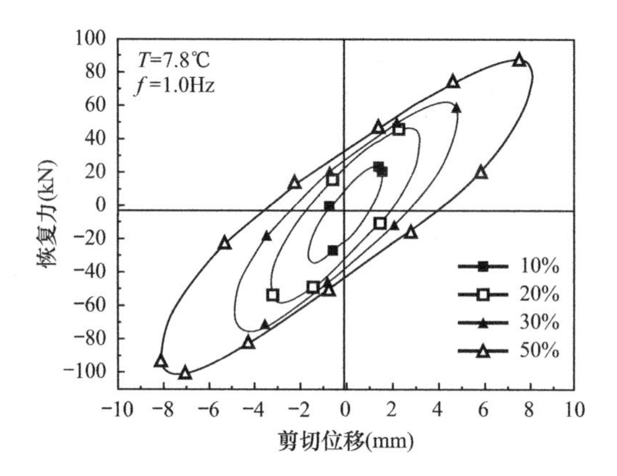


图 3.39　黏弹性阻尼器未老化对比试件在不同剪切应变幅值下的滞回曲线

**7.8℃下黏弹性阻尼器老化试件的动力性能**　　**表 3.14**

| 应变幅值 | 频率 (Hz) | $k_{eff}$(N/mm) | $W$(N·m) | $\overline{G}'$(N/mm²) | $\overline{G}''$(N/mm²) | $\overline{G}^*$(N/mm²) | $\eta$ |
|---|---|---|---|---|---|---|---|
| 10% | 0.5 | 25720.86 | 34.66 | 3.72 | 2.64 | 4.56 | 0.71 |
| 10% | 1 | 29171.68 | 41.76 | 4.08 | 3.18 | 5.17 | 0.78 |
| 10% | 1.5 | 29963.85 | 43.89 | 4.13 | 3.35 | 5.31 | 0.81 |
| 10% | 2 | 33721.61 | 50.48 | 4.58 | 3.85 | 5.98 | 0.84 |
| 20% | 0.5 | 24705.40 | 131.89 | 3.59 | 2.51 | 4.38 | 0.70 |
| 20% | 1 | 25756.54 | 141.38 | 3.69 | 2.69 | 4.57 | 0.73 |
| 20% | 1.5 | 28474.73 | 157.68 | 4.06 | 3.00 | 5.05 | 0.74 |
| 20% | 2 | 30458.67 | 174.39 | 4.26 | 3.32 | 5.40 | 0.78 |
| 30% | 0.5 | 21470.35 | 228.53 | 3.28 | 1.94 | 3.81 | 0.59 |
| 30% | 1 | 23509.70 | 256.44 | 3.56 | 2.17 | 4.17 | 0.61 |
| 30% | 1.5 | 26640.07 | 300.80 | 3.98 | 2.55 | 4.73 | 0.64 |
| 30% | 2 | 28569.69 | 333.10 | 4.21 | 2.82 | 5.07 | 0.67 |
| 50% | 0.5 | 13372.49 | 342.36 | 2.13 | 1.04 | 2.37 | 0.49 |
| 50% | 1 | 15568.84 | 405.11 | 2.47 | 1.24 | 2.76 | 0.50 |
| 50% | 1.5 | 18999.65 | 510.02 | 2.99 | 1.55 | 3.37 | 0.52 |
| 50% | 2 | 21015.62 | 581.00 | 3.28 | 1.77 | 3.73 | 0.54 |

② 黏弹性阻尼器材料为橡胶类材料，抗老化性能较差。但阻尼器中阻尼材料大部分被钢管包裹，与空气接触的部分氧化后形成了一种保护层，阻止氧化作用向内侵蚀，且此部分面积小，因此使得阻尼器的老化速度大大降低。

③ 经老化的筒式黏弹性阻尼器的损耗因子略有下降，其表观储存剪切模量略有增大，说明试件老化后消能能力降低程度很小。

④ 本文所做的筒式黏弹性阻尼器的老化相当于室温 20℃时经过了 80 年的情况，超过了一般建筑物的使用年限要求，符合工程要求。

2）疲劳性能试验

长期承受疲劳荷载的黏弹性阻尼器，其抗力将随疲劳损伤累积而衰减，最终导致结构可靠性降低。本书的疲劳性能试验[113]，阻尼器的疲劳性能与它的用途有关。当装设阻尼器主要是为了减小地震响应时，地震作用下阻尼器剪切变形大但持续时间短；若主要是为了减小风致响应，阻尼器剪切变形小但持续时间长。Taylor 公司采用的试验方法是风振下连续进行 1 万次循环。本试验研究了筒式黏弹性阻尼器在风致振动和地震下的疲劳性能。

（1）试验步骤

① 安装试件，并进行几何对中和物理对中；

② 在环境温度 7℃时，输入剪切应变幅值 $\gamma_0$ 为 10%，即最大剪切位移为 1.65mm，施加频率为 1Hz 的正弦力，连续加载 10,000 个循环，测得筒式黏弹性阻尼器的剪切位移和恢复力，并由计算机记录力与位移的数值；

③ 在环境温度 8℃时，输入剪切应变幅值 $\gamma_0$ 为 50%，即最大剪切位移为 8.3mm，施加频率为 1Hz 的正弦力，连续加载 200 个循环，测得筒式黏弹性阻尼器的剪切位移和恢复力，并由计算机记录力与位移的数值。

（2）试验结果与分析

① 在剪切位移幅值 $\gamma_0$ =10%情况下，筒式黏弹性阻尼器循环一万次，滞回环变化很小，说明疲劳性能非常好。随着循环次数的增加，滞回环的斜率和饱满程度虽有降低，但降低程度小，如图 3.40 所示。

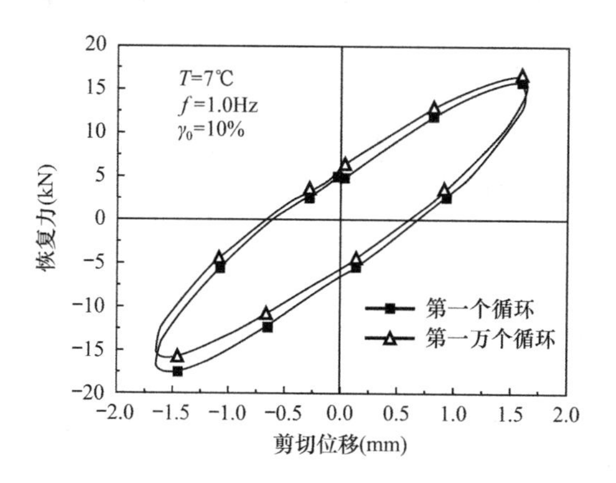


图 3.40 $\gamma_0$ =10%时筒式黏弹性阻尼器的疲劳性能

② 由图 3.41 可看出，在剪切位移幅值 $\gamma_0$ =100%的情况下循环 200 圈，筒式黏弹性阻尼器的疲劳性能也较好。第一圈表观储存模量 $\overline{G}'$ 为 2.44MPa，第 200

圈为 2.17MPa，降低程度为 88.9%。第一个循环损耗因子 $\eta$ 为 0.48，而第 200 个循环为 0.39，降低了 18.8%。

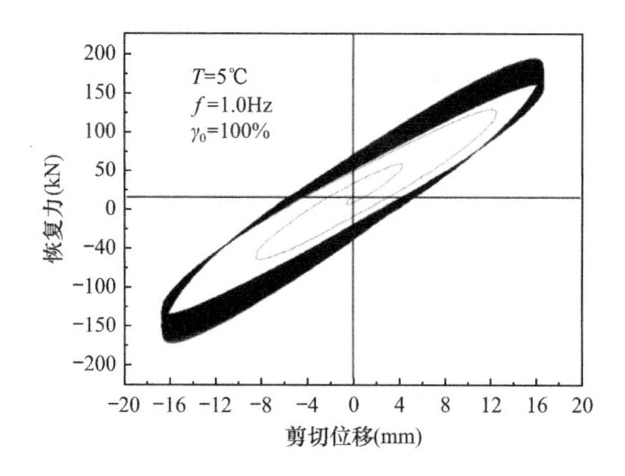


图 3.41　$\gamma_0=100\%$时黏弹性阻尼器的疲劳性能

**4. 滞回圈数对筒式黏弹性阻尼器动态力学性能的影响**

风荷载和地震荷载最大的差异之一是荷载作用的持续时间不同。地震周期一般是几秒钟或者几十秒钟，而强风有的时候可能持续好几个小时。黏弹性阻尼器用于结构风振控制时，常常会长时间处于小幅值或者中等幅值振动状态。1974 年 Mahmoodi 指出，当循环次数增加时，黏弹性材料的内部温度会升高，导致阻尼器的动力性能有所改变。此时，必须考虑荷载的循环次数对阻尼器动力性能的影响。

1993 年 Kasai[114]指出，阻尼器的机械功产生的黏弹性材料内部温度 $\theta$ 可用热传递方程来计算：

$$\rho c_v \frac{\partial \theta}{\partial t} \cong \kappa \frac{\partial^2 \theta}{\partial z^2} + \tau \frac{\partial \gamma}{\partial t} \tag{3-3}$$

式中　$c_v$——黏弹性材料的比热；

$\rho$——密度；

$\kappa$——热导率。

根据上述热传递方程，利用消元法即可考虑剪切变形后黏弹性材料内部温度升高的影响。

本文通过阻尼器试验来探讨滞回圈数对筒式黏弹性阻尼器动态力学性能的影响。在工作频率 1Hz 条件下，对试件进行 30min 的长时间激振，即将荷载循环次数定为 1800 次。试验采用的剪切位移幅值 $\gamma_0$ 分别为 10%、20%和 30%，以模拟阻尼器在小幅值或者中等幅值下的振动。

(1) 试验结果

① 当循环次数增加时，黏弹性材料内部温度升高，材料变软，阻尼器耗能

力逐次减小。本次试验得到的滞回环如图 3.42、图 3.43 所示。由图 3.42 可知，

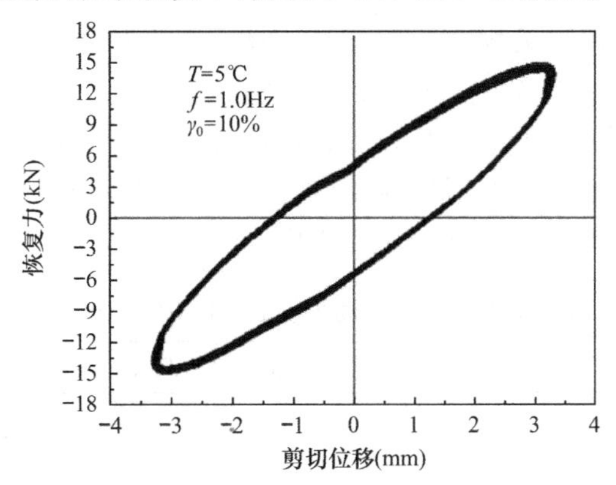


图 3.42　$\gamma_0$=10%时筒式黏弹性阻尼器循环 1800 次的滞回曲线

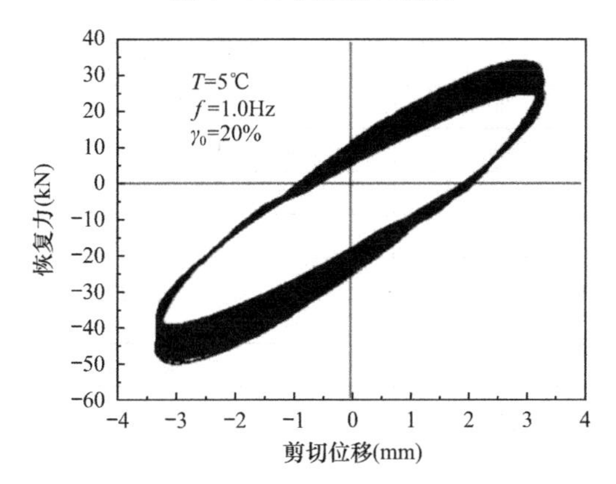


图 3.43　$\gamma_0$=20%时筒式黏弹性阻尼器循环 1800 次的滞回曲线

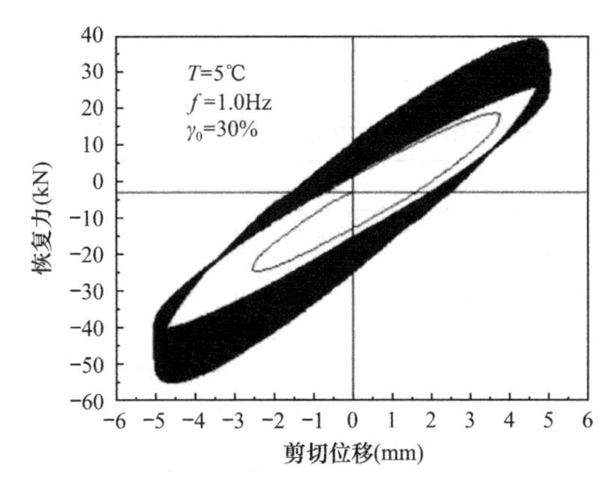


图 3.44　$\gamma_0$=30%时筒式黏弹性阻尼器循环 1800 次的滞回曲线

当剪切变形为1.65mm时，阻尼器以较小的幅值振动，黏弹性材料内部温度的升高对滞回环的形状和饱满程度影响很小，图上的1800个滞回环比较集中。由图3.43和图3.44可看出，阻尼器以中等幅值振动（剪切变形为3.3mm和4.95mm）时，随循环次数的增加，黏弹性内部温度升高，滞回环的刚度和饱满程度逐渐降低。剪应变越大，阻尼器的耗能能力降得越快。

② 筒式黏弹性阻尼器的动力性能列于表3.15～表3.17。

**5℃下筒式黏弹性阻尼器的动力性能（1.0Hz，10%剪切变形）　　表3.15**

| 循环次数 | $k_{eff}$(N/mm) | $W$(N·m) | $\overline{G}'$(N/mm$^2$) | $\overline{G}''$(N/mm$^2$) | $\overline{G}^*$(N/mm$^2$) | $\eta$ |
|---|---|---|---|---|---|---|
| 1 | 28019.69 | 33.59 | 4.26 | 2.56 | 4.97 | 0.60 |
| 100 | 27701.23 | 32.80 | 4.23 | 2.5 | 4.91 | 0.59 |
| 200 | 27441.10 | 32.28 | 4.20 | 2.46 | 4.87 | 0.59 |
| 300 | 27181.40 | 31.75 | 4.17 | 2.42 | 4.82 | 0.58 |
| 400 | 26796.30 | 31.10 | 4.12 | 2.37 | 4.75 | 0.58 |
| 500 | 26488.51 | 30.57 | 4.08 | 2.33 | 4.70 | 0.57 |
| 600 | 26279.14 | 30.05 | 4.06 | 2.29 | 4.66 | 0.57 |
| 700 | 26125.57 | 29.78 | 4.04 | 2.27 | 4.63 | 0.56 |
| 800 | 25972.07 | 29.52 | 4.02 | 2.25 | 4.61 | 0.56 |
| 900 | 25769.42 | 29.26 | 3.99 | 2.23 | 4.57 | 0.56 |
| 1000 | 25643.49 | 29.13 | 3.97 | 2.22 | 4.55 | 0.56 |
| 1100 | 25621.92 | 29.26 | 3.96 | 2.23 | 4.54 | 0.56 |
| 1200 | 25594.30 | 29.13 | 3.96 | 2.22 | 4.54 | 0.56 |
| 1300 | 25594.30 | 29.13 | 3.96 | 2.22 | 4.54 | 0.56 |
| 1400 | 25594.30 | 29.13 | 3.96 | 2.22 | 4.54 | 0.56 |
| 1500 | 25594.30 | 29.13 | 3.96 | 2.22 | 4.54 | 0.56 |
| 1600 | 25594.30 | 29.13 | 3.96 | 2.22 | 4.54 | 0.56 |
| 1700 | 25594.30 | 29.13 | 3.96 | 2.22 | 4.54 | 0.56 |
| 1800 | 25594.30 | 29.13 | 3.96 | 2.22 | 4.54 | 0.56 |

**5℃下筒式黏弹性阻尼器的动力性能（1.0Hz，20%剪切变形）　　表3.16**

| 循环次数 | $k_{eff}$(N/mm) | $W$(N·m) | $\overline{G}'$(N/mm$^2$) | $\overline{G}''$(N/mm$^2$) | $\overline{G}^*$(N/mm$^2$) | $\eta$ |
|---|---|---|---|---|---|---|
| 1 | 26398.19 | 30.83 | 4.05 | 2.35 | 4.68 | 0.58 |
| 100 | 25321.00 | 29.00 | 3.91 | 2.21 | 4.49 | 0.57 |
| 200 | 24269.76 | 27.03 | 3.78 | 2.06 | 4.30 | 0.55 |
| 300 | 23453.23 | 25.45 | 3.68 | 1.94 | 4.16 | 0.53 |
| 400 | 22768.75 | 24.27 | 3.59 | 1.85 | 4.04 | 0.52 |
| 500 | 22237.83 | 23.36 | 3.52 | 1.78 | 3.94 | 0.51 |
| 600 | 21935.04 | 22.83 | 3.48 | 1.74 | 3.89 | 0.50 |
| 700 | 21708.26 | 22.44 | 3.45 | 1.71 | 3.85 | 0.50 |

续表

| 循环次数 | $k_{eff}$(N/mm) | W(N·m) | $\overline{G}'$(N/mm²) | $\overline{G}''$(N/mm²) | $\overline{G}^*$(N/mm²) | $\eta$ |
|---|---|---|---|---|---|---|
| 800 | 21481.75 | 22.04 | 3.42 | 1.68 | 3.81 | 0.49 |
| 900 | 21356.95 | 21.65 | 3.41 | 1.65 | 3.79 | 0.49 |
| 1000 | 21257.23 | 21.39 | 3.4 | 1.63 | 3.77 | 0.48 |
| 1100 | 21206.41 | 21.39 | 3.39 | 1.63 | 3.76 | 0.48 |
| 1200 | 21206.41 | 21.39 | 3.39 | 1.63 | 3.76 | 0.48 |
| 1300 | 21206.41 | 21.39 | 3.39 | 1.63 | 3.76 | 0.48 |
| 1400 | 21206.41 | 21.39 | 3.39 | 1.63 | 3.76 | 0.48 |
| 1500 | 21206.41 | 21.39 | 3.39 | 1.63 | 3.76 | 0.48 |
| 1600 | 21206.41 | 21.39 | 3.39 | 1.63 | 3.76 | 0.48 |
| 1700 | 21206.41 | 21.39 | 3.39 | 1.63 | 3.76 | 0.48 |
| 1800 | 21206.41 | 21.39 | 3.39 | 1.63 | 3.76 | 0.48 |

**5℃下筒式黏弹性阻尼器的动力性能（1.0Hz，30%剪切变形）　　表3.17**

| 循环次数 | $k_{eff}$(N/mm) | W(N·m) | $\overline{G}'$(N/mm²) | $\overline{G}''$(N/mm²) | $\overline{G}^*$(N/mm²) | $\eta$ |
|---|---|---|---|---|---|---|
| 1 | 23725.80 | 25.06 | 3.75 | 1.91 | 4.21 | 0.51 |
| 100 | 22617.49 | 22.96 | 3.61 | 1.75 | 4.01 | 0.49 |
| 200 | 21566.07 | 21.12 | 3.47 | 1.61 | 3.83 | 0.47 |
| 300 | 20716.34 | 19.81 | 3.35 | 1.51 | 3.67 | 0.45 |
| 400 | 19891.92 | 18.63 | 3.23 | 1.42 | 3.53 | 0.44 |
| 500 | 19291.58 | 17.84 | 3.14 | 1.36 | 3.42 | 0.43 |
| 600 | 18765.85 | 17.19 | 3.06 | 1.31 | 3.33 | 0.43 |
| 700 | 18292.41 | 16.53 | 2.99 | 1.26 | 3.24 | 0.42 |
| 800 | 17893.29 | 16.01 | 2.93 | 1.22 | 3.17 | 0.42 |
| 900 | 17767.53 | 15.88 | 2.91 | 1.21 | 3.15 | 0.42 |
| 1000 | 17598.84 | 15.48 | 2.89 | 1.18 | 3.12 | 0.41 |
| 1100 | 17598.84 | 15.48 | 2.89 | 1.18 | 3.12 | 0.41 |
| 1200 | 17568.11 | 15.61 | 2.88 | 1.19 | 3.12 | 0.41 |
| 1300 | 17546.66 | 15.48 | 2.88 | 1.18 | 3.11 | 0.41 |
| 1400 | 17546.66 | 15.48 | 2.88 | 1.18 | 3.11 | 0.41 |
| 1500 | 17546.66 | 15.48 | 2.88 | 1.18 | 3.11 | 0.41 |
| 1600 | 17546.66 | 15.48 | 2.88 | 1.18 | 3.11 | 0.41 |
| 1700 | 17494.50 | 15.48 | 2.87 | 1.18 | 3.10 | 0.41 |
| 1800 | 17494.50 | 15.48 | 2.87 | 1.18 | 3.10 | 0.41 |

（2）试验分析

试验结果表明，当循环次数增加时，表观存储模量$\overline{G}'$、表观损耗模量$\overline{G}''$、损耗因子$\eta$和耗散能量$W$对剪应变幅值大小敏感。图3.45～图3.47分别表明了表观存储模量$\overline{G}'$、表观损耗模量$\overline{G}''$和损耗因子$\eta$随循环次数的变化规律。在各个应变范围内，阻尼器的性能指标随循环次数增大而变小。

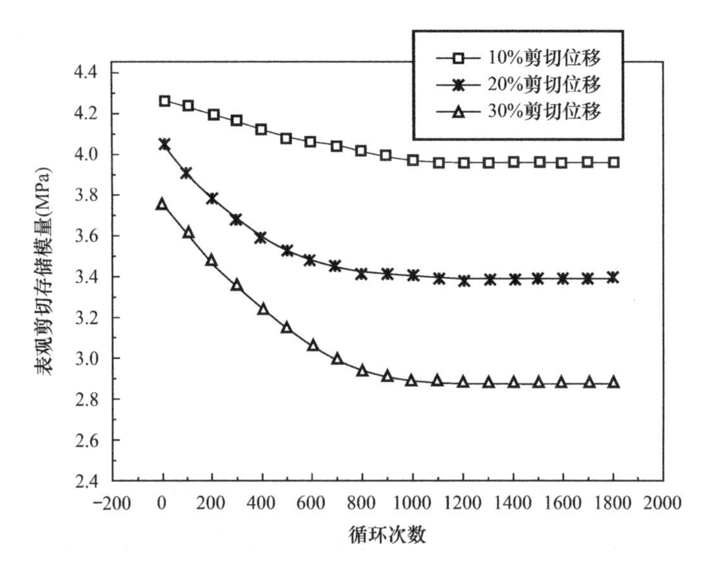


图 3.45　表观存储模量 $\overline{G}'$ 试验值与循环次数的关系曲线

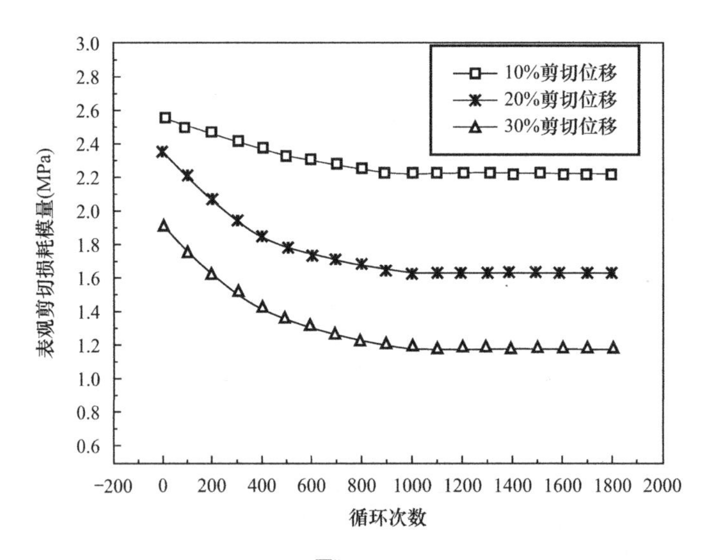


图 3.46　表观损耗模量 $\overline{G}''$ 试验值与循环次数的关系曲线

由图 3.45～图 3.47 可知，在 10%的剪应变幅值下，筒式黏弹性阻尼器的动态力学性能指标变化很小，$\overline{G}'$、$\overline{G}''$ 和 $\eta$ 分别减小 7%、13.3%和 6.7%。随着剪应变幅值的增大，$\overline{G}'$、$\overline{G}''$ 和 $\eta$ 下降趋势越明显。20%的剪应变幅值下，$\overline{G}'$、$\overline{G}''$ 和 $\eta$ 分别减小 16.3%、30%和 17.2%。30%的剪应变幅值下，$\overline{G}'$、$\overline{G}''$ 和 $\eta$ 分别减小 23.5%、38.2%和 19.6%。当循环次数达 1200 次后，阻尼器机械做功产生的热

量基本上等于通过约束钢管耗散掉的黏弹性材料热量，可视为一平衡状态，阻尼器的各个性能指标基本上不变化。

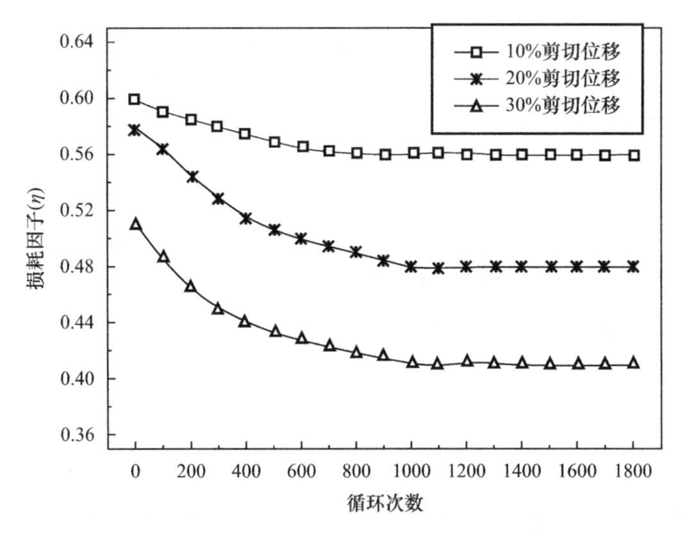


图 3.47 损耗因子 $\eta$ 试验值与循环次数的关系曲线

试验表明，滞回圈数对筒式黏弹性阻尼器动态力学性能的影响是比较大的。结构控制设计时是否需考虑滞回圈数的影响应根据荷载作用特点区别对待。受控结构在地震作用下，阻尼器应变幅值虽然较大，但因作用持时短，阻尼器的黏弹性材料内部温度升高幅度不大，可以不考虑滞回圈数对其动力性能的影响。当受控结构受到风荷载作用时，阻尼器中黏弹性材料长时间地处于往复剪切变形状态，机械功转变为热能导致其内部温度升高，阻尼器的动态力学性能也随之发生变化。这时，应当考虑滞回圈数的影响。为安全起见，在风振控制设计时，阻尼器恢复力公式中有效刚度 $k_{eff}$ 和等效阻尼 $c$ 应适当降低，建议取折减系数为 0.85。

## 3.2 黏弹性阻尼器产品的性能试验研究

### 3.2.1 黏弹性阻尼器的外观检验方法

黏弹性阻尼器的外观检验是指对阻尼器外观尺寸、形状、结构、表面色彩、表面精度、光泽度等的检验，主要依靠人的感觉器官对产品的质量进行评价和判断。黏弹性消能阻尼器的产品外观质量的检测以目测及常规用具测量为主进行评定。

首先，钢板平整、无锈蚀、无毛刺，标记清晰。钢板坡口焊接，焊缝一级、平整。其次，黏弹性阻尼材料表面密实、相对平整。最后，黏弹性阻尼器各部件尺寸偏差应符合表 3.18 的规定[99]。

**黏弹性阻尼器各部件尺寸　　表 3.18**

| 检验项目 | 允许偏差（mm） |
| --- | --- |
| 黏弹性阻尼器长度 | 不超过产品设计值±3 |
| 黏弹性阻尼器截面有效尺寸 | 不超过产品设计值±3 |

## 3.2.2 黏弹性阻尼器的材性试验

**1. 黏弹性阻尼器的材性要求**

黏弹性阻尼器所用黏弹性材料质量指标应符合表 3.19 的规定。

**橡胶类黏弹性材料质量指标　　表 3.19**

| 项目 | | 指标 |
| --- | --- | --- |
| 拉伸强度（MPa） | | ≥13 |
| 扯断伸长率（%） | | ≥500 |
| 扯断永久变形（70℃，24h）（%） | | ≤35 |
| 热空气老化 70℃ 168h | 拉伸强度变化率（%） | ≤25 |
| | 扯断伸长变化率（%） | ≤40 |
| 0～40℃工作频率材料损耗因子 $\beta$ | | ≥0.3 |
| 钢板与阻尼材料之间的黏合强度（90°剥离法）（kN/m） | | ≥6 |

黏弹性阻尼器所用钢材质量指标应符合《碳素结构钢》GB/T 700—2006 中碳素结构钢板 Q235 的要求。

**2. 黏弹性阻尼材料试验方法**

1）黏弹性阻尼材料的拉伸性能试验方法[99]

黏弹性阻尼材料的断裂拉伸强度是试样拉伸至断裂时刻所记录的拉伸应力，黏弹性阻尼材料的扯断伸长率也是根据该时刻的试验结果计算得到的，具体详见图 3.48。

（1）试验原理

进行黏弹性阻尼材料的拉伸强度试验时选用哑铃状试样，试样的尺寸标准详见参考文献［99］。在动夹持器或滑轮恒速移动的拉力试验机上，将哑铃状或环状标准试样进行拉伸。按要求记录试样在不断拉伸过程中和当其断裂时所需的力和伸长率的值，从而得到准确的材料拉伸强度与扯断拉伸率。

试样狭窄部分的标准厚度，1 型、2 型、3 型和 1A 型为 2.0mm±0.2mm，4 型为 1.0mm±0.1mm，试验长度应符合表 3.20 测定。

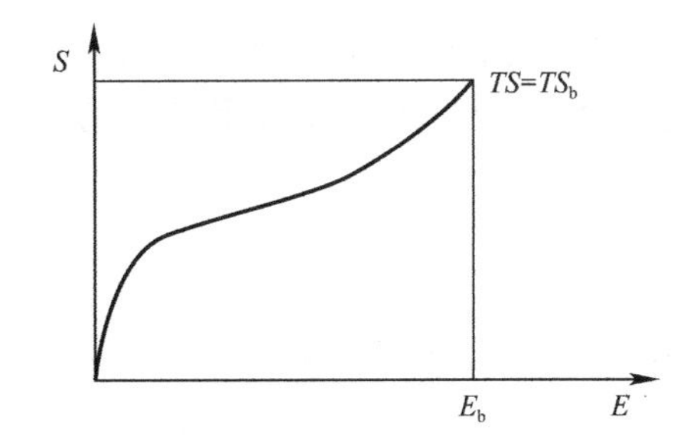


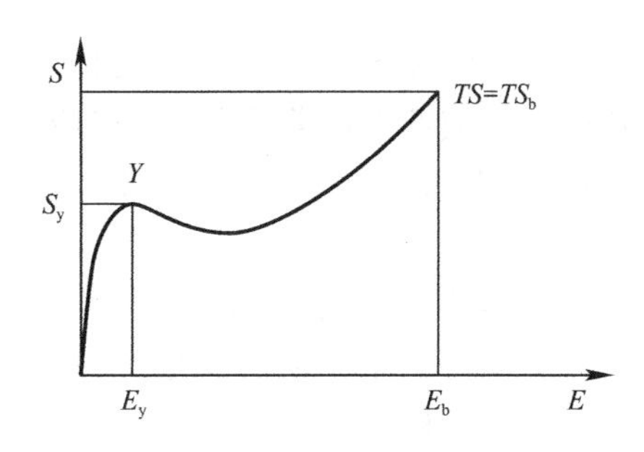


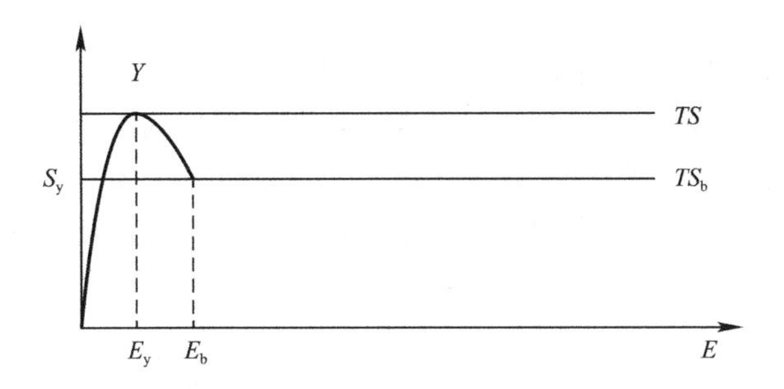


图 3.48　黏弹性阻尼材料的拉伸强度和断裂拉伸强度

$E$—伸长率；$S_y$—屈服点拉伸应力；$E_b$—拉断伸长率；$TS$—拉伸强度；
$E_y$—屈服点伸长率；$TS_b$—拉断强度；$S$—应力；$Y$—屈服点

**哑铃状试样的试验长度**　　　　**表 3.20**

| 试样类型 | 1型 | 1A型 | 2型 | 3型 | 4型 |
|---|---|---|---|---|---|
| 试验长度（mm） | 25.0±0.5 | 20.0±0.5 | 20.0±0.5 | 10.0±0.5 | 10.0±0.5 |

（2）试验设备

① 测厚计

测量哑铃状试样的厚度和环状试样的轴向厚度所用的测厚计应符合《橡胶物理试验方法试样制备和调节通用程序》GB/T 2941—2006 方法 A 的规定。

② 锥形测径计

经校准的锥形测径计或其他适用的仪器可用于测量试样的内径。

应采用误差不大于 0.01mm 的仪器来测量直径。支撑被测试样的工具应能避免使所测的尺寸发生明显的变化。

③ 拉力试验机

拉力试验机应符合 ISO 5893 的规定，具有 2 级测力精度。试验机中使用的伸长计的精度：1 型、2 型和 1A 型哑铃状试样和 A 型环形试样为 D 级；3 型和 4 型哑铃状试样和 B 型环形试样为 E 级。试验机应至少能够在 100±10mm/min，200±20mm/min 和 500±50mm/min 移动速度下进行操作。

④ 对于在标准实验室温度以外的试验，拉伸试验机应配备一台合适的恒温箱。高于或低于正常温度的试验应符合《橡胶物理试验方法试样制备和调节通用程序》GB/T 2941—2006 要求。

(3) 试样准备

① 哑铃状试样的标记

如果使用非接触式伸长计，则应使用适当的打标器按表 3.2 规定的试验长度在哑铃状试样上标出两条基准标线。打标记时，试样不应发生变形。两条标记线应标在如图 3.2 所示的试样的狭窄部分，即与试样中心等距，并与其纵轴垂直。

② 试样的测量

用测厚计在试验长度的中部和两端测量厚度。应取 3 个测量值的中位数用于计算横截面面积。在任何一个哑铃状试样中，狭窄部分的三个厚度测量值都不应大于厚度中位数的 200。取裁刀狭窄部分刀刃间的距离作为试样的宽度，该距离应按《橡胶物理试验方法试样制备和调节通用程序》GB/T 2941—2006 的规定进行测量，精确到 0.05mm，

(4) 试验步骤

① 将试样对称地夹在拉力试验机的上、下夹持器上，使拉力均匀地分布在横截面上。根据需要，装配一个伸长测量装置。启动试验机，在整个试验过程中连续监测试验长度和力的变化，精度在±2%之内。夹持器的移动速度：1 型、2 型和 1A 型试样应为 500±50mm/min，3 型和 4 型试样应为 200±20mm/min，如果试样在狭窄部分以外断裂则舍弃该试验结果，并另取一试样进行重复试验。

在采取目测时，应避免视觉误差。在测扯断永久变形时，应将断裂后的试样放置 3min，再把断裂的两部分吻合在一起，用精度为 0.05mm 的量具测量吻合后的两条平行标线间的距离。扯断永久变形计算公式为：

$$S_b = \frac{100(L_t - L_0)}{L_0} \tag{3-4}$$

式中 $S_b$——拉断永久变形（%）；

$L_t$——试样断裂后，放置 3min 对起来的标距（mm）；

$L_0$——初始试验长度（mm）。

试验通常应在《橡胶物理试验方法试样制备和调节通用程序》GB/T 2941—2006 中规定的一种标准实验室温度下进行。当要求采用其他温度时，应从《橡胶物理试验方法试样制备和调节通用程序》GB/T 2941—2006 规定的推荐表中选择。在进行对比试验时，任一个试验或一批试验都应采用同一温度。

② 试验结果的计算。

拉伸强度 $TS$ 按式（3-5）计算：

$$TS = \frac{F_m}{W_t}(\text{MPa}) \tag{3-5}$$

断裂拉伸强度 $TS_b$ 按式（3-6）计算：

$$TS_b=\frac{F_b}{W_t}(\mathrm{MPa}) \tag{3-6}$$

拉断伸长率 $E_b$ 按式（3-7）计算：

$$E_b=\frac{100(L_b-L_0)}{L_0}(\%) \tag{3-7}$$

式中　$F_m$——记录的最大力（N）；

$F_b$——断裂时记录的力（N）；

$L_0$——初始试验长度（mm）；

$L_b$——断裂时的试验长度（mm）；

$t$——试验长度部分厚度（mm）；

$W$——裁刀狭窄部分的宽度（mm）。

如果在同一试样上测定几种拉伸应力-应变性能时，则每种试验数据可视为独立得到的，试验结果按规定分别予以计算。在所有情况下，应报告每一性能的中位数。

2）黏弹性阻尼材料的热空气老化试验方法[100]

试样在高温和大气压力下的空气中老化后测定其性能，并与未老化试样的性能作比较。试样在比橡胶使用环境更高的温度下暴露，以期在短时间内获得橡胶自然老化的效果。

老化性能试验时，应使用与实际应用有关的物理性能判定橡胶的老化程度，但在没有表明这些性能与实际应用明确相关时，建议测试橡胶的拉伸强度、定伸应力、断裂伸长率和硬度。

（1）试验设备

可使用下列两种老化箱：

① 层流空气老化箱。流经加热室的空气应尽可能均匀且保持层流状态。放置试样时朝向空气流向的试样面积应最小，以免扰动空气流动。空气流速应在0.5～1.5m/s之间。相邻试样间的空气流速可通过风速计测量。

② 湍流空气老化箱。从侧壁进风口进入的空气流经加热室，在试样周围形成湍流，试样悬挂在转速为5～10r/min的支架上以确保试样受热均匀。空气平均流速应为0.5±0.25m/s。试样附近的平均空气流速可用风速计测量9个不同位置的流速得到。

（2）试验注意事项

建议按照选定性能的试验要求制备和调节试样，并进行加速老化或耐热试验，不应用完整的成品和样品片材进行试验。老化后的试样不应再进行任何机械、化学或热处理。

只有尺寸相近、暴露面积大致相同的试样之间才能进行比较。试样的数量应与相应性能的标准所要求的试样数量一致。加热之前应先测量试样，只要有可能应在老化后标识，因为有些做标记的墨水会影响橡胶的老化。应确保区分试样的标记不在试样的有效区域内，且在加热过程中不会消失也不会破坏橡胶。避免在同一台老化箱中同时老化不同种类的橡胶。为防止硫黄、抗氧剂、氧化物或增塑剂发生迁移，建议采用单独的老化箱进行试验。

获得给定老化程度所需的时间取决于待测橡胶的种类。在选定的老化时间间隔内，试样的老化程度不宜太大，以免影响物理性能的最终测定。选用高温可能导致发生不同于使用温度下的老化机理，从而使试验结果无效。尽可能保持温度稳定，对获取良好的试验结果至关重要。为了获得准确的结果，在试样附近放置已校准的温度传感器，确保在该处的温度准确，并尽可能精确地控制温度。使用校准证书上的校准因子获得尽可能接近真实的温度。在 ISO 23529 中，100℃及以下允许的公差为±1℃，125～300℃允许的公差为±2℃。研究表明，阿累尼乌斯因子为 2 时，温度改变 1℃对应着老化时间相差 10%，阿累尼乌斯因子为 2.5 时，温度改变 1℃对应着老化时间相差 15%。这意味着在 125℃下进行老化试验时，虽然温度在规定的公差范围内，但是为了获得一致的试验结果，两个实验室的老化时间会相差 60%。

(3) 试验步骤

加热老化箱到试验温度，将试样放入到老化箱中。如果使用多单元老化箱，每个单元中只能放一种橡胶。试样应不受应力，各面自由暴露在空气中，且不受光照。达到规定的老化时间后，从老化箱中取出试样，取出的试样以不受应力的方式在待测试的试验性能所要求的环境下调节不少于 16h，不超过 6 天，按照有关性能试验方法测试。

试样性能的变化率使用式 (3-5) 进行计算：

$$P = \frac{x_a - x_0}{x_0} \times 100\% \tag{3-8}$$

式中 $P$——性能变化率 (%)；

$x_0$——老化前的性能值；

$x_a$——老化后的性能值。

试样硬度的变化率应使用式 (3-6) 进行计算：

$$H = x_a - x_0 \tag{3-9}$$

式中 $H$——硬度变化；

$x_0$——老化前的硬度；

$x_a$——老化后的硬度。

3) 黏弹性阻尼材料的损耗因子

用动态黏弹性自动测量仪检测，测量温度范围 0～40℃，测量频率阻尼器的工作频率，升温速度 2℃/min。

4）钢板与阻尼材料之间的黏合强度

此方法测定使标准尺寸试样产生黏合破坏时所需要的作用力[101]，试样由两块平行金属板与橡胶层黏合组成，作用力的方向与黏合表面成90°。

（1）试验设备

拉力试验机应该符合ISO 5893的要求，力值测量精确度达到规定的2级。夹具的移动的速度为25±5mm/min。

（2）试样制备

标准试样的厚度为3±0.1mm，直径为35～40mm之间的橡胶圆柱片，测量精度为0.1mm。其圆形端面与两个直径相当的金属板黏合。尺寸测量按《橡胶物理试验方法试样制备和调节通用程序》GB/T 2941—2006执行。金属板的直径约比橡胶圆柱直径小0.1mm。金属板的厚度不小于9mm。

标准尺寸的圆形金属板最好用轧制的碳钢棒制得。也可使用部件尺寸与基本尺寸一致的其他金属，制备和处理光滑的金属板应按所研究的黏合系统要求进行处理。用圆形冲刀切出未硫化橡胶圆片，尺寸应使模压时得到限定的流胶量。按所研究的黏合系统要求处理与金属黏合的橡胶表面。橡胶圆片和金属板组装于模具中硫化。模具的结构应使橡胶突出金属板边缘约0.05mm，以防止试验时金属边缘对橡胶的撕裂。制备试样时应十分小心，使橡胶和金属的黏合面不沾污灰尘、水气和外来杂质。装配试样时不应用手接触黏合面。应在一可控的温度和适当的压力下加热规定的时间以模压成型。硫化的时间和温度应与被研究的黏合系统的要求一致，硫化结束后，应十分小心地从模具中取出试样，以避免试样在冷却前其黏合面受到不适当的应力。

（3）试验步骤

① 把试样安装在试验机的定位装置上，应极其注意调整试样使其对中，以使试验时作用力均匀地分布在整个横截面上。

② 在夹具上施以拉力，使夹具按25±5mm/min的速度匀速移动，直至试样破坏为止，记录最大力值。

③ 黏合强度以最大力值除以试样的横截面面积计算黏合强度（MPa）。

5）钢材的试验方法

（1）钢材的技术要求[102]

① D级钢应有足够细化晶粒的元素，并在质量证明书中注明细化晶粒元素的含量。当采用铝脱氧时，钢中酸溶铝含量应不小于0.015%，或总铝含量应不小于0.020%。

② 钢中残余元素铬、镍、铜含量应各不大于0.30%，氮含量应不大于0.008%。如供方能保证，均可不做分析。

③ 氮含量允许超过$b$的规定值，但氮含量每增加0.001%，磷的最大含量应减

少 0.005%，熔炼分析氮的最大含量应不大于 0.012%；如果钢中的酸溶铝含量不小于 0.015%或总铝含量不小于 0.020%，氮含量的上限值可以不受限制。固定氮的元素应在质量证明书中注明。

④ 经需方同意，A 级钢的铜含量可不大于 0.35%。此时，供方应做铜含量的分析，并在质量证明书中注明其含量。

⑤ 钢中砷的含量应不大于 0.080%。用含砷矿冶炼生铁所冶炼的钢，砷含量由供需双方协议规定。如原料中不含砷，可不做砷的分析。

⑥ 在保证钢材力学性能符合《碳素结构钢》GB/T 700—2016 的情况下，各牌号 A 级钢的碳、锰、硅含量可以不作为交货条件，但其含量应在质量证明书中注明。

(2) 钢材的力学性能

① 钢材的拉伸和冲击试验结果应符合表 3.21 的规定，弯曲试验结果应符合表 3.22 的规定。

**钢材的拉伸和冲击试验结果** **表 3.21**

| 牌号 | 等级 | 屈服强度 $R_{eH}$ (N/mm²)，不小于 | | | | | | 抗拉强度 $R_m$ (N/mm²) | 断后伸长率 $A$ (%)，不小于 | | | | | 冲击实验（V 型缺口） | |
|---|---|---|---|---|---|---|---|---|---|---|---|---|---|---|---|
| | | 厚度（或直径）(mm) | | | | | | | 厚度（或直径）(mm) | | | | | 温度（℃） | 冲击吸收功（纵向），不小于 |
| | | ≤16 | >16~40 | >40~60 | >60~100 | >100~150 | >150~200 | | ≤40 | >40~60 | >60~100 | >100~150 | >150~200 | | |
| Q195 | — | 195 | 185 | — | — | — | — | 315~430 | 33 | — | — | — | — | — | — |
| Q215 | A | 215 | 205 | 195 | 185 | 175 | 165 | 335~450 | 31 | 30 | 29 | 27 | 26 | — | — |
| | B | | | | | | | | | | | | | +20 | 27 |
| Q235 | A | 235 | 225 | 215 | 215 | 195 | 185 | 370~500 | 26 | 25 | 24 | 22 | 21 | — | — |
| | B | | | | | | | | | | | | | +20 | 27 |
| | C | | | | | | | | | | | | | 0 | |
| | D | | | | | | | | | | | | | −20 | |
| Q275 | A | 275 | 265 | 255 | 245 | 225 | 215 | 410~540 | 22 | 21 | 20 | 18 | 17 | — | — |
| | B | | | | | | | | | | | | | +20 | 27 |
| | C | | | | | | | | | | | | | 0 | |
| | D | | | | | | | | | | | | | −20 | |

**钢材的弯曲试验结果** **表 3.22**

| 牌号 | 试样方向 | 冷弯实验 180° $B=2a$ | |
|---|---|---|---|
| | | 钢材厚度（或直径）(mm) | |
| | | ≤60 | >60~100 |
| | | 弯心直径 $d$ | |
| Q195 | 纵 | 0 | — |
| | 横 | 0.5$a$ | |

续表

| 牌号 | 试样方向 | 冷弯实验 180°$B=2a$ | |
|---|---|---|---|
| | | 钢材厚度（或直径）(mm) | |
| | | ≤60 | >60～100 |
| | | 弯心直径 $d$ | |
| Q195 | 纵 | 0.5$a$ | 1.5$a$ |
| | 横 | $a$ | 2$a$ |
| Q235 | 纵 | $a$ | 2$a$ |
| | 横 | 1.5$a$ | 2.5$a$ |
| Q275 | 纵 | 1.5$a$ | 2.5$a$ |
| | 横 | 2$a$ | 3$a$ |

注：1. $B$ 为试样宽度，$a$ 为试样厚度（或直径）；

2. 钢材厚度（或直径）大于 100mm 时，弯曲试验由双方协商确定。

② 用 Q195 和 Q235B 级沸腾钢轧制的钢材，其厚度（或直径）不大于 25mm。

③ 做拉伸和冷弯试验时，型钢和钢棒取纵向试样；钢板、钢带取横向试样，断后伸长率允许比表 3.22 降低 2%（绝对值）。窄钢带取横向试样如果受宽度限制时，可以取纵向试样。

④ 厚度不小于 12mm 或直径不小于 16mm 的钢材应做冲击试验，试样尺寸为 10mm×10mm×55mm。经供需双方协议，厚度为 6～12mm 或直径为 12～16mm 的钢材可以做冲击试验，试样尺寸为 10mm×7.5mm×55mm 或 10mm×5mm×55mm 或 10mm×产品厚度×55mm。在附录 A 中给出规定的冲击吸收功值，如当采用 10mm×5mm×55mm 试样时，其试验结果应不小于规定值的 50%。

⑤ 夏比（V 型缺口）冲击吸收功值按一组 3 个试样单值的算术平均值计算，允许其中 1 个试样的单个值低于规定值，但不得低于规定值的 70%。

（3）钢材的试验方法

① 拉伸和冷弯试验，钢板、钢带试样的纵向轴线应垂直于轧制方向；型钢、钢棒和受宽度限制的窄钢带试样的纵向轴线应平行于轧制方向。

② 冲击试样的纵向轴线应平行轧制方向。冲击试样可以保留一个轧制面。

（4）钢材的检验规则

① 钢材的检查和验收由供方技术监督部门进行，需方有权对标准或合同所规定的任一检验项目进行检查和验收。

② 钢材应成批验收，每批由同一牌号、同一炉号、同一质量等级、同一品种、同一尺寸、同一交货状态的钢材组成。每批重量应不大于 60t。公称容量比较小的炼钢炉冶炼的钢轧成的钢材，同一冶炼、浇铸和脱氧方法、不同炉号、同一牌号的 A 级钢或 B 级钢，允许组成混合批，但每批各炉号含碳量之差不得大

于0.02%，含锰量之差不得大于0.15%。

③ 钢材的夏比（V型缺口）冲击试验结果不符合规定时，抽样产品应报废，再从该检验批的剩余部分取两个抽样产品，在每个抽样产品上各选取新的一组3个试样，这两组试样的复验结果均应合格，否则该批产品不得交货。

④ 钢材其他检验项目的复验和检验规则应符合《钢板和钢带检验、包装、标志及质量证明书的一般规定》GB/T 247—2008和《型钢验收、包装、标志及质量证明书的一般规定》GB/T 2101—2017的规定。

### 3.2.3 黏弹性阻尼器的性能试验方法

**1. 力学性能要求**

黏弹性阻尼器的力学性能应符合表3.23的规定。

**黏弹性阻尼器力学性能要求** **表3.23**

| 项目 | 性能指标 |
|---|---|
| 极限变形 | 实测值不小于产品设计值，且不应小于设计位移的1.2倍 |
| 最大阻尼力 | 实测值偏差应在产品设计值的±15%以内；实测值偏差的平均值应在产品设计值的±10%以内 |
| 表观剪切模量 | |
| 损耗因子 | |
| 滞回曲线 | 实测滞回曲线应光滑，无异常 |

**2. 力学性能试验方法**

黏弹性阻尼器在标准环境温度（23±2℃）条件下，力学性能试验应按表3.24的规定进行。

**黏弹性阻尼器力学性能试验方法** **表3.24**

| 项目 | 试验方法 |
|---|---|
| 最大阻尼力<br>表观剪切模量损耗因子 | a）控制位移 $u=u\sin(\omega t)$；工作频率取 $f_1$；在同一加载条件下，作5次具有稳定滞回曲线的循环，每次均绘制阻尼力-位移滞回曲线；<br>b）取第3次循环时滞回曲线的最大阻尼力值作为最大阻尼力的实测值；<br>c）取第3次循环时滞回曲线长轴的斜率作为表观剪切模量值的实测值；<br>d）取第3次循环时滞回曲线的最大位移对应的恢复力与零位移对应的恢复力的比值，作为损耗因子的实测值 |
| 表观剪应变极限值 | a）工作频率取 $f_1$；控制位移 $u=u_1\sin(\omega t)$；<br>b）$u_1$ 依次按 $1.1u_0$、$1.2u_0$、$1.3u_0$、$1.4u_0$、$1.5u_0$；做试验的前提条件是黏弹性材料与约束钢板或约束钢管间不出现剥离现象，如有剥离现象，则认为阻尼器已破坏，试验停止，并取这时的 $u_1$ 值作为确定表观剪应变极限值的依据 |

注：$\omega=2\pi f_1$，$\omega$ 为圆频率，$f_1$ 为结构基频，$u_0$ 为阻尼器设计位移。

黏弹性阻尼材料的剪切模量和损耗因子虽然反映了材料的阻尼特性，但是它们受到激振频率、应变大小和环境温度等因素的影响是非常明显的。为了获得黏弹性阻尼器的力学性能，需要对阻尼器进行动态力学性能试验，以便考察阻尼器在工程中实际的频率、应变和温度范围内各项力学性能指标，以便设计师选取偏于安全的计算参数。

黏弹性阻尼器的力-剪切位移滞回曲线为光滑的椭圆形。此椭圆的面积是阻尼器耗能能力的标志，椭圆长轴的斜率则是其刚度的标志。典型的滞回曲线如图 3.49所示。

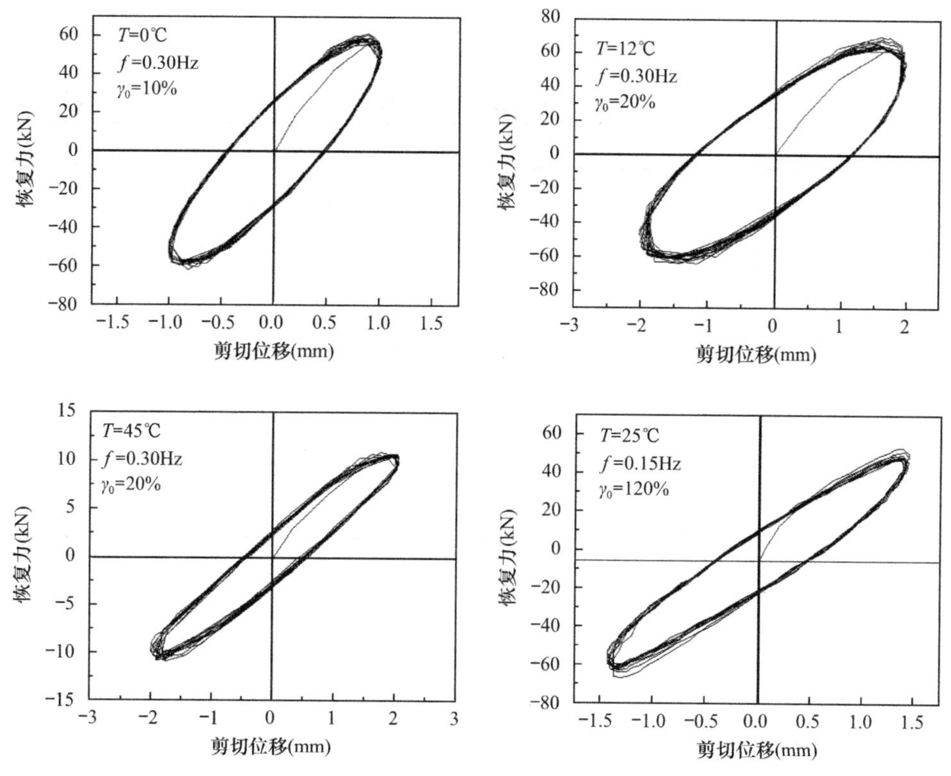


图 3.49　典型的滞回曲线

### 3. 黏弹性消能阻尼器的耐久性试验方法

1）耐久性试验的目的

阻尼器的耐久性是工程界和业主最为关注的性能之一。设计时，要求阻尼器的使用寿命至少与建筑物的寿命等同或者更长些。

阻尼器在长期的工作中，会受到各种因素的影响，这些因素可能是外部的，也可能是内部的；可能是物理的，也可能是化学的。其初始具有的性能、外形、尺寸等随时间会发生变化，这种变化使得黏弹性阻尼器丧失部分功能，这个过程叫作劣化。耐久性试验就是在施加加速劣化的处理下，以较短的时间模拟真实的长时间劣化过程并测定其性能，与其初始性能比较来定量检验劣化的程度。

对工程界来说，最具说服力的耐久性试验是对实际应用的黏弹性阻尼器的长期检测。纽约港务局对世界贸易中心的黏弹性阻尼器进行了 33 年的监测，未发现任何耐久性问题[15]。这种对实际结构进行监测的耐久性试验做得很少，所得到的数据还有限，有待于进一步研究。

耐久性试验包括老化性能试验和疲劳性能试验。为了能够快捷地得到阻尼器产品的耐久性评价，试验时应采取加速老化的措施。

2）耐久性试验的基本要求

黏弹性阻尼器的耐久性包括老化性能、疲劳性能、耐腐蚀性能，应符合表 3.25的规定。

**黏弹性阻尼器耐久性要求　　表 3.25**

| 项目 | | 性能指标 |
|---|---|---|
| 老化性能 | 极限变形 | 老化后实测值偏差的平均值应在老化前数值的±15%以内 |
| | 最大阻尼力、表观剪切模量、损耗因子 | 老化后实测值偏差的平均值应在老化前数值的±15%以内 |
| | 外观 | 目测无变化 |
| 疲劳性能 | 最大阻尼力、表观剪切模量、损耗因子 | 倒数第 2 圈的实测值应在第 3 圈实测值的±15%以内 |
| | 滞回曲线 | 实测滞回曲线应光滑饱满、无明显异常，且倒数第 2 圈与第 3 圈相比形状无明显变化 |
| | 外观 | 目测无变化 |
| 耐腐蚀性能 | 外观 | 目测无锈蚀 |

3）耐久性试验方法

按表 3.26 规定进行。

**黏弹性阻尼器耐久性试验方法　　表 3.26**

| 项目 | 试验方法 |
|---|---|
| 老化性能 | 把试件放入鼓风电热恒温干燥箱中，保持温度 80℃，经 192h 取出，按表 3.25 做力学性能试验 |
| 疲劳性能 | 采用正弦激励法，对阻尼器施加频率为 $f_1$ 的正弦力，当主要用于地震时，输入位移 $u=u_0\sin(\omega t)$，连续加载 30 个循环；当主要用于风振时，输入位移 $u=0.1u_0\sin(\omega t)$，每次连续加载不应少于 2000 次，累计加载 10,000 个循环 |

注：$\omega=2\pi f_1$，$\omega$ 为圆频率，$f_1$ 为结构基频，$u_0$ 为阻尼器设计位移。

### 4. 黏弹性消能阻尼器的其他相关性能试验方法

黏弹性阻尼器的其他相关性能试验应按表 3.27 的规定进行。

为正确预测黏弹性阻尼器减震结构的反应，阻尼器的力学模型必须能充分反映黏弹性体的滞回特性，并根据能反映各种因素相关性的数据建立力学模型。黏弹性阻尼器的滞回曲线受温度 $T$ 及频率 $f$ 的影响，同时非线性材料的滞回曲线

随剪应变 $\gamma_0$ 的不同而变化，因此建立力学模型所需要的各种材料参数应该用温度 $T$、频率 $f$ 和剪应变 $\gamma_0$ 的函数来表示，故黏弹性阻尼器的其他相关性能试验是非常关键的内容之一。

**黏弹性阻尼器其他相关性能的试验方法　　表 3.27**

| 项目 | | 试验方法 |
|---|---|---|
| 变形相关性能 | 最大阻尼力 | 在加载频率 $f_1$ 下，测定输入位移 $u=u_1\sin(\omega t)$（$u_1=1.0u_0$、$1.2u_0$ 和 $1.5u_0$ 且在极限位移内）时的最大阻尼力，并计算与 $1.0u_0$ 下的相应值的比值 |
| 加载频率相关性能 | 最大阻尼力 | 测定产品在输入位移 $u=u_0\sin(\omega t)$，频率 $f$ 为 0.5Hz、1.0Hz、1.5Hz、2.0Hz 时（且在极限速度内）的最大阻尼力，并计算与 1.0Hz 下的相应值的比值 |
| 温度相关性能 | 最大阻尼力 | 测定产品在输入位移 $u=u_0\sin(\omega t)$，频率为 $f_1$，试验温度为 −20～40℃，每隔 10℃记录其最大阻尼力的实测值 |

注：$\omega=2\pi f_1$，$\omega$ 为圆频率，$f_1$ 为结构基频，$u_0$ 为阻尼器设计位移。

一般情况下，黏弹性阻尼器产品的力学性能有以下相关性：

（1）在黏弹性阻尼器发生小变形时，其耗能性能与环境温度、频率更相关，而表观剪切应变幅值则受到的影响较小。在发生大变形时间，黏弹性阻尼器的等效刚度随输入表观剪切应变幅值的增大而降低。即，在相同的环境温度和工作频率下，小变形时，阻尼器的刚度变化不大；大变形时，阻尼器的刚度会随变形的增大而减小。

（2）在相同的表观剪切应变幅值和频率下，黏弹性阻尼器对环境温度较为敏感。黏弹性阻尼器的温度相关性随黏弹性体种类的不同而不同。滞回环的斜率随着温度的下降而增大，其动力特性表现为随着温度的下降刚度增大。温度相关性的程度随黏弹性体的种类而异，必须通过预先的实验等进行检验和验证。

（3）黏弹性阻尼器的频率相关性随黏弹性体的种类而异。在相同的剪切应变幅值和环境温度下，随振动频率的增大，黏弹性阻尼器滞回曲线的椭圆长轴斜率增大，表明黏弹性阻尼器的刚度随激励频率的增大而增大。频率相关性的程度随黏弹性体的种类而异，故必须通过预先的实验进行检验和验证。

**5. 黏弹性消能阻尼器的耐火性试验方法**

火灾时应具有阻燃性；火灾后应对阻尼器进行力学性能检测，其指标下降超过 15%时应进行更换。

**6. 检验规则**

1）检验分类

产品检验分为出厂检验和型式检验。

2）检验项目

（1）出厂检验

检验项目如下：

① 建筑消能产品的外观质量检验应达到钢板平整、无锈蚀、无毛刺，标记清晰。钢板坡口焊接，焊缝一级、平整。黏弹性材料表面应该密实、相对平整。

② 黏滞阻尼器产品的性能抽样检验数量为同一工程同一类型同一规格数量，标准设防类取 20%，重点设防类取 50%，特殊设防类取 100%，但不应少于 2 个，检验合格率应为 100%。被检验产品各项检验指标实测值在设计值的±10%以内，判为合格且可用于主体结构。

③ 黏弹性阻尼器产品、金属屈服型阻尼器产品和屈曲约束耗能支撑产品的性能的检验数量为同一工程同一类型同一规格数量的 3%，当同一类型同一规格的阻尼器产品数量较少时，可以在同一类型阻尼器中抽检总数量的 3%，但不应少于 2 个，检验合格率应为 100%，被抽检产品检测后不得用于主体结构。

④ 表 3.28 为各类消能阻尼器出厂检验项目内容。

**消能阻尼器出厂检验项目** **表 3.28**

| 阻尼器类型 | 指标 |
|---|---|
| 黏弹性阻尼器 | 表观剪应变极限值、最大阻尼力、表观剪切模量、损耗因子、滞回曲线 |

(2) 型式检验

型式检验项目应为所有要求项目。有下列情况之一时应进行型式检验：

① 新产品的试制定型鉴定；

② 当原料、结构、工艺等有较大改变，有可能对产品质量影响较大时；

③ 正常生产时，每五年检验一次；

④ 停产一年以上恢复生产时；

⑤ 出厂检验结果与上次型式检验有较大差异时；

⑥ 国家质量监督机构提出型式检验要求时。

3）抽样

型式检验试件数目不应少于 3 件。

4）判定规则

(1) 出厂检验

按出厂检验中检验项目进行检查时，如有一条不符合标准要求，则该件产品应判为不合格产品。进行抽检时，如有一件抽样的一项性能不符合标准要求，对同批产品按原抽样数加倍抽样，并重新进行所有项目的检测，如仍有一项不合格时，则判为该批产品不合格。

(2) 型式检验

应由具有检测资质的第三方进行检验。对于原材料和产品，检验结果应全部符合本标准要求，否则为不合格。型式检验时，$f_1$ 取 1Hz。

第4章

# 黏弹性消能支撑的分析方法

采用黏弹性消能减震技术减震时，通常在结构物某些部位（如支撑、梁柱节点、桁架下弦杆等）处设置装有黏弹性阻尼器的黏弹性消能支撑，通过这种消能支撑的黏弹性滞回变形耗散受动力荷载作用而输入结构的能量来减震。黏弹性消能支撑的形式、设置位置和数量对减震效果的影响很大，本章着重研究它的形式、水平控制力及工程应用。

为方便，将安装了黏弹性消能支撑的结构称为黏弹性消能减震结构（为简单，下面称为有控结构），在安装黏弹性消能支撑之前的结构称为被控结构。本章提出和研究了黏弹性消能支撑的各种形式和受力特点，推导了支撑轴向变形的表达式，并给出了水平控制力的计算公式；研究了影响有控结构减震效果的主要参数，结合《建筑抗震设计规范》GB 50011—2010（2016 年版），给出了这些参数的取值范围；最后推导了有控结构阻尼比的计算公式。

## 4.1　黏弹性消能支撑

在黏弹性阻尼器的两端各与钢杆相连，构成黏弹性消能支撑后，再把它连接到被控结构上。当结构在地震或风的作用下产生层间水平振动位移时，就会使黏弹性消能支撑产生拉伸或压缩，从而使黏弹性材料产生剪切变形，耗散能量，实现减小结构地震或风振反应的目标，因此黏弹性消能支撑最好布置在结构产生相对水平位移较大的部位。目前，在框架中采用最多的消能支撑形式为斜向支撑，主要有对角斜撑、大八字撑和小八字撑[118]，分别见图 4.1 中（a）、（b）、（c），已用于宿迁市交通大厦、宿豫区计生委办公楼等工程。这三种形式虽然构造简单，制作安装方便，传力途径明确、可靠，但是，也有一些缺点。对角斜撑往往影响门窗的开设；斜向支撑提供的水平控制力与$\cos^2\theta$成正比，大八字撑的$\theta$值较大，故每根斜撑提供的水平控制力较小；小八字撑会影响天棚的平整，且当$a$较小时，其提供的水平控制力有限。为此针对工程实际需要，提出了几种组合式消能支撑形式，见图 4.1 中（d）、（e）、（f）、（g）、（h）和（i）。它们不仅可以灵活地开设门、窗洞口，或门连窗洞口，而且可以通过调整支撑的支承点位置、角度，得到设计中需要的水平控制力。

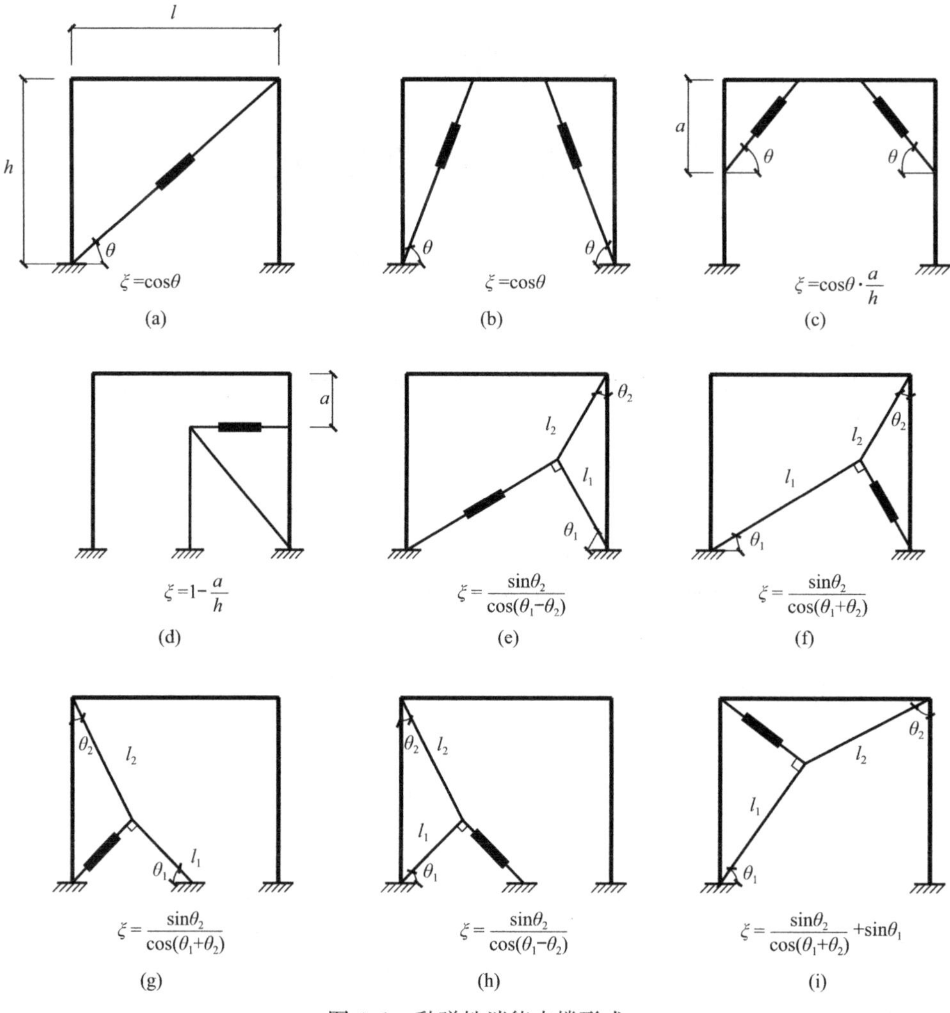


图 4.1　黏弹性消能支撑形式

# 4.2　黏弹性消能支撑的水平控制力

黏弹性消能支撑安装在被控结构中，既提供了刚度，又提供了阻尼，形成黏弹性消能支撑对被控的黏弹性阻尼结构的水平控制力 $F_b$，如何确定该水平控制力 $F_b$，对黏弹性阻尼结构的分析十分重要。下面研究最常用的三种支撑的水平控制力计算方法。

## 4.2.1　单向斜撑的水平控制力

图 4.2 示出 $j$ 楼层第 $i$ 个单向斜撑的轴向变形图。

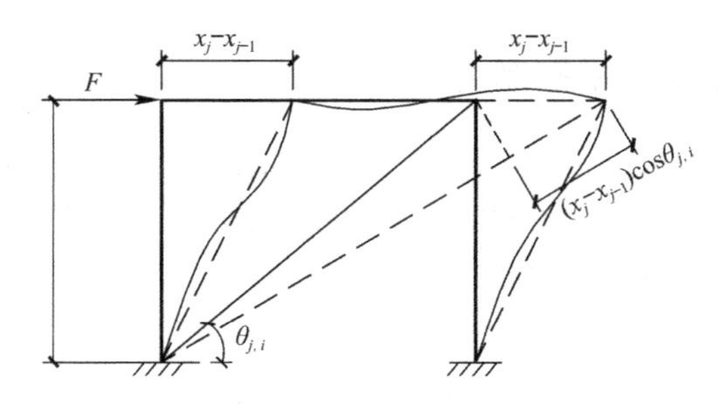


图 4.2 单向斜撑的轴向变形

在楼层水平剪力 $F$ 的作用下，单向斜撑的轴向变形 $x_b=(x_j-x_{j-1})\cos\theta_{j,i}$，它由两部分组成，一部分是消能支撑中钢撑部分的变形 $x_s$，另一部分是黏弹性阻尼器的变形 $x_{ve}$，即：

$$x_b=x_{ve}+x_s=\beta_1 x_b+\beta_2 x_b=(x_j-x_{j-1})\cos\theta_{j,i} \tag{4-1}$$

其中，$\beta_1=\dfrac{K_{sj,i}}{K_{sj,i}+K_{vej,i}}$，$\beta_2=\dfrac{K_{vej,i}}{K_{sj,i}+K_{vej,i}}$。

钢支撑按弹性设计，所以不考虑其阻尼。

故 $j$ 楼层的第 $i$ 个单向黏弹性消能斜撑对结构提供的水平控制力为：

$$F_{bj,i}=\cos^2\theta_{j,i}C_{vej,i}(\dot{x}_j-\dot{x}_{j-1})+\beta_1\cos^2\theta_{j,i}K_{vej,i}(x_j-x_{j-1})+\beta_2\cos^2\theta_{j,i}K_{sj,i}(x_j-x_{j-1}) \tag{4-2}$$

式中 $\theta_{j,i}$——第 $j$ 楼层的第 $i$ 个黏弹性阻尼器相对水平方向的倾角；

$x_j$、$x_{j-1}$——结构 $j$ 层和 $j-1$ 层对地面的相对水平位移；

$\dot{x}_j$、$\dot{x}_{j-1}$——结构 $j$ 层和 $j-1$ 层对地面的相对水平速度；

$K_{sj,i}$——表示钢撑部分的刚度，$K_{sj,i}=\dfrac{E_{j,i}A_{j,i}}{l_{j,i}}$；

$E_{j,i}$、$A_{j,i}$、$l_{j,i}$——第 $j$ 层第 $i$ 个钢撑的弹性模量、横截面积与长度；

$C_{vej,i}$、$K_{vej,i}$——第 $j$ 层第 $i$ 个阻尼器的阻尼和刚度，按式（4-3）确定。

$$C_{vej,i}=\frac{\overline{G}''A_{vej,i}}{\omega d},\overline{G}''=\eta\overline{G}',K_{vej,i}=\frac{\overline{G}'A_{vej,i}}{d} \tag{4-3}$$

式中 $\eta$——阻尼器的损耗因子；

$\overline{G}'$、$\overline{G}''$——阻尼器的表观储存剪切模量、表观的损耗剪切模量；

$A_{vej,i}$——阻尼器中黏弹性材料层总的受剪面积，等于各层受剪面积之和；

$d$——阻尼器中每一层黏弹性材料的厚度；

$\omega$——设置黏弹性消能支撑后的黏弹性阻尼结构的基本自振频率。

应尽量把钢支撑的刚度设计得远大于黏弹性阻尼器的刚度，从而可忽略钢支撑的变形，使消能支撑发挥最大的消能效果，这时消能支撑的水平控制力可近似表达为：

$$F_{bj,i}=\cos^2\theta_{j,i}C_{vej,i}(\dot{x}_j-\dot{x}_{j-1})+\cos^2\theta_{j,i}K_{vej,i}(x_j-x_{j-1}) \tag{4-4}$$

### 4.2.2 小八字撑的水平控制力

小八字撑中钢撑部分较短且黏弹性阻尼器的刚度较小，一般可忽略钢撑部分的变形，所以消能支撑对结构提供的水平控制力都是由黏弹性阻尼器提供的。

$j$ 楼层，第 $i$ 个单向黏弹性消能斜撑所提供的水平控制力：

$$F_{\mathrm{bj},i}=u_i\cos\theta_i C_{\mathrm{vej},i}(\dot{x}_j-\dot{x}_{j-1})+u_i\cos\theta_i K_{\mathrm{vej},i}(x_j-x_{j-1}) \tag{4-5}$$

式中 $\theta_i$——第 $i$ 个消能支撑的倾角，取 $\theta_i=45°$；

$x_j$、$x_{j-1}$——$j$、$j-1$ 楼层对地面的相对水平位移；

$\dot{x}_j$、$\dot{x}_{j-1}$——$j$、$j-1$ 楼层对地面的相对水平速度；

$u_i$——$j$ 楼层对 $j-1$ 楼层产生相对水平位移为 1 时，小八字消能支撑 $i$ 产生的轴向变形；

$C_{\mathrm{vej},i}$、$K_{\mathrm{vej},i}$——第 $j$ 层第 $i$ 个消能支撑中阻尼器的阻尼系数和抗剪刚度，计算方法同式（4-3）。

当 $j$ 楼层对 $j-1$ 楼层产生相对单位水平位移时，可由图 4.3 求得小八字消能支撑 $i$ 的轴向变形 $u_i$：

$$AB=\sqrt{2}a,A'B'=\sqrt{(A'A'')^2+(A''B')^2},A''B'=(1+a)-AA'$$

$$AA'=1-\frac{a}{h},A''B'=a\left(1+\frac{1}{h}\right)$$

$$A'B'=\sqrt{a^2+a^2\left(1+\frac{1}{h}\right)^2}\approx\sqrt{2a^2\left(1+\frac{1}{h}\right)}$$

$$u_i=A'B'-AB=\sqrt{2}a\cdot\sqrt{1+\frac{1}{h}}-\sqrt{2}a=\sqrt{2}a\left(1+\frac{1}{2h}-1\right)=0.707\,\frac{a}{h}$$

把 $\theta=45°$，$u_i\approx0.707\,\frac{a}{h}$ 代入式（4-5），得：

$$F_{\mathrm{bj},i}=0.5\,\frac{a}{h}C_{\mathrm{vej},i}(\dot{x}_j-\dot{x}_{j-1})+0.5\,\frac{a}{h}K_{\mathrm{vej},i}(x_j-x_{j-1}) \tag{4-6}$$

### 4.2.3 肘型消能支撑的水平控制力

假设钢杆的拉压刚度较黏弹性材料的剪切刚度大得多，在计算消能支撑轴向变形时，钢杆的变形可忽略不计，只考虑黏弹性阻尼器产生的变形。

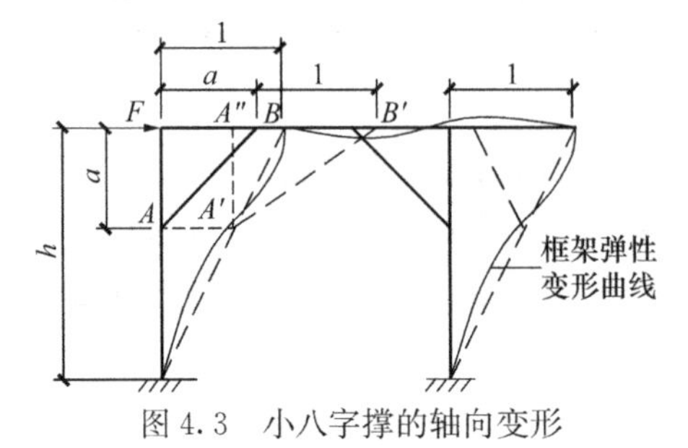

图 4.3 小八字撑的轴向变形

下面推导图 4.4 中肘型消能支撑在单位水平侧向力作用下，消能支撑的轴向变形 $u_{\mathrm{d}}$。图 4.4 示出了当框架顶部作用单位水平力 $F=1$ 时的变形情况，图中：

$$l=l_1/\cos\theta_1,h=l_1\sin\theta_1+l_2\cos\theta_2,AB=l_1\tan\theta_1$$

斜撑 $AB$ 变形后的长度

$$A'B'=[(l_1\sin(\theta_1+\varphi))^2+(l-l_1\cos(\theta_1+\varphi))^2]^{1/2}$$
$$=\left[l_1^2\tan^2\theta_1\left(1+\frac{2\varphi}{\tan\theta_1}\right)\right]^{1/2}\approx l_1(\tan\theta_1+\varphi) \tag{4-7}$$

$\varphi$ 与 $u$ 的关系由式（4-8）确定：

$$l_2^2=[h-l_1\sin(\theta_1+\varphi)]^2+\left[(l+u)+l_1\cos(\theta_1+\varphi)-\frac{l_1}{\cos\theta_1}\right]^2 \tag{4-8}$$

$$\varphi=\frac{\sin\theta_2}{l_1\cos(\theta_1-\theta_2)}u,u_\mathrm{d}=A'B'-AB=\frac{\sin\theta_2}{\cos(\theta_1-\theta_2)}u$$

令 $\xi=\frac{u_\mathrm{d}}{u}=\frac{\sin\theta_2}{\cos(\theta_1-\theta_2)}$，$\xi$ 为斜撑 $AB$ 的轴向变形 $u_\mathrm{d}$ 与楼层相对水平位移 $u$ 的比值，可称为变形系数。当框架层间的相对水平位移 $u=1$ 时，$u_\mathrm{d}=\xi$，即这时的变形系数就是斜撑的轴向变形。

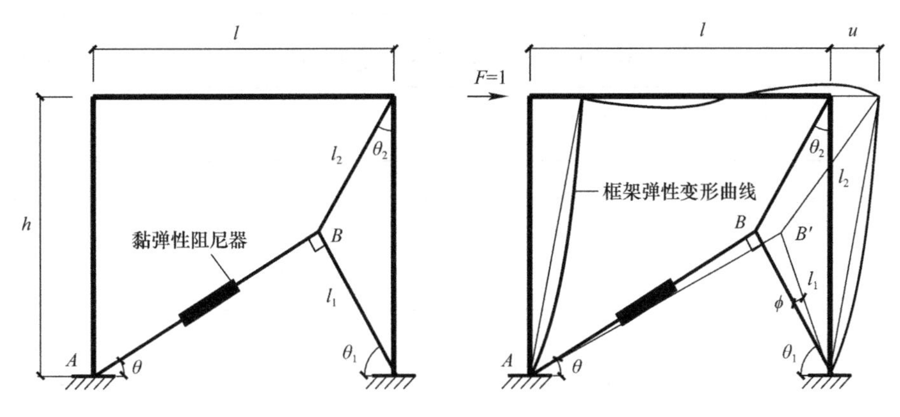


图 4.4 肘型消能支撑的轴向变形

同理可推导出其余形式消能支撑在单位水平侧向力作用下的轴向变形 $u_\mathrm{d}$ 以及变形系数 $\xi$，分别示于图 4.4 中。限于篇幅，推导过程略。表 4.1～表 4.3 中给出了组合式支撑不同布置时的变形系数。

**肘型消能支撑变形系数 $\xi$** **表 4.1**

| $\theta_2$ \ $\theta_1$ | 15° | 20° | 25° | 30° | 35° | 40° |
|---|---|---|---|---|---|---|
| 45° | 0.816 | 0.78 | 0.75 | 0.73 | 0.72 | 0.71 |
| 50° | 0.94 | 0.88 | 0.85 | 0.82 | 0.79 | 0.78 |
| 55° | 1.07 | 1.0 | 0.95 | 0.90 | 0.87 | 0.85 |
| 60° | 1.22 | 1.13 | 1.06 | 1.0 | 0.96 | 0.92 |
| 65° | 1.41 | 1.28 | 1.18 | 1.11 | 1.05 | 1.0 |

续表

| $\theta_2$ \ $\theta_1$ | 15° | 20° | 25° | 30° | 35° | 40° |
|---|---|---|---|---|---|---|
| 70° | 1.88 | 1.46 | 1.34 | 1.23 | 1.15 | 1.09 |
| 75° | 1.93 | 1.68 | 1.50 | 1.37 | 1.26 | 1.18 |

**图 4.1 中 (f)、(g) 型消能支撑变形系数 $\xi$　　表 4.2**

| $\theta_2$ \ $\theta_1$ | 15° | 20° | 25° | 30° | 35° |
|---|---|---|---|---|---|
| 20° | 0.42 | 0.45 | 0.48 | 0.53 | 0.60 |
| 25° | 0.55 | 0.60 | 0.66 | 0.74 | 0.85 |
| 30° | 0.71 | 0.78 | 0.87 | 1.0 | 1.19 |
| 35° | 0.89 | 1.0 | 1.15 | 1.36 | 1.68 |
| 40° | 1.12 | 1.29 | 1.52 | 1.88 | 2.49 |
| 45° | 1.41 | 1.68 | 2.07 | 2.73 | 4.08 |

**图 4.1 中 (i) 型消能支撑变形系数 $\xi$　　表 4.3**

| $\theta_2$ \ $\theta_1$ | 15° | 20° | 25° | 30° | 35° |
|---|---|---|---|---|---|
| 30° | 0.966 | 1.12 | 1.29 | 1.50 | 1.76 |
| 35° | 1.15 | 1.34 | 1.57 | 1.86 | 2.25 |
| 40° | 1.38 | 1.63 | 1.94 | 2.38 | 3.06 |
| 45° | 1.67 | 2.02 | 2.49 | 3.23 | 4.65 |
| 50° | 2.07 | 2.58 | 3.38 | 4.91 | — |
| 55° | 2.65 | 3.51 | 5.14 | — | — |

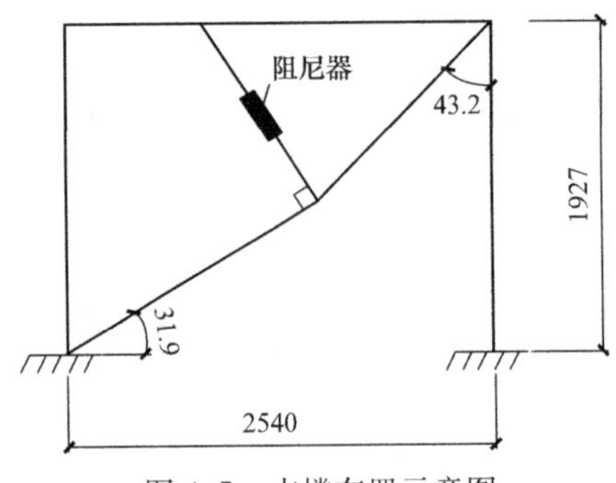


图 4.5　支撑布置示意图

对图 4.5 中组合式支撑进行了振动台试验，试件模型及支撑布置见图 4.5，表 4.4 记录了输入不同地震波下试件模型水平位移 $u$ 和支撑轴向变形 $u_d$。试验得到变形系数 $\xi$ 的均值为 3.06，而按图 4.1 中 (i) 给出的变形系数 $\xi$ 表达式计算结果为 3.19，两者相差 4.27%，可满足工程上的要求。

第 $j$ 楼层第 $i$ 个黏弹性消能支撑所提供的水平控制力：

$$F_{cj,i} = u_{di}\cos\theta_{j,i}c_{dj,i}(\dot{x}_j - \dot{x}_{j-1}) + u_{di}\cos\theta_{j,i}k_{dj,i}(x_j - x_{j-1}) \tag{4-9a}$$

或

$$F_{cj,i} = \xi_{di}\cos\theta_{j,i}c_{dj,i}(\dot{x}_j - \dot{x}_{j-1}) + \xi_{di}\cos\theta_{j,i}k_{dj,i}(x_j - x_{j-1}) \tag{4-9b}$$

**试验结果一览表**　　　　**表 4.4**

| 地震波 | 水平位移 $u$（mm） | 支撑轴向变形 $u_d$（mm） | 变形系数 $\xi$ |
|---|---|---|---|
| ELCENTROS00E100% | 8.4 | 25.0 | 2.976 |
| TAFTN21E200% | 7.0 | 21.5 | 3.071 |
| HACHINOHENS100% | 5.4 | 16.2 | 3.000 |
| HACHINOHENS150% | 7.6 | 22.2 | 2.921 |
| MIYAGIKENEW200% | 5.6 | 18.4 | 3.206 |
| MIYAGIKENEW300% | 8.0 | 27.1 | 3.388 |
| MEXICOCITYN90W125% | 5.4 | 17.9 | 3.315 |
| PACOIMAS16E50% | 7.2 | 23.0 | 3.194 |
| PACOIMAS74W25% | 5.3 | 14.6 | 2.755 |
| SYLMAR9050% | 8.0 | 23.7 | 2.963 |
| NEWHALL36040% | 7.9 | 24.0 | 3.038 |
| NEWHALL9050% | 8.7 | 25.5 | 2.931 |
| KOBEEW40% | 7.3 | 22.1 | 3.027 |

式中　$\theta_{j,i}$——$j$ 楼层第 $i$ 个消能支撑对水平线的倾角；

$x_j$、$x_{j-1}$——$j$、$j-1$ 楼层对地面的相对水平位移；

$\dot{x}_j$、$\dot{x}_{j-1}$——$j$、$j-1$ 楼层对地面的相对水平速度；

$u_{di}$——$j$ 楼层对 $j-1$ 楼层产生相对水平位移为 1 时，消能支撑 $i$ 产生的轴向变形 $u_{di}=\xi_{di}$，对于不同形式的消能支撑可按图 4.5 中变形系数 $\xi$ 值取；

$c_{dj,i}$、$k_{dj,i}$——第 $j$ 楼层第 $i$ 个消能支撑中黏弹性阻尼器的阻尼系数和抗剪刚度，按式（4-10）计算。

$$k_{dj,i}=\frac{\overline{G}'(\omega)A}{t},\quad c_{dj,i}=\frac{\overline{G}''(\omega)A}{\omega t},\quad \overline{G}''(\omega)=\eta\overline{G}'(\omega) \tag{4-10}$$

式中　$\eta$——黏弹性阻尼器的损耗因子；

$\overline{G}'(\omega)$、$\overline{G}''(\omega)$——黏弹性阻尼器的表观的储存剪切模量、表观的损耗剪切模量；

$A$——黏弹性阻尼器黏弹性材料的总的受剪面积；

$t$——黏弹性阻尼器中每一层黏弹性材料的厚度；

$\omega$——有控结构的基本自振频率。

故肘型消能支撑在第 $j$ 楼层所提供的水平控制力：

$$F_{cj}=\frac{\sin\theta_2}{\cos(\theta_1-\theta_2)}\cos\theta_j c_{dj}(\dot{x}_j-\dot{x}_{j-1})+\frac{\sin\theta_2}{\cos(\theta_1-\theta_2)}\cos\theta_j k_{dj}(x_j-x_{j-1}) \tag{4-11}$$

## 第5章

# 黏弹性阻尼减震结构的分析方法

## 5.1 基于黏弹性消能支撑水平控制力的简化分析方法

黏弹性消能支撑为建筑结构既提供了刚度，又提供了阻尼。考虑黏弹性消能支撑的水平控制力 $F_b$ 后，可得黏弹性阻尼结构的动力方程为：

$$[M]\{\ddot{x}\}+[c]\{\dot{x}\}+[K]\{x\}+\{F_b\}=-[M]\{\ddot{x}_g\} \tag{5-1}$$

上一章详细叙述了三种常见黏弹性消能支撑的水平控制力 $F_b$，接下来叙述基于黏弹性消能支撑水平控制力的简化分析方法。

### 5.1.1 单自由度有控结构的简化分析方法

**1. 单自由度（SDOF）计算模型**

图5.1示出了设置黏弹性消能支撑的单自由度黏弹性阻尼结构，其中被控结构是一层框架，黏弹性消能支撑由黏弹性阻尼器与钢支撑所组成。在地面运动时，黏弹性阻尼结构受到水平力为 $F(t)$，顶点水平位移为 $u(t)$，下面研究它的数学模型。

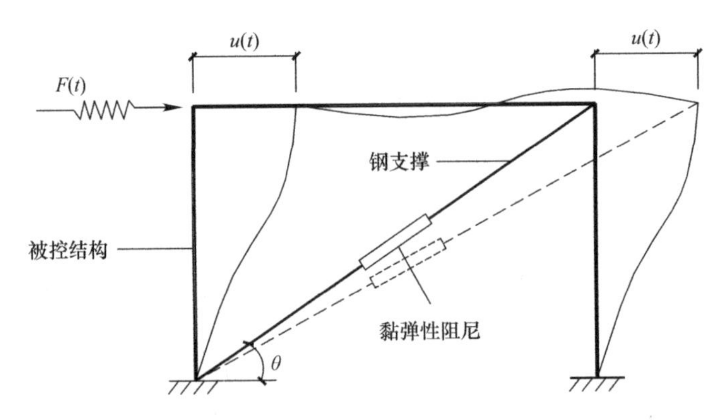


图5.1 单自由度的黏弹性阻尼结构

**2. 黏弹性消能支撑的数学模型**

黏弹性消能支撑中黏弹性阻尼器与钢支撑间的关系为串联，数学模型如图5.2所示。

图5.2中，$k_s$为钢支撑部分的刚度；$k'_{ve}$为黏弹性阻尼器的储存刚度；$k''_{ve}$为黏弹性阻尼器的损耗刚度；$k'_{ve}+ik''_{ve}$代表黏弹性阻尼器产生单位轴向变形时的弹性力与黏性力；$u_b(t)$为黏弹性消能支撑的轴向变形；$u_s(t)$为钢支撑部分的轴向变形；$u_{ve}(t)$为黏弹性阻尼器的轴向变形，$u_b(t)=u_s(t)+u_{ve}(t)$；$F_b(t)$为黏弹性消能支撑承受的轴向力；$F_s(t)$为钢支撑部分承受的轴向力；$F_{ve}(t)$为黏弹性阻尼器承受的轴向力，$F_b(t)=F_s(t)=F_{ve}(t)$。

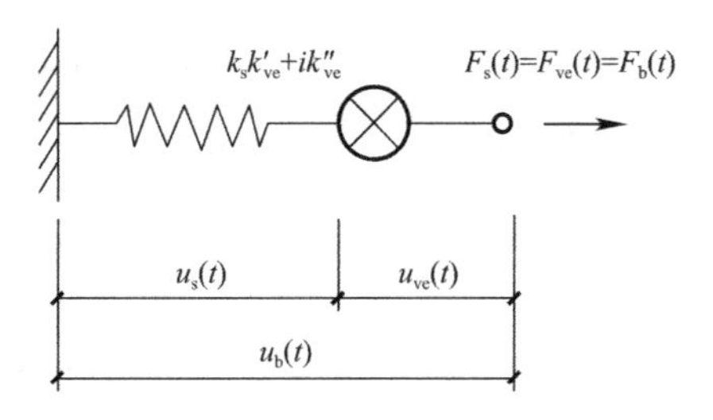


图5.2　黏弹性消能支撑的数学模型

在频域内，力和位移（或变形）均为时间的函数。

假定频域内结构的顶点水平位移：

$$u(t)=u_{max}\sin\omega t \tag{5-1a}$$

对应的黏弹性阻尼器的轴向变形：

$$u_{ve}(t)=u_{ve,max}\sin\omega t \tag{5-1b}$$

钢支撑部分的轴向变形：

$$u_s(t)=u_{s,max}\sin\omega t \tag{5-1c}$$

黏弹性消能支撑的轴向变形：

$$u_b(t)=u_s(t)+u_{ve}(t)=u_{b,max}\sin\omega t \tag{5-1d}$$

图5.3为黏弹性材料的应力-应变滞回曲线图，从图中可知，黏弹性材料介于弹性固体和黏性液体之间，在正弦力（或正弦位移）下，其力-位移滞回曲线为一长轴与$X$轴成一角度的椭圆。该滞回曲线可视为弹性固体的力-位移滞回曲线和黏性流体力-位移滞回曲线两者的叠加。因此，黏弹性阻尼器的受力可分成两部分：一部分为弹性力，与位移同相；一部分为黏滞力，如前述，应变滞后于应力是黏弹性材料的特点，因此黏滞力比位移的相位角超前90°。

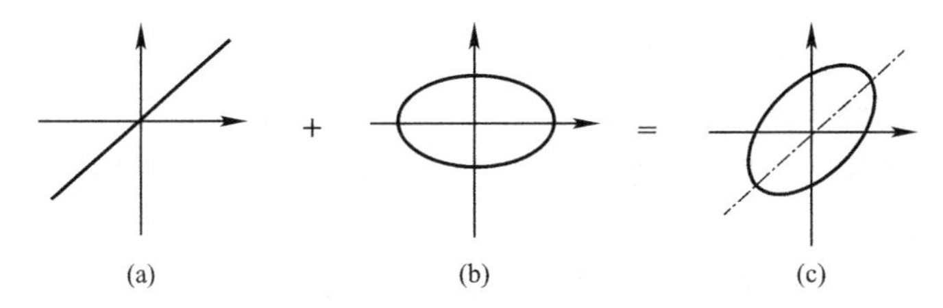


图5.3　黏弹性材料的滞回曲线图

（a）弹性体；（b）无刚度的黏滞体；（c）黏弹体

故与$u_{ve}(t)$对应的黏弹性阻尼器的轴向力：

$$F_{ve}(t)=k'_{ve}u_{ve,max}\sin\omega t+k''_{ve}u_{ve,max}\sin\left(\frac{\pi}{2}+\omega t\right)$$

$$= k'_{ve}u_{ve,max}\sin\omega t + k''_{ve}u_{ve,max}\cos\omega t \tag{5-2}$$

或写作：

$$F_{ve}(t) = k'_{ve}u_{ve}(t) + k''_{ve}u_{ve}\left(t+\frac{\pi}{2\omega}\right) \tag{5-3}$$

式中　$k'_{ve}u_{ve,max}\sin\omega t$——黏弹性阻尼器的弹性力；

$k''_{ve}u_{ve,max}\sin$（$\pi/2+\omega t$）——黏弹性阻尼器的黏滞力，弹性力与变形为同相，黏滞力超前于变形的相位角为 90°。

由式 $F=\tau A=\frac{G'A}{d}u\pm\frac{G''A}{d}\sqrt{u_{max}^2-u^2}$、$G'=\frac{F'd}{Au_{max}}$、$G''=\frac{F''d}{Au_{max}}$、$\eta=\frac{G''}{G'}=\frac{F''}{F'}$

可知：

$$k'_{ve} = \overline{G}'(T,\omega)A_{ve}/d \tag{5-4a}$$

$$k''_{ve} = \overline{G}''(T,\omega)A_{ve}/d \tag{5-4b}$$

式中　$\overline{G}'(T,\ \omega)$——黏弹性阻尼器阻尼材料的表观储存剪切模量；

$\overline{G}''(T,\ \omega)$——黏弹性阻尼器阻尼材料的表观损耗剪切模量；

$A_{ve}$——黏弹性阻尼器中阻尼材料总的受剪面积；

$d$——一层阻尼材料的厚度。

黏弹性阻尼器与钢支撑串联，故：

$$F_b(t) = F_s(t) = F_{ve}(t)$$
$$= k'_b u_{b,max}\sin\omega t + k''_b u_{b,max}\cos\omega t \tag{5-5}$$

由式（5-3）、式（5-5）及 $F_s(t)=k_s u_s(t)$得黏弹性消能支撑的储存刚度 $k'_b$和损耗刚度 $k''_b$：

$$k'_b = \frac{(k_s + k'_{ve})k_s k'_{ve} + k_s k''^2_{ve}}{(k_s + k'_{ve})^2 + k''^2_{ve}} \tag{5-6a}$$

$$k''_b = \frac{k_s^2 k''_{ve}}{(k_s + k'_{ve})^2 + k''^2_{ve}} \tag{5-6b}$$

当 $k_s \gg k'_{ve}$时，消能支撑的变形主要由黏弹性阻尼器承担，钢支撑基本上不变形。通常，$k_s > 5k'_{ve}$时，可取 $k'_b \approx k'_{ve}$，$k''_b \approx k''_{ve}$。

**3. 黏弹性阻尼结构的数学模型**

黏弹性阻尼结构抗侧时，黏弹性消能支撑与被控结构间的关系为并联[122]。钢支撑在地震作用下一般设计成不屈服，保持弹性，不考虑其阻尼；为简化，先假定被控结构的阻尼也为零，因此黏弹性阻尼结构的数学模型如图 5.4 所示。

图 5.4 中，$k_f$ 为被控结构的侧向层刚度；$F(t)$ 为黏弹性阻尼结构承担的层间水平力；$u(t)$ 为其层间相对水平位移。

设黏弹性消能支撑与水平线的夹角为 $\theta$，依变形相容条件，有：

$$u(t) = u_b(t)/\cos\theta \tag{5-7}$$

作用在黏弹性阻尼结构上的水平力 $F(t)$ 等于被控结构承担的水平力 $F_f(t)$ 加消能支撑的水平抵抗力 $F_b(t)$，即：

$$F(t)=F_{\mathrm{f}}(t)+F_{\mathrm{b}}(t)$$
$$=(k_{\mathrm{f}}+k'_{\mathrm{b}}\cos^2\theta)u_{\max}\sin\omega t+k''_{\mathrm{b}}\cos^2\theta u_{\max}\cos\omega t \tag{5-8}$$

式中，$F_{\mathrm{f}}(t)=k_{\mathrm{f}}u_{\max}\sin\omega t$。

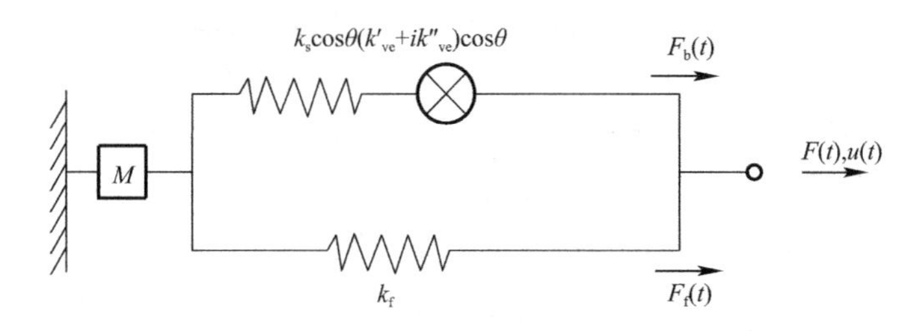


图5.4 黏弹性阻尼结构的数学模型

式（5-8）右边第一项表示整个结构的弹性力，第二项表示整个结构的黏滞力。这样，黏弹性阻尼结构的储存刚度为 $k_{\mathrm{f}}+k'_{\mathrm{b}}\cos^2\theta$，$k'_{\mathrm{b}}$可称之为黏弹性阻尼结构的附加储存刚度，$k''_{\mathrm{b}}$反映黏弹性阻尼结构的耗能能力。将式（5-1a）代入式（5-8），可得黏弹性阻尼结构的力-水平位移关系曲线，如图5.5所示。

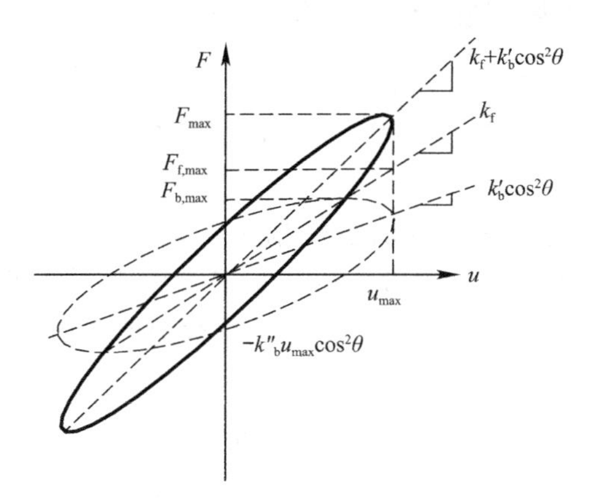


图5.5 黏弹性阻尼结构力-位移关系曲线

由图5.5可知，黏弹性阻尼结构的最大应变能 $E_{\mathrm{s}}$ 和耗散能 $E_{\mathrm{d}}$ 分别为：

$$E_{\mathrm{s}}=(k_{\mathrm{f}}+k'_{\mathrm{b}}\cos^2\theta)u_{\max}^2/2 \tag{5-9a}$$

$$E_{\mathrm{d}}=\pi k''_{\mathrm{b}}\cos^2\theta u_{\max}^2 \tag{5-9b}$$

当激振频率 $\omega$ 接近黏弹性阻尼结构的谐振频率时，消能支撑产生的附加阻尼比为[123]：

$$\zeta_{\mathrm{a}}=E_{\mathrm{d}}/(4\pi E_{\mathrm{s}})=k''_{\mathrm{b}}\cos^2\theta/[2(k_{\mathrm{f}}+k'_{\mathrm{b}}\cos^2\theta)] \tag{5-10}$$

令 $\alpha_{\mathrm{a}}=k'_{\mathrm{b}}/k_{\mathrm{f}}$，$\alpha''_{\mathrm{a}}=k''_{\mathrm{b}}/k_{\mathrm{f}}$，由式（5-10）得：

$$\zeta_{\mathrm{a}}=k''_{\mathrm{b}}\cos^2\theta/[2k_{\mathrm{f}}(1+\alpha_{\mathrm{a}}\cos^2\theta)]$$
$$=\alpha''_{\mathrm{a}}\cos^2\theta/[2(1+\alpha_{\mathrm{a}}\cos^2\theta)] \tag{5-11}$$

故：
$$k''_b=2k_f(1+\alpha_a\cos^2\theta)\ \zeta_a/\cos^2\theta \tag{5-12}$$

代入式（5-8），得：
$$F(t)=u_{max}k_f(1+\alpha_a\cos^2\theta)(\sin\omega t+2\zeta_a\cos\omega t) \tag{5-13}$$

由式（5-11）知，当$\theta$一定时，消能支撑产生的附加阻尼比$\zeta_a$主要与$\alpha''_a$的值有关，其次与$\alpha_a$有关。$\alpha''_a$可定义为消能支撑与被控结构的损耗刚度比，$\alpha_a$可定义为消能支撑与被控结构的储存刚度比。显然，$\alpha''_a$越大，附加阻尼比$\zeta_a$越大；$\alpha_a$减小，$\zeta_a$也会稍有增大。当被控结构刚度一定时，$\alpha''_a$、$\alpha_a$的值与$k''_b$、$k'_b$有关。由式（5-4a）、式（5-4b）可知，当钢支撑部分的刚度$k_s$、黏弹性阻尼器的损耗刚度$k''_{ve}$越大，$k''_b$越大。故设计时应尽量选择刚度大的钢支撑，阻尼器应尽量选择损耗刚度大的黏弹性阻尼器。

设被控结构的阻尼比为$\zeta_o$，则黏弹性阻尼结构的阻尼比$\zeta=\zeta_o+\zeta_a$，由式（5-13）得黏弹性阻尼结构的谐振力的峰值：
$$F_{max}=u_{max}k_f(1+\alpha_a\cos^2\theta)\sqrt{1+4\zeta^2} \tag{5-14}$$

设黏弹性阻尼结构的质量为$M$，定义$S_a$为基于地面运动的谱加速度，则有$F_{max}=MS_a$；定义$S_d$为基于地面运动的谱位移[124]，有$S_d=u_{max}$，代入式（5-14）得：
$$S_a(\zeta,\omega)=\sqrt{1+4\zeta^2}\,\omega^2S_d(\zeta,\omega)=\sqrt{1+4\zeta^2}\,S_{pa}(\zeta,\omega) \tag{5-15}$$

式中，$\omega=\sqrt{k_f(1+\alpha_a\cos^2\theta)/M}$，为黏弹性阻尼结构的自振频率；$S_{pa}=\omega^2S_d$，为拟谱加速度。

可见，黏弹性消能支撑提供了刚度和阻尼，因此改变了被控结构的周期，增加了阻尼比，由此影响结构的地震反应。令$T_0$为被控结构的自振周期，$T$为黏弹性阻尼结构的自振周期，$S_{pa}(T_0)$为被控结构的拟谱加速度，$S_{pa}(T)$为黏弹性阻尼结构的拟谱加速度，则有：
$$\frac{S_{pa}(T)}{S_{pa}(T_0)}=\left(\frac{T_0}{T}\right)^{2/3} \tag{5-16}$$

当结构的阻尼比由$\zeta_0$变至$\zeta$，结构的谱位移有如下变化：
$$D_\zeta=\frac{S_d(\zeta)}{S_d(\zeta_0)}=\frac{\sqrt{1+25\zeta_0}}{\sqrt{1+25\zeta}} \tag{5-17}$$

定义$R_{sd}$为黏弹性阻尼结构的谱位移与被控结构谱位移的比值：
$$\begin{aligned}R_{sd}&=\frac{S_d(\zeta,T)}{S_d(\zeta_0,T_0)}=\frac{S_d(\zeta)S_d(T)}{S_d(\zeta_0)S_d(T_0)}\\&=D_\zeta\frac{S_{pa}(T)\omega_0^2}{S_{pa}(T_0)\omega^2}=D_\zeta\left(\frac{T}{T_0}\right)^{4/3}\\&=D_\zeta\left(\frac{k_f+k'_b\cos^2\theta}{k_f}\right)^{-2/3}\end{aligned}$$

$$= \sqrt{\frac{1+25\zeta_0}{1+25\zeta}}(1+\alpha_a\cos^2\theta)^{-2/3}$$

$$= \sqrt{\frac{\frac{1}{\zeta_0}+25}{\frac{1}{\zeta_0}+25\left(1+\frac{\zeta_a}{\zeta_0}\right)}}(1+\alpha_a\cos^2\theta)^{-2/3} \tag{5-18}$$

类似，可导出黏弹性阻尼结构的谱加速度与被控结构谱加速度的比值：

$$R_{sa} = \frac{S_a(\zeta,T)}{S_a(\zeta_0,T_0)} = D_\zeta \frac{\sqrt{1+4\zeta^2}}{\sqrt{1+4\zeta_0^2}}\left(\frac{T}{T_0}\right)^{-2/3}$$

$$= \sqrt{\frac{(1+25\zeta_0)(1+4\zeta^2)}{(1+25\zeta)(1+4\zeta_0^2)}}(1+\alpha_a\cos^2\theta)^{1/3}$$

$$= \sqrt{\frac{\left(\frac{1}{\zeta_0}+25\right)\left[\frac{1}{\zeta_0^2}+4\left(1+\frac{\zeta_a}{\zeta_0}\right)^2\right]}{\frac{1}{\zeta_0}+25\left(1+\frac{\zeta_a}{\zeta_0}\right)\left(\frac{1}{\zeta_0^2}+4\right)}}(1+\alpha_a\cos^2\theta)^{1/3} \tag{5-19}$$

式（5-18）、式（5-19）反映了地面水平运动时，加了黏弹性消能支撑后由附加刚度和附加阻尼引起的位移峰值和加速度峰值变化。当 $\theta$ 一定时，位移峰值和加速度峰值的减小程度可由 $\zeta_0$、$\zeta_a/\zeta_0$ 及 $\alpha_a$ 确定。

当不考虑 $\alpha_a$ 时，取 $\zeta_0=0.05$（相当于一般的混凝土结构）和 $\zeta_0=0.02$（相当于一般钢结构）时，$R_{sd}$、$R_{sa}$ 的变化如图 5.6、图 5.7 所示。

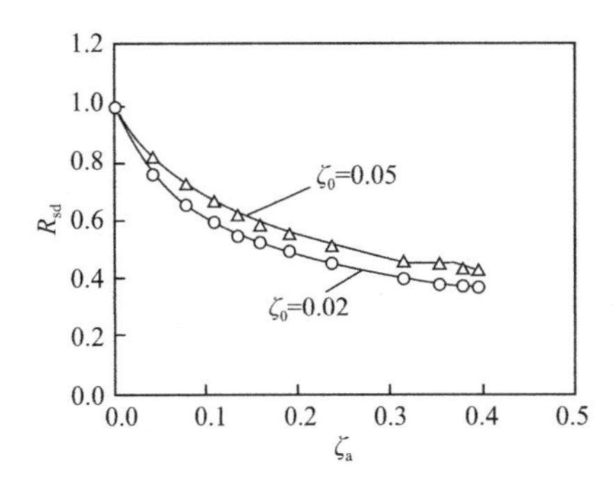


图 5.6 $\zeta_a$ 对 $R_{sd}$ 的影响图

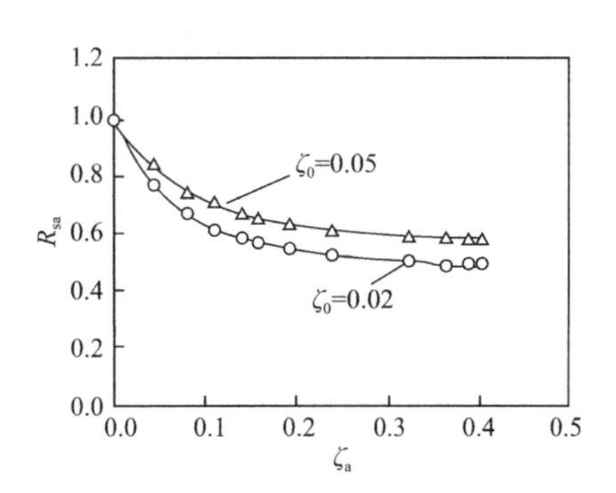


图 5.7 $\zeta_a$ 对 $R_{sa}$ 的影响图

可以看出，$\zeta_a$ 的增大使 $R_{sd}$、$R_{sa}$ 都明显减小，当被控结构阻尼比较小时，这种减小更大。

当黏弹性阻尼结构中黏弹性阻尼器的损耗因子 $\eta$ 取为定值时，令 $\theta=45°$，由式（5-14）可得，$\zeta_a=\eta\alpha_a 0.5/[2(1+\alpha_a 0.5)]$，考虑 $\alpha_a$ 对结构的影响，取 $\zeta_0=0.05$ 和 $\zeta_0=0.02$，$R_{sd}$ 和 $R_{sa}$ 的变化如图 5.8、图 5.9 所示。

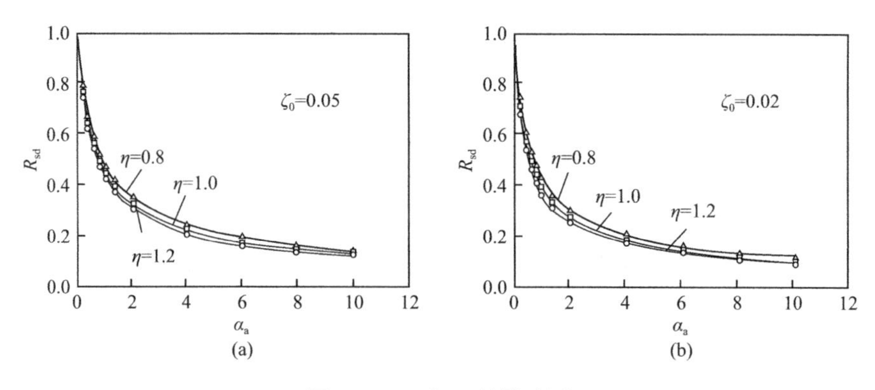


图 5.8　$\alpha_a$对 $R_{sd}$的影响图

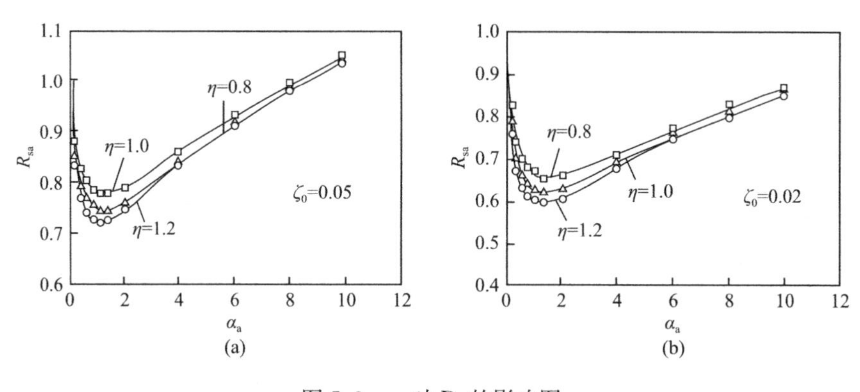


图 5.9　$\alpha_a$对 $R_{sa}$的影响图

由图 5.8 中可以看出，$R_{sd}$随 $\eta$ 的增大略有减小；随 $\alpha_a$的增大减小得比较显著；当被控结构阻尼比 $\zeta_0$ 较小时，$R_{sd}$的减小量更大。

由图 5.9 中可以看出，$R_{sa}$随 $\eta$ 的增大略有减小；随 $\alpha_a$的增大与不考虑 $\alpha_a$影响的 5.7 图比较，$R_{sa}$的减小明显变小，当超过一定值时 $R_{sa}$反而随 $\alpha_a$的增大而增大，甚至比不加黏弹性消能控制更大；当被控结构阻尼比 $\zeta_0$ 较小时，$R_{sa}$的减小量较大。

从上面的分析可知，$\alpha_a$的增大对 $R_{sd}$的影响是有利的，而对 $R_{sa}$的影响在一定范围内是有利的，超出这个范围反而是有害的。

由图 5.9 可以看出当 $\alpha_a < 1.5$ 时，$\alpha_a$的增大对结构的 $R_{sd}$和 $R_{sa}$的影响都是有利的，而黏弹性阻尼结构中 $\alpha_a$一般不会大于 1.5，所以在设计中可以认为黏弹性消能支撑刚度的增加对结构的影响是有利的。

设计时可先确定结构地震反应的控制值，即确定结构地震反应所要减小的程度，进而确定结构的附加阻尼比 $\zeta_a$和 $\alpha_a$的值，并以此来设计黏弹性阻尼器和钢支撑。

### 5.1.2 多自由度有控结构的简化分析方法

多自由度有控结构较为复杂，为了简化分析，可运用 SDOF 模型[125]来分析 MDOF 的黏弹性阻尼结构。故首先应将 MDOF 体系按下面的简化原则转化成 SDOF 模型：①MDOF 体系的阻尼器与整个体系的应变能比值与 SDOF 体系是相同的；②弹性水平力下 MDOF 体系的变形分布是均匀的；③MDOF 体系的振动周期和 SDOF 体系的相同。

这样可近似认为：

$$k_b/(k_b+k_f)=\sum k_{b,i}/\sum(k_{b,i}+k_{f,i}) \tag{5-20}$$

从而可以采用 SDOF 模型初步分析设计 MDOF 黏弹性阻尼结构。

## 5.2 振型分解反应谱

前一节叙述了基于黏弹性消能支撑水平控制力，对单自由度体系和多自由度体系进行分析的简化设计方法。本节主要介绍在考虑黏弹性阻尼器对减震结构提供刚度和阻尼后，如何对振型分解反应谱法进行修正，以进行减震结构的分析。

黏弹性消能支撑安装在被控结构上，不仅提供了结构的阻尼，且提供了刚度使结构自振频率提高。通常，增加阻尼对结构的动力反应有明显的减小效果；刚度增加虽能有效地控制结构的位移反应，但不能有效地抑制结构的加速度反应；另外，阻尼、刚度的变化对于结构动力反应还与自振频率、干扰频率特性等因素有关。目前，结构地震作用的分析方法普遍采用反应谱法[126]。反应谱曲线是对于具有确定的阻尼比的单自由度结构，在不同的地震波时程分析干扰下，最大反应值随结构自振周期变化的平均曲线，显然不同阻尼比的单自由度结构得到的反应谱曲线是不一样的。我国地震影响系数的反应谱标准曲线所采用的是阻尼比为 0.05 的曲线，对于阻尼比不等于 0.05 的结构（如普通钢结构和有控结构等），当按反应谱进行结构分析时，需要对阻尼比的反应谱曲线进行修正。黏弹性消能减震结构与原结构相比，不仅阻尼提高，且刚度也有所增加。因此，对于有控结构除了要对阻尼比修正外，还需对刚度的变化进行修正（以结构自振周期的变化来反映）。

### 5.2.1 有控结构的计算模型

黏弹性消能支撑与被控结构的关系为并联。图 5.10（a）和（b）分别为设置黏弹性消能支撑的单层结构和计算模型。

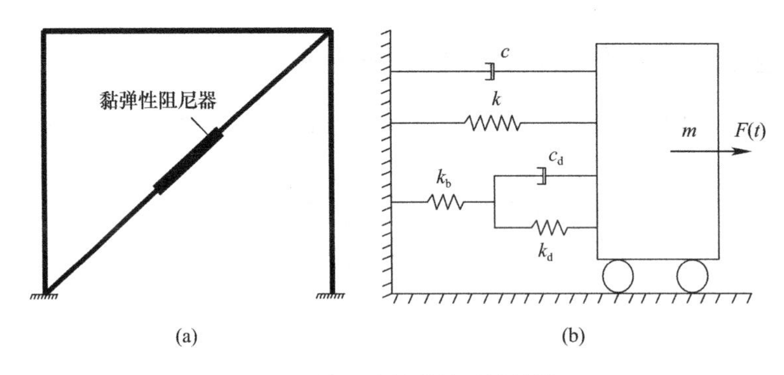


图 5.10 单层有控结构及计算模型

一般单自由度结构在干扰力作用下的运动方程为[127]：

$$m\ddot{x}(t)+c\dot{x}(t)+kx(t)=F(t) \tag{5-21a}$$

或
$$\ddot{x}(t)+2\zeta_0\omega_0\dot{x}(t)+\omega_0^2x(t)=F(t)/m \tag{5-21b}$$

式中 $F(t)$ ——干扰力；

$\omega_0$——结构的（无阻尼）固有频率，$\omega_0=\dfrac{k}{m}$；

$\zeta_0$——结构的阻尼比，$\zeta_0=\dfrac{c}{2m\omega_0}$。

黏弹性消能支撑的力-变形关系（忽略支撑轴向变形的影响）为 $F_c(t)=c_d\dot{x}(t)+k_dx(t)$，则设置黏弹性消能支撑后单自由度结构的运动方程为：

$$m\ddot{x}(t)+(c+c_d)\dot{x}(t)+(k+k_d)x(t)=F(t) \tag{5-22a}$$

或
$$\ddot{x}(t)+2\zeta\omega\dot{x}(t)+\omega^2x(t)=f(t)/m \tag{5-22b}$$

式中 $\omega$——有控结构的（无阻尼）固有频率，$\omega=\dfrac{(k+k_d)}{m}$；

$\zeta$——有控结构的阻尼比，$\zeta=\dfrac{(c+c_d)}{2m\omega}$。

安装黏弹性消能支撑对结构不仅提供了刚度使结构自振频率增加，且提供了阻尼。下面讨论阻尼和刚度的变化对反应谱的影响。

## 5.2.2 有控结构的抗震设计反应谱

### 1. 简谐干扰的情况

设干扰力为简谐干扰[128]，其频率为 $\omega_a$，即 $F(t)=F_a\sin\omega_at$，则由式（5-21）可求得：

$$x(t)=x_a\sin(\omega_at-\theta) \tag{5-23}$$

稳态反应的振幅 $x_a$ 和相位差 $\theta$ 分别为：

$$\theta = \tan^{-1}\frac{2\zeta_0\frac{\omega_a}{\omega_0}}{1-\frac{\omega_a^2}{\omega_0^2}} \quad x_a = \frac{F_a}{k}\left[\left(1-\frac{\omega_a^2}{\omega_0^2}\right)^2 + 4\zeta_0^2\frac{\omega_a^2}{\omega_0^2}\right]^{-\frac{1}{2}} \tag{5-24}$$

其中$\frac{F_a}{k}$为干扰力幅值$F_a$作用下结构的静位移。$x_a$与$\frac{F_a}{k}$之比称为结构的动力放大系数，用$\beta$表示，即：

$$\beta = \left[\left(1-\frac{\omega_a^2}{\omega_0^2}\right)^2 + 4\zeta_0^2\frac{\omega_a^2}{\omega_0^2}\right]^{-\frac{1}{2}} \tag{5-25}$$

将式（5-25）对$\lambda=\frac{\omega_a}{\omega_0}$求导后令其等于零，可以求得与动力放大系数最大值$\beta_m$相对应的频率比$\lambda_p$，即结构共振的频率。对于阻尼比$\zeta_0<\frac{1}{\sqrt{2}}$的结构：

$$\lambda_p = \sqrt{1-2\zeta_0^2} \quad \beta_m = \frac{1}{2\zeta_0\sqrt{1-\zeta_0^2}} \tag{5-26}$$

当结构的阻尼比$\zeta_0 \ll 1$时，$\lambda_p \approx 1$，$\beta_m \approx \frac{1}{2\zeta_0}$。

动力放大系数$\beta$随阻尼比$\zeta_0$和频率比$\frac{\omega_a}{\omega_0}$的变化示于图5.11中，其中部分值列于表5.1中。

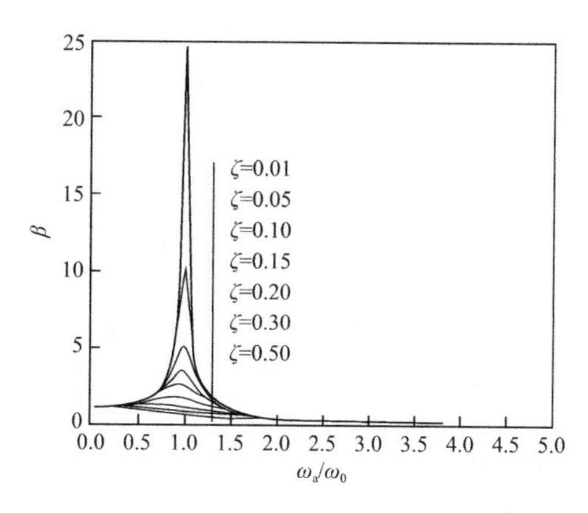


图5.11 动力放大系数随阻尼比和频率的变化

由图5.11和表5.1结果，可以得到以下结论：

1）当满足条件$0.5\leqslant\omega_a/\omega_0\leqslant1.5$时，阻尼对结构具有十分明显的减震效果，阻尼比$\zeta$越小，动力放大系数$\beta$越大，阻尼比$\zeta$越大，动力放大系数$\beta$越小。当结构固有频率与干扰频率接近时，增加阻尼是减小结构反应的有效途径。例如，当$\omega_a/\omega_0=1.0$时，阻尼比$\zeta$由0.05增加到0.10，动力放大系数$\beta$减小50%，阻

尼比 $\zeta$ 增加到 0.20，动力放大系数 $\beta$ 减小 75%。

**动力放大系数 $\beta$ 随阻尼比和频率的变化表** **表 5.1**

| $\zeta_0$ \ $\omega_a/\omega_0$ | 0.5 | 0.8 | $1-2\zeta_0^2$ | 1.0 | 1.5 | 2.0 | 2.5 | 3.0 | 4.0 | 5.0 |
|---|---|---|---|---|---|---|---|---|---|---|
| 0.01 | 1.333 | 2.775 | 50.000 | 50.00 | 0.800 | 0.333 | 0.190 | 0.125 | 0.067 | 0.042 |
| 0.05 | 1.330 | 2.712 | 10.000 | 10.00 | 0.794 | 0.333 | 0.190 | 0.125 | 0.067 | 0.042 |
| 0.10 | 1.322 | 2.538 | 5.001 | 5.00 | 0.778 | 0.330 | 0.190 | 0.125 | 0.067 | 0.042 |
| 0.15 | 1.307 | 2.311 | 3.337 | 3.333 | 0.753 | 0.327 | 0.189 | 0.124 | 0.066 | 0.042 |
| 0.20 | 1.288 | 2.076 | 2.508 | 2.500 | 0.721 | 0.322 | 0.187 | 0.124 | 0.066 | 0.041 |
| 0.30 | 1.238 | 1.667 | 1.692 | 1.667 | 0.649 | 0.309 | 0.183 | 0.122 | 0.066 | 0.041 |
| 0.50 | 1.109 | 1.114 | 1.109 | 1.000 | 0.512 | 0.277 | 0.172 | 0.117 | 0.064 | 0.041 |

2）当结构固有频率远离干扰频率时，动力放大系数 $\beta$ 将明显减小，而增加阻尼比对动力放大系数 $\beta$ 的影响不显著。例如，当结构阻尼比 $\zeta=0.05$ 时，$\omega_a/\omega_0=1.5$ 的动力放大系数 $\beta$ 比 $\omega_a/\omega_0=1.0$ 的减小 92%，$\omega_a/\omega_0=2.5$ 的动力放大系数 $\beta$ 比 $\omega_a/\omega_0=1.0$ 的减小 98.1%。当 $\omega_a/\omega_0=1.5$ 时，结构阻尼比由 0.01 增加到 0.50，动力放大系数 $\beta$ 减小 36%；当 $\omega_a/\omega_0=2.0$ 时，结构阻尼比由 0.01 增加到 0.50，动力放大系数 $\beta$ 减小 16.8%；当 $\omega_a/\omega_0=4.0$ 时，结构阻尼比由 0.05 增加到 0.50，动力放大系数 $\beta$ 仅减小 4.8%。可见，当结构固有频率远离干扰频率时($\omega_a/\omega_0\geqslant2.0$)，不宜通过提高阻尼的方法来减小结构的动力反应。

3）当结构固有频率与干扰频率接近时，可通过以下途径减小结构的动力反应：

(1) 增加阻尼比，阻尼比增加一倍，动力放大系数 $\beta$ 将近减小一半；

(2) 增加结构刚度，这样可使结构自振频率 $\omega_0$ 增大，$\omega_a/\omega_0$ 值减小，例如，当阻尼比 $\zeta=0.05$ 时，$\omega_a/\omega_0=0.8$，增加结构刚度使 $\omega_a/\omega_0=0.5$，动力放大系数 $\beta$ 减小 51%；

(3) 改变结构的支承条件，当阻尼比 $\zeta=0.05$ 时，$\omega_a/\omega_0=0.8$，调整 $\omega_a/\omega_0=1.5$，动力放大系数 $\beta$ 减小 70.7%，这种情况就相当于基础隔震，由于支承条件改变了，使 $\omega_0$ 减小，结构自振周期增大，从而使 $\beta$ 减小。

**2. 地震作用与抗震设计反应谱**

设图 5.10 中的干扰为地震地面运动，其加速度为 $\ddot{x}_g(t)$，则式 (5-22) 的干扰力 $F(t)=-m\ddot{x}_g(t)$。于是，体系的相对位移、相对速度和绝对加速度可由 Duhamel 积分[129]求得：

$$x(t)=-\frac{1}{\omega_d}\int_0^t\ddot{x}_g(\tau)\exp[-\zeta\omega_0(t-\tau)]\sin\omega_d(t-\tau)d\tau \tag{5-27a}$$

$$\dot{x}(t)=-\frac{\omega_0}{\omega_d}\int_0^t\ddot{x}_g(\tau)\exp[-\zeta\omega_0(t-\tau)]\cos[\omega_d(t-\tau)+\theta']d\tau \tag{5-27b}$$

$$\ddot{x}(t)+\ddot{x}_{g}(t)=-\frac{\omega_{0}^{2}}{\omega_{d}}\int_{0}^{t}\ddot{x}_{g}(\tau)\exp[-\zeta\omega_{0}(t-\tau)]\sin[\omega_{d}(t-\tau)+2\theta']d\tau \tag{5-27c}$$

式中，$\omega_d=\sqrt{1-\zeta^2}\omega_0$，$\theta'=\arctan(\zeta/\sqrt{1-\zeta^2})$。

式（5-27a）、式（5-27b）和式（5-27c）在地震持续时间［0，$T_e$］内取最大值，则得到相应的相对位移、相对速度和绝对加速度反应谱，分别为 $S_d(T_0,\zeta)$、$S_v(T_0,\zeta)$ 和 $S_a(T_0,\zeta)$。

绝对加速度反应谱 $S_a(T_0,\zeta)$ 除以地面最大加速度 $|\ddot{x}_g(t)|_{max}$，可得到正规化的加速度反应谱，也称为加速度反应的动力放大系数，即：

$$\beta_a(T_0,\zeta)=\frac{S_a(T_0,\zeta)}{|\ddot{x}_g(t)|_{max}} \tag{5-28}$$

阻尼比对抗震设计反应谱标准曲线（即阻尼比 $\zeta=0.05$ 的抗震设计反应谱标准曲线）的修正系数可表示为（亦称为地震影响系数的修正）：

$$\eta_{ac}(T_0,\zeta)=\frac{S_a(T_0,\zeta)}{S_a(T_0,0.05)}=\frac{a(T_0,\zeta)}{a(T_0,\zeta_0)} \tag{5-29}$$

相对位移反应谱 $S_d(T_0,\zeta)$ 除以地面最大加速度 $|\ddot{x}_g(t)|_{max}$，则可得到正规化的位移反应谱，也称为位移反应谱的动力放大系数，即：

$$\beta_d(T_0,\zeta)=\frac{S_d(T_0,\zeta)}{|\ddot{x}_g(t)|_{max}} \tag{5-30}$$

阻尼比对位移反应谱标准曲线的修正系数可表示为：

$$\eta_{dc}(T_0,\zeta)=\frac{S_d(T_0,\zeta)}{S_d(T_0,0.05)} \tag{5-31}$$

为了反映阻尼比对加速度和位移反应的动力放大系数及标准反应谱的影响，图 5.12（a）～(c)、图 5.13（a）～(c) 分别画出了图 5.10 所示的单自由度线性体系在 El-Centro 波、天津波和 Taft 波[130]干扰下式（5-27）求得的 $\beta_a(T_0,\zeta)$、$\eta_{ac}(T_0,\zeta)$ 和 $\beta_d(T_0,\zeta)$、$\eta_{dc}(T_0,\zeta)$ 的曲线。

附加的刚度则通过结构自振周期的变化来反映。同理，刚度的变化对正规化的加速度反应谱的修正系数可表示为（即地震影响系数）：

$$\eta_{ak}(T,\zeta)=\frac{S_a(T,\zeta)}{S_a(T_0,\zeta)}=\frac{a(T,\zeta)}{a(T_0,\zeta)} \tag{5-32}$$

刚度的变化对正规化的位移反应谱的修正系数可表示为：

$$\eta_{dk}(T,\zeta)=\frac{S_d(T,\zeta)}{S_d(T_0,\zeta)} \tag{5-33}$$

从上面给出的图可以得到反应谱曲线的一些特点：

1）结构自振周期接近场地卓越周期时，结构对地震的反应较大，反之较小。

2）当结构自振周期 $T$ 小于某个值时（这个值大体上与场地的卓越周期接

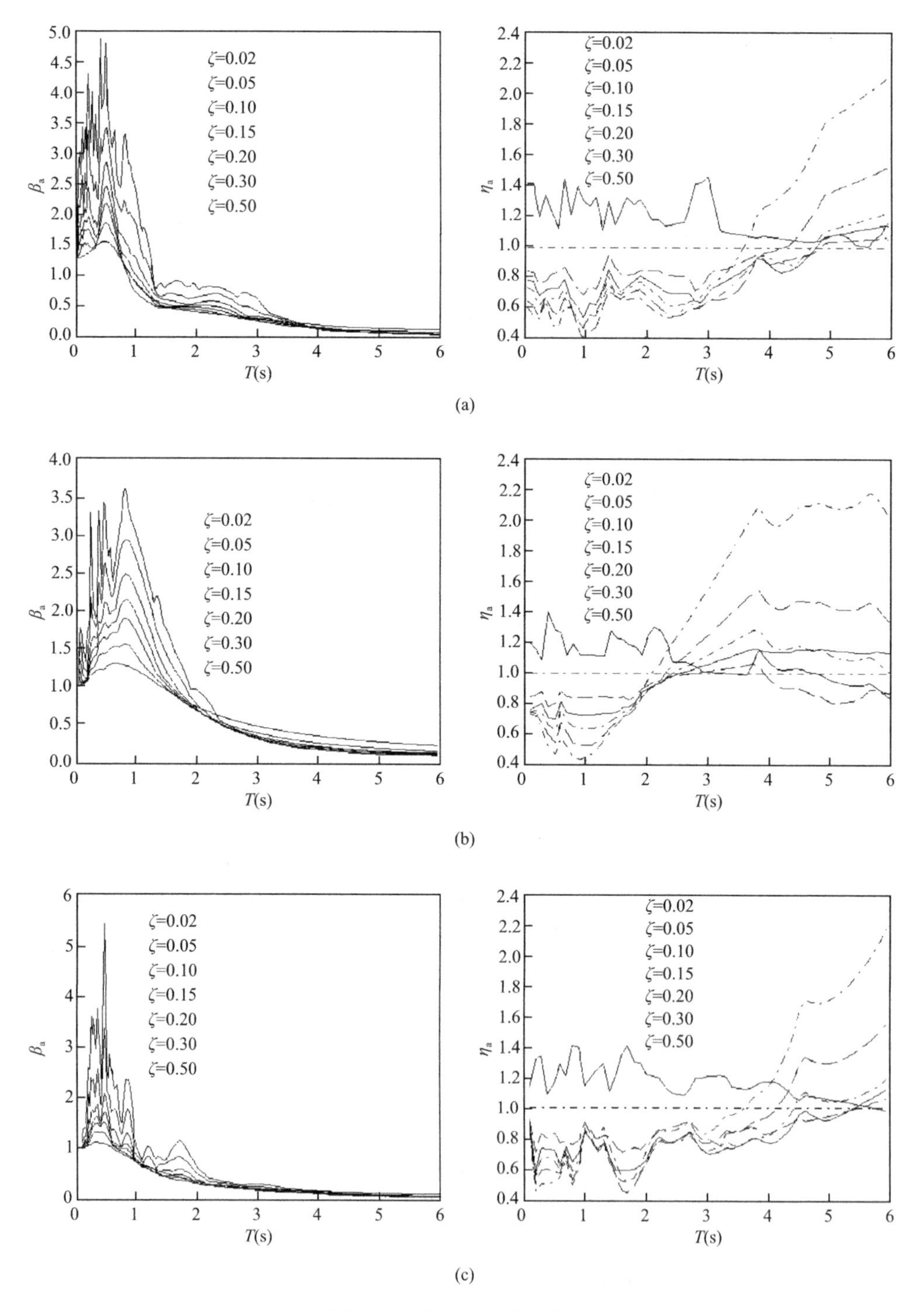


图 5.12 加速度放大和修正

(a) El-Centro 波；(b) 天津波；(c) Taft 波

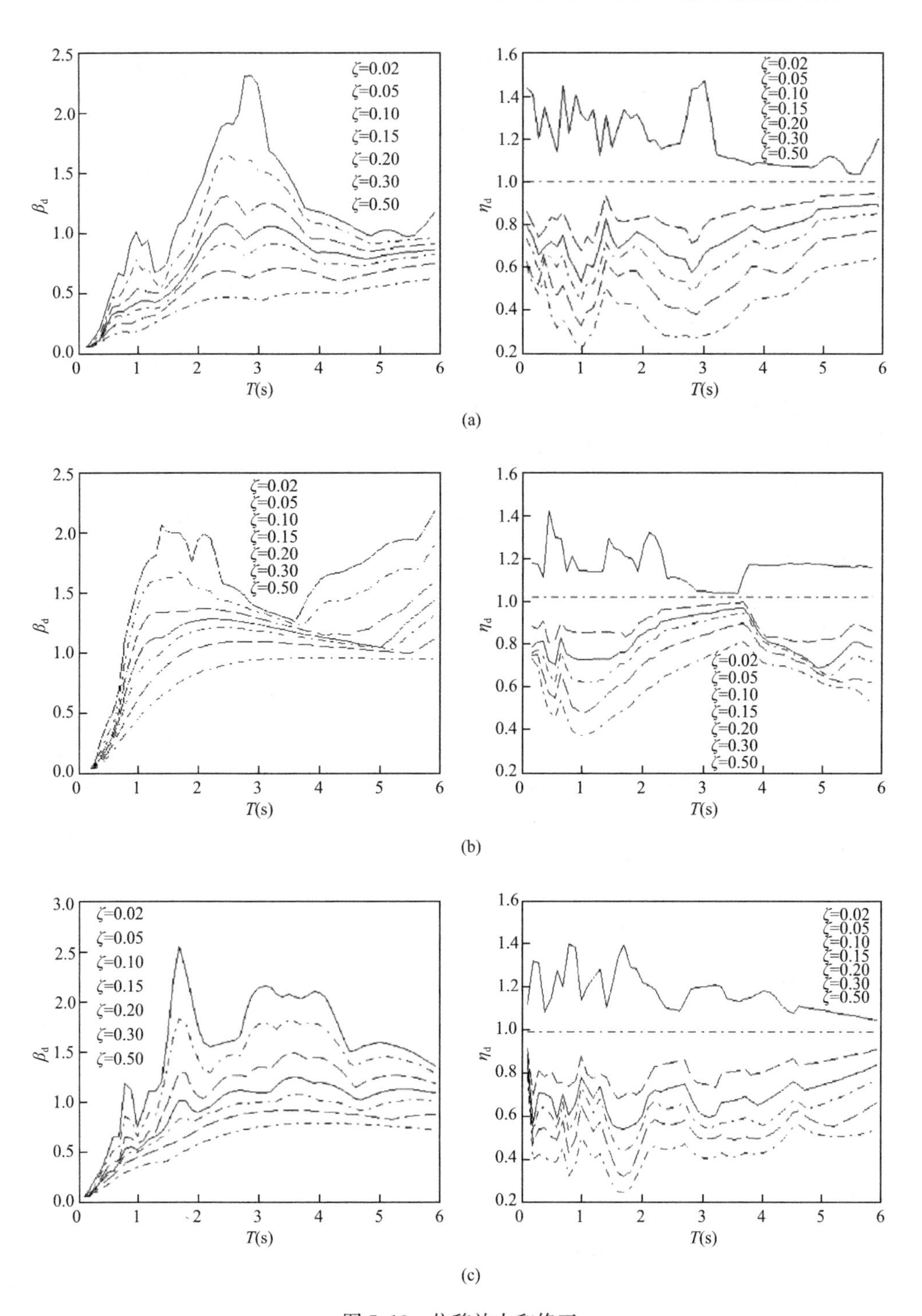


图 5.13　位移放大和修正

(a) El-Centro 波；(b) 天津波；(c) Taft 波

近)，加速度幅值随周期 $T$ 增大急剧增大；当周期 $T$ 大于这个值时，加速度幅值随周期 $T$ 增大快速下降；当周期 $T>3.0\mathrm{s}$ 时，加速度反应接近于一个常数。

3）位移反应谱幅值则随周期加长而增大。

4）比较图 5.12（a)～(c）可知，结构自振周期在某一范围内，阻尼比 $\zeta$ 对反应谱的影响很大，阻尼比 $\zeta$ 增大可大幅降低结构加速度反应；结构自振周期大于某一值时（大体上在 3.0s 左右)，增加阻尼对结构加速度的减小并不明显。

比较图 5.12（a)～(c）可知，当阻尼比 $\zeta<0.05$ 时，阻尼比对标准反应谱（阻尼比 $\zeta=0.05$ 的反应谱）的修正系数随结构自振周期的增大而减小；当阻尼比 $\zeta>0.05$ 时，阻尼比对标准反应谱的修正系数随结构自振周期的增大而增大。另外，当阻尼比 $\zeta$ 增加到 0.30 以上，对减小结构的加速度反应不明显；结构自振周期大于一定值时，阻尼比对标准反应谱的修正系数大于 1，反而增加了地震作用。可见，结构自振周期超过一定值时，增加阻尼并不能减小地震作用。

比较图 5.13（a)～(c）可知，结构自振周期在某一范围内，阻尼比 $\zeta$ 增加可有效减小结构位移反应；结构自振周期大于某一值时（大体上场地的卓越周期)，增加阻尼对结构位移反应的减小并不明显。

比较图 5.13（a)～(c）可知，结构自振周期小于某一值（大体上场地的卓越周期)，阻尼比 $\zeta$ 越大，阻尼比对标准位移反应谱（阻尼比 $\zeta=0.05$ 的位移反应谱）修正越大；结构自振周期大于某一值（大体上场地的卓越周期)，当阻尼比 $\zeta>0.05$ 时，结构位移修正系数随结构自振周期的增大而增大；当阻尼比 $\zeta<0.05$ 时，结构位移修正系数随结构自振周期的增大而减小。

结构自振周期大于 3.0s，增加刚度对动力放大系数的影响不显著；结构自振周期小于某一值时（大体上场地的卓越周期)，增加刚度可降低动力放大系数；结构自振周期介于两者之间时，刚度增加，则提高了动力放大系数。

结构自振周期小于某一值时，增加刚度结构位移反应降低显著；超过这一值则降低的不明显。

阻尼比、刚度的变化对反应谱的影响可以表示为正规化加速度反应谱 $\beta_{\mathrm{a}}(T,\zeta)$ 的如下修正关系：

$$\beta_{\mathrm{a}}(T,\zeta)=\beta_{\mathrm{a}}(T_0,0.05)\eta_{\mathrm{ac}}(T_0,\zeta)\eta_{\mathrm{ak}}(T,\zeta) \tag{5-34}$$

阻尼比、刚度的变化对地震影响系数有如下的修正关系：

$$\eta(T,\zeta)=a(T_0,0.05)\eta_{\mathrm{ac}}(T_0,\zeta)\eta_{\mathrm{ak}}(T,\zeta) \tag{5-35}$$

式中 $\beta_{\mathrm{a}}(T_0,0.05)$——阻尼比 $\zeta=0.05$ 的标准反应谱；

$\eta_{\mathrm{ac}}(T_0,\zeta)$——阻尼比修正系数，反映阻尼比对不同自振周期的反应谱的影响；

$\eta_{\mathrm{ak}}(T,\zeta)$——刚度变化修正系数，反映刚度变化对反应谱的影响；

$a(T_0,0.05)$——阻尼比 $\zeta=0.05$ 的地震影响系数。

下面分别探讨阻尼比、刚度的变化对抗震设计反应谱的影响。

**3. 阻尼比对抗震设计反应谱的影响**

目前，国内外研究阻尼比对反应谱的影响已有许多，这些研究成果大致可分为两类：一是采用仅与临界阻尼比相关的修正系数表达式，修正系数不随结构自振周期变化而变化，主要集中在早期的研究上；二是修正公式不仅与阻尼比有关，而且也考虑了随结构自振周期的变化[131]。将当前的研究成果的主要公式按上述分类列于表 5.2 和表 5.3 中，部分修正公式计算结果列于表 5.4 中。

**与结构自振周期无关的阻尼比修正公式一览表　　表 5.2**

| 序号 | 建议者 | 时间 | 公式 | 备注 |
|---|---|---|---|---|
| 1 | 八国地震区规范草案 | 1960 | $\eta=\frac{1}{\sqrt[3]{20\zeta}}$ | |
| 2 | 陈达生 | 1965 | $\eta=\frac{1}{\sqrt[4]{20\zeta}}$ | |
| 3 | 刘恢先 | 1965 | $\eta=\left(\frac{1}{20\zeta}\right)^n$ | $n=\frac{1}{4}\sim\frac{1}{2}$ |
| 4 | M. A. Sozen，等 | | $\eta=\frac{11}{6+100\zeta}$ | |
| 5 | 日本规范草案 | 1979 | $\eta=\frac{1.5}{1+10\zeta}$ | |
| 6 | 刘锡荟 | 1982 | $\eta=\frac{1.1-3\lg\zeta}{5}$ | |
| 7 | Ashour | 1987 | $\eta=0.05[1-\exp(-\zeta B)]/\zeta[1-\exp(-0.05B)]^{1/2}$ | $B=15\sim65$，一般 $B=50$ |
| 8 | KasaiandFu | 1995 | $\eta=\frac{\sqrt{1+25\zeta_0}}{\sqrt{1+25\zeta}}\frac{\sqrt{1+4\zeta}}{\sqrt{1+4\zeta_0}}$ | |

**与结构自振周期相关的阻尼比修正公式一览表　　表 5.3**

| 序号 | 建议者 | 时间 | 公式 | 备注 |
|---|---|---|---|---|
| 1 | 胡聿贤 | 1962 | $\eta=\frac{1}{\sqrt[3]{16.8\zeta+0.16}}\left(\frac{0.8}{T}\right)^a$ | $a=\frac{0.05-\zeta}{0.156+3.38\zeta}$ |
| 2 | 日本核电站规范 | | $\eta=\frac{1}{\sqrt{1+17(\zeta-0.05)\ \exp(-2.5T/T_0)}}$ | 考虑震级 $M$ 的影响 $T_0=10^{0.31M-1.2}$ |
| 3 | 王亚勇，等 | 1990 | $\eta=a(\zeta)\ +b(\zeta)\ T$ | $a(\zeta)$、$b(\zeta)$ 按各种阻尼比分别统计 |
| 4 | 我国核电站构筑物规范 | | $\eta=\begin{cases}1.0 & T=0.02s\\ \frac{1}{[1+15(\zeta-0.05)\ \exp(-0.09T)]^{1/2}}\end{cases}$ | $T$ 在 0.02～0.1 之间按线性插值 |

续表

| 序号 | 建议者 | 时间 | 公式 | 备注 |
|---|---|---|---|---|
| 5 | 焦振刚 | 1995 | $\eta=\begin{cases}1.0 & T=0.02\text{s}\\ a(\zeta) & 0.1\text{s}\leqslant T<1.0\text{s}\\ a(\zeta)(1/T)^{b(\zeta)} & T\geqslant 1.0\text{s}\end{cases}$ | $T$ 在 0.02～0.1 之间按线性插值<br>$a(\zeta)=\dfrac{1}{(130\zeta^3-55\zeta^2+12\zeta+0.5)}$<br>$b(\zeta)=\dfrac{1}{(186\zeta^3-35\zeta^2+48\zeta+0.83)}-1.0$ |
| 6 | 高层钢结构规范送审稿 | 1994 | $\eta=\begin{cases}1.35 & 0.1\text{s}\leqslant T\leqslant 2T_g\\ 1.35+0.2T_g-0.1T & T>2T_g\end{cases}$ | 适用于 $\zeta=0.02$，$T_g$ 为反应谱拐点周期 |
| 7 | 上海高层钢结构设计暂行规定 | | $\eta=\begin{cases}(9.5T+0.45)/(5.5T+0.45) & 0\leqslant T\leqslant 0.1\text{s}\\ 1.4 & 0.1\text{s}<T\leqslant 0.9\text{s}\\ 1.4\left(\dfrac{0.9}{T}\right)^{0.06} & 0.9\text{s}<T\leqslant 3.0\text{s}\\ 1.294 & 3.0\text{s}<T\leqslant 6.0\text{s}\\ 1.286 & 6.0\text{s}<T\leqslant 10.0\text{s}\end{cases}$ | 适用于 $\zeta=0.02$，不采用修正系数方法，而是直接给出 $\zeta=0.02$ 的设计反应谱 |
| 8 | 马东辉，等 | 1995 | $\eta=\begin{cases}1+10\ (a-1)\ T & 0\leqslant T<0.1\text{s}\\ a & 0.1\text{s}\leqslant T\leqslant T_g\\ a\ (T_g/T)^k & T>T_g\end{cases}$ | $a=[1+17(\zeta-0.05)]^{-0.45}$<br>$k=\dfrac{0.05-\zeta}{0.3+8\zeta}$ |

**阻尼比 $\zeta=0.02$ 修正公式对比一览表　　表 5.4 (a)**

| 周期＼$\eta$ | $\zeta=0.02$ | | | | | |
|---|---|---|---|---|---|---|
| | 核电站构筑物规范 | 上海高层钢结构设计规范 | 马东辉，等 | $\zeta=0.02$ | Sadek. F，等 | 《建筑抗震设计规范》GB 50011—2010 |
| | | | $T_g=0.30$ | | | $T_g=0.40$ |
| 0.00 | 1.000 | 1.000 | 1.0000 | 1.00 | 1.000 | 1.000 |
| 0.10 | 1.343 | 1.400 | 1.3785 | 1.22 | 1.170 | 1.319 |
| 0.20 | 1.339 | 1.400 | 1.3785 | 1.22 | — | 1.319 |
| 0.25 | 1.336 | 1.400 | 1.3785 | 1.22 | — | 1.319 |
| 0.30 | 1.334 | 1.400 | 1.3785 | 1.22 | 1.35 | 1.319 |
| 0.40 | 1.329 | 1.400 | 1.3529 | 1.22 | — | 1.319 |
| 0.55 | 1.323 | 1.400 | 1.3251 | 1.22 | 1.261 | 1.298 |
| 0.60 | 1.320 | 1.400 | 1.3176 | 1.22 | — | 1.293 |
| 0.65 | 1.318 | 1.400 | 1.3107 | 1.22 | — | 1.288 |
| 0.85 | 1.310 | 1.400 | 1.2880 | 1.22 | — | 1.270 |
| 0.90 | 1.307 | 1.400 | 1.2832 | 1.22 | — | 1.267 |
| 1.00 | 1.303 | 1.391 | 1.2744 | 1.22 | 1.272 | 1.260 |
| 1.30 | 1.291 | 1.369 | 1.2528 | 1.22 | — | 1.243 |

续表

| 周期 \ η | ζ=0.02 | | | | | |
|---|---|---|---|---|---|---|
| | 核电站构筑物规范 | 上海高层钢结构设计规范 | 马东辉，等 | ζ=0.02 | Sadek. F，等 | 《建筑抗震设计规范》GB 50011—2010 |
| | | | $T_g$=0.30 | | | $T_g$=0.40 |
| 1.50 | 1.284 | 1.358 | 1.2412 | 1.22 | 1.272 | 1.234 |
| 1.80 | 1.273 | 1.343 | 1.2265 | 1.22 | — | 1.223 |
| 2.00 | 1.266 | 1.335 | 1.2181 | 1.22 | 1.233 | 1.217 |
| 2.50 | 1.249 | 1.317 | 1.1974 | 1.22 | 1.223 | 1.201 |
| 3.00 | 1.234 | 1.294 | 1.1863 | 1.22 | 1.173 | 1.187 |
| 3.50 | 1.220 | 1.294 | 1.1767 | 1.22 | — | 1.172 |
| 4.00 | 1.207 | 1.294 | 1.1643 | 1.22 | 1.164 | 1.153 |
| 5.00 | 1.184 | 1.294 | 1.1474 | 1.22 | — | 1.128 |
| 6.00 | 1.164 | 1.294 | 1.1339 | 1.22 | — | 1.100 |

**阻尼比 ζ=0.10 修正公式对比一览表　　表 5.4 (b)**

| 周期 \ η | ζ=0.10 | | | | |
|---|---|---|---|---|---|
| | 核电站构筑物规范 | 马东辉，等 | KasaiandFu | Sadek. F，等 | 《建筑抗震设计规范》GB 50011—2010 |
| | | $T_g$=0.30 | | | $T_g$=0.40 |
| 0.00 | 1.0000 | 1.0000 | 1.0000 | 1.0000 | 1.0000 |
| 0.10 | 0.7574 | 0.7582 | 0.8136 | 0.8962 | 0.7826 |
| 0.20 | 0.7588 | 0.7582 | 0.8136 | — | 0.7826 |
| 0.25 | 0.7596 | 0.7582 | 0.8136 | — | 0.7826 |
| 0.30 | 0.7603 | 0.7582 | 0.8136 | 0.7911 | 0.7826 |
| 0.40 | 0.7617 | 0.7682 | 0.8136 | — | 0.7826 |
| 0.55 | 0.7639 | 0.7794 | 0.8136 | 0.8158 | 0.7951 |
| 0.60 | 0.7646 | 0.7824 | 0.8136 | — | 0.7987 |
| 0.65 | 0.7653 | 0.7853 | 0.8136 | — | 0.8020 |
| 0.85 | 0.7681 | 0.7949 | 0.8136 | — | 0.8129 |
| 0.90 | 0.7689 | 0.7970 | 0.8136 | — | 0.8149 |
| 1.00 | 0.7703 | 0.8008 | 0.8136 | 0.8248 | 0.8193 |
| 1.30 | 0.7745 | 0.8104 | 0.8136 | — | 0.8301 |
| 1.50 | 0.7773 | 0.8157 | 0.8136 | 0.8323 | 0.360 |
| 1.80 | 0.7814 | 0.8225 | 0.8136 | — | 0.8437 |
| 2.00 | 0.7841 | 0.8265 | 0.8136 | 0.8494 | 0.8481 |
| 2.50 | 0.7908 | 0.8364 | 0.8136 | 0.862 | 0.8565 |
| 3.00 | 0.7974 | 0.8418 | 0.8136 | 0.8932 | 0.8648 |

续表

| 周期 \ η | ζ=0.10 | | | | |
|---|---|---|---|---|---|
| | 核电站构筑物规范 | 马东辉，等 | KasaiandFu | Sadek. F，等 | 《建筑抗震设计规范》GB 50011—2010 |
| | | $T_g$=0.30 | | | $T_g$=0.40 |
| 3.50 | 0.8039 | 0.8466 | 0.8136 | — | 0.8732 |
| 4.00 | 0.8102 | 0.8529 | 0.8136 | 0.9148 | 0.8815 |
| 5.00 | 0.8225 | 0.8616 | 0.8136 | — | 0.8982 |
| 6.00 | 0.8342 | 0.8688 | 0.8136 | — | 0.9160 |

**阻尼比 ζ=0.15、0.20 修正公式对比一览表　　　表 5.4（c）**

| 周期 \ η | ζ=0.15 | | | | ζ=0.20 | | | |
|---|---|---|---|---|---|---|---|---|
| | 核电站构筑物规范 | Kasaia-ndFu | Sadek. F，等 | 《建筑抗震设计规范》GB 50011—2010 | 核电站构筑物规范 | Kasaia-ndFu | Sadek. F，等 | 《建筑抗震设计规范》GB 50011—2010 |
| | | | | $T_g$=0.40 | | | | $T_g$=0.40 |
| 0.00 | 1.0000 | 1.000 | 1.0000 | 1.0000 | 1.000 | 1.0000 | 1.0000 | 1.0000 |
| 0.10 | 0.6342 | 0.715 | 0.8625 | 0.6825 | 0.5564 | 0.6563 | 0.8300 | 0.6250 |
| 0.20 | 0.6359 | 0.715 | — | 0.6825 | 0.5582 | 0.6563 | — | 0.6250 |
| 0.25 | 0.6367 | 0.715 | — | 0.6825 | 0.5590 | 0.6563 | — | 0.6250 |
| 0.30 | 0.6376 | 0.715 | 0.6903 | 0.6825 | 0.5599 | 0.6563 | 0.6310 | 0.6250 |
| 0.40 | 0.6393 | 0.715 | — | 0.6825 | 0.5616 | 0.6563 | — | 0.6250 |
| 0.55 | 0.6418 | 0.715 | 0.7088 | 0.7002 | 0.5642 | 0.6563 | 0.6436 | 0.6451 |
| 0.60 | 0.6427 | 0.715 | — | 0.7052 | 0.5651 | 0.6563 | — | 0.6509 |
| 0.65 | 0.6435 | 0.715 | — | 0.7096 | 0.5659 | 0.6563 | — | 0.6563 |
| 0.85 | 0.6469 | 0.715 | — | 0.7250 | 0.5694 | 0.6563 | — | 0.6739 |
| 0.90 | 0.6478 | 0.715 | — | 0.7282 | 0.5703 | 0.6563 | — | 0.6778 |
| 1.00 | 0.6494 | 0.715 | 0.7255 | 0.7345 | 0.5720 | 0.6563 | 0.6692 | 0.6849 |
| 1.30 | 0.6545 | 0.715 | — | 0.7500 | 0.5772 | 0.6563 | — | 0.7032 |
| 1.50 | 0.6579 | 0.715 | 0.7503 | 0.7583 | 0.5807 | 0.6563 | 0.7024 | 0.7133 |
| 1.80 | 0.6629 | 0.715 | — | 0.7698 | 0.5859 | 0.6563 | — | 0.7265 |
| 2.00 | 0.6662 | 0.715 | 0.7850 | 0.7763 | 0.5893 | 0.6563 | 0.7574 | 0.7342 |
| 2.50 | 0.6745 | 0.715 | 0.7968 | 0.8002 | 0.5980 | 0.6563 | 0.7642 | 0.7771 |
| 3.00 | 0.6828 | 0.715 | 0.8534 | 0.8240 | 0.6066 | 0.6563 | 0.8436 | 0.8201 |
| 3.50 | 0.6909 | 0.715 | — | 0.8478 | 0.6152 | 0.6563 | — | 0.8631 |
| 4.00 | 0.6990 | 0.715 | 0.8983 | 0.8717 | 0.6238 | 0.6563 | 0.9042 | 0.9060 |
| 5.00 | 0.7149 | 0.715 | — | 0.9193 | 0.6409 | 0.6563 | — | 0.9920 |
| 6.00 | 0.7305 | 0.715 | — | 0.9674 | 0.6578 | 0.6563 | — | 1.077 |

从表5.2～表5.4中可以得出以下结论：

1）采用第一类修正公式的特点是形式简洁、使用方便，但是这种形式未考虑结构自振周期变化的影响，显得过于简略。从图5.12（a）～（c）可以看出，阻尼比对反应谱谱值的影响是与结构自振周期密切相关的，近年来各国规范的阻尼比修正也开始采用与结构自振周期相关的修正公式。从表5.4的计算结果可知，考虑结构自振周期变化阻尼比修正系数的最大与最小值相差在10%～70%之间，且随阻尼比增加，相差越大。按我国《建筑抗震设计规范》GB 50011—2010，当阻尼比$\zeta=0.20$时，阻尼比修正系数最大与最小值相差达72%；如阻尼比修正系数不考虑结构自振周期的变化，则不能反映结构的实际受力状况。

2）从表5.3可以得到，不同学者提出的阻尼修正公式虽都考虑了阻尼比修正系数与结构自振周期的关系，但在不同周期段的差异也是不同的。周期小于0.1s时，不同学者提出的结果各不相同，相差甚大；周期在0.1～1.0s范围内，多数学者的研究结果相差不大，在这一周期范围内的阻尼比修正系数变化不大，大部分研究者给出了一个常数或近似常数；当超过这一周期范围后，基本上是当阻尼比$\zeta<0.05$时，随结构自振周期增大阻尼比修正系数逐渐减小并趋于1，当阻尼比$\zeta>0.05$时，随结构自振周期增大阻尼比修正系数逐渐增大并趋于1。

3）从表5.4列出的结果可以得到，当阻尼比$\zeta<0.05(\zeta=0.02)$时，各学者给出的阻尼比修正系数相差不大，均值相差在4%以内，且随结构自振周期增大修正系数减小逐渐趋于1。

4）从表5.4列出的结果可以得到，当阻尼比$\zeta>0.05$时，我国《建筑抗震设计规范》GB 50011—2010与Sadek. F[132]给出的阻尼比修正系数相差不大，均值相差在4%以内，且随结构自振周期增大修正系数增大逐渐趋于1；另外，阻尼比的增加与修正系数的减小并不成正比，阻尼比$\zeta$由0.05增加到0.10，修正系数减小17.4%，阻尼比$\zeta$由0.10增加到0.15，修正系数减小8.1%，阻尼比$\zeta$由0.15增加到0.20，修正系数减小4.5%。

5）各研究表明，阻尼比达到一定数值（$\zeta>0.30$）时，再增加阻尼对结构反应的减小不明显。

**4. 刚度的变化对抗震设计反应谱的影响**

结构刚度的变化对抗震设计反应谱的影响在反应谱曲线上是通过结构自振周期的变化来反映的。从图5.12（a）～(c) 中可以看出，结构自振周期小于某个值（大体上是场地的卓越周期）时，增加结构刚度使得地震作用减小；结构自振周期超过3.0s后刚度的变化对地震作用的影响不显著；结构自振周期介于两者之间时，增加结构刚度加大了地震作用。

目前，一些学者研究了刚度的变化对抗震设计反应谱的影响，并提出了不同的修正公式，表示为$(T_0/T)^{\alpha}$形式，列于表5.5中。可分为两类：①与结构阻尼比无关的修正公式；②与结构阻尼比有关的修正公式。

$$\zeta_{ai}=\frac{\eta'(\omega_i)}{2}\left(1-\frac{\omega_i^2}{\omega_{0i}^2}\right) \tag{5-36}$$

安装黏弹性消能支撑后结构的刚度有所提高，由式（5-36）可简化计算有控结构达到期望附加的阻尼比，结构刚度和周期变化情况，列于表5.6中。工程实践表明，设置黏弹性消能支撑后结构的刚度提高一般在50%以内，周期变化（$T_0/T$）（$T_0$为被控结构自振周期，$T$为有控结构自振周期）在1.05～1.30之间。结构振动频率的增加在5%～30%范围内时，各学者所提出的修正公式计算结果相差不大，一般不超过15%；另外，阻尼比对刚度修正系数的影响很小，在4%以内。可见，在考虑刚度变化对设计反应谱的影响可不计及阻尼比，为简化取$\alpha$为2/3。

**附加的刚度对反应谱修正公式一览表　　表5.5**

| 序号 | 建议者 | 时间 | 公式 | 备注 |
|---|---|---|---|---|
| 1 | 欧进萍等[123] | 1996 | $\eta=\left(\frac{T_0}{T}\right)^{1/2}$ | |
| 2 | KasaiandFu | 1995 | $\eta=\left(\frac{T_0}{T}\right)^{2/3}$ | |
| 3 | 马东辉，等 | 1995 | $\eta=\left(\frac{T_0}{T}\right)^{k}$ | $k=0.9+\frac{0.05-\zeta}{0.3+8\zeta}$ |
| 4 | 《建筑抗震设计规范》GB 50011—2010 | 2001 | $\eta=\left(\frac{T_0}{T}\right)^{\gamma}$ | $\gamma=0.9+\frac{0.05-\zeta}{0.5+5\zeta}$ |

**结构刚度、周期变化一览［($K/K_0$)、($T_0/T$)］表　　表5.6**

| $\eta$ \ $\zeta$ | 0.05 | 0.10 | 0.15 | 0.20 |
|---|---|---|---|---|
| 0.8 | 1.14 (1.07) | 1.33 (1.15) | 1.60 (1.26) | 2.00 (1.41) |
| 1.0 | 1.11 (1.05) | 1.25 (1.12) | 1.43 (1.20) | 1.67 (1.29) |
| 1.2 | 1.09 (1.04) | 1.20 (1.10) | 1.33 (1.15) | 1.50 (1.22) |

注：() 为($T_0/T$) 变化情况

### 5.2.3 有控结构地震影响系数的计算

我国《建筑抗震设计规范》GB 50011—2010将正规化加速度反应谱归结为地震影响系数，具体表示为图5.14所示的曲线，其中特征周期$T_g$根据场地类别和特征周期分区确定，按规范取值。

图5.14中，$\alpha$为地震影响系数；$\alpha_{max}$为地震影响系数最大值；$\eta_1$为直线下降段的下降斜率调整系数；$\eta_2$为阻尼调整系数；$\gamma$为衰减指数；$T_g$为特征周期；$T$为结构自振周期。

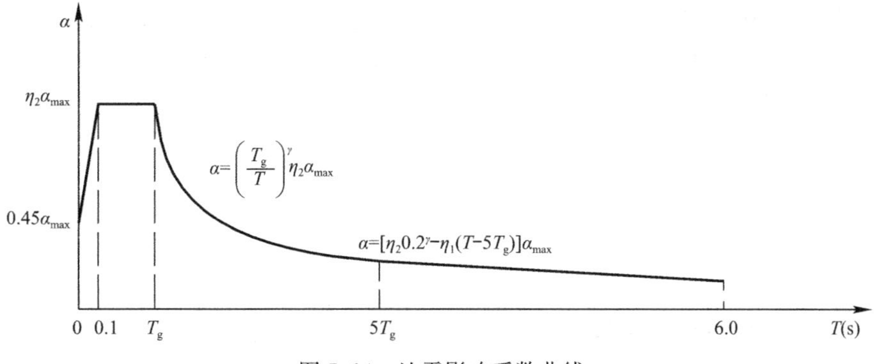


图 5.14 地震影响系数曲线

当建筑结构的阻尼比按有关规定不等于 0.05 时，地震影响系数曲线的阻尼调整系数和形状参数应符合下列规定：

1）曲线下降段的衰减指数应按下式确定

$$\gamma = 0.9 + \frac{0.05-\zeta}{0.05+5\zeta} \tag{5-37}$$

2）直线下降段的下降斜率调整系数应按下式确定

$$\eta_1 = 0.02 + (0.05-\zeta)/8 \tag{5-38}$$

当下降斜率调整系数小于 0 时取 0。

3）阻尼调整系数应按下式确定

$$\eta_2 = 1 + \frac{0.05-\zeta}{0.06+1.7\zeta} \tag{5-39}$$

当阻尼调整系数小于 0.55 时取 0.55。

黏弹性消能支撑安装在结构上，不仅增加了阻尼，还增大了结构的刚度使得自振频率提高。采用抗震设计反应谱法分析此类结构时，需进行附加的阻尼比和刚度的修正。根据上述分析，对于安装了黏弹性消能支撑的结构，将其正规化加速度反应谱归结为地震影响系数，具体表示为图 5.15 所示的曲线。

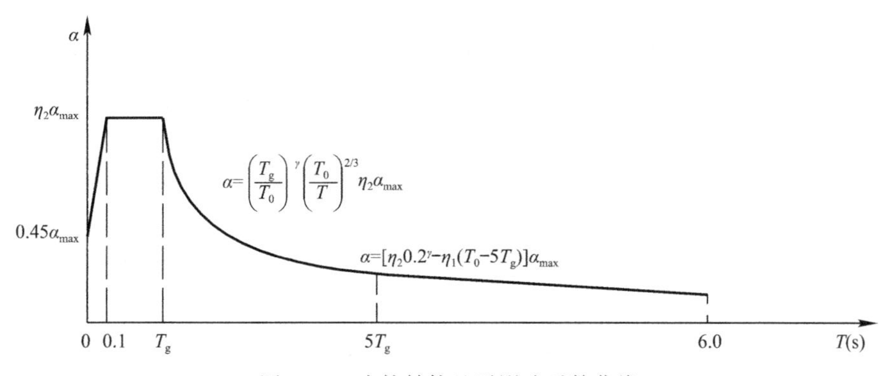


图 5.15 有控结构地震影响系数曲线

图5.15中，$T_0$为被控结构自振周期，$T$为有控结构自振周期，其余各符合意义同前。结构自振周期在$T_g \sim 5T_g$范围内，地震影响系数需进行附加的阻尼比和刚度的修正。

# 5.3 模态应变能法

## 5.3.1 模态应变能法原理

对于加黏弹性阻尼器结构而言，最主要的分析步骤为预测结构的等效阻尼比。由以前的研究中指出对于加黏弹性阻尼器结构利用模态应变能法（Modal Strain Energy Method，MSE）可准确地预测出结构的等效阻尼比[133]。

对于加黏弹性阻尼器结构在自由振荡下的运动方程式可以表示成：

$$[M]\{\ddot{x}\}+[K]\{x\}=\{0\} \tag{5-40}$$

其中$[K]=[K_R]+i[K_I]$（分成实部与虚部两部分）为复数刚度矩阵。

设式（5-40）的解为：

$$\{x\}=\{\phi^*\}^{(r)}e^{ip_r^* t} \tag{5-41}$$

其中，$p_r^*$和$\{\phi^*\}^{(r)}$分别为第$r$个振态的复数特征值与复数特征向量，可以表示成：

$$p_r^*=p_r\sqrt{1+i\eta_r} \tag{5-42}$$

及

$$\{\phi^*\}^{(r)}=\{\phi_R\}^{(r)}+i\{\phi_i\}^{(r)} \tag{5-43}$$

其中，$\phi_R^{(r)}$和$\phi_i^{(r)}$均为实数，$\eta_r$为第$p_r$个振态的耗损系数。由式（5-40）、式（5-41）可解该特征值问题如下：

$$\{\ddot{x}\}=-p^{*2}\{\phi^*\}e^{ip^* t}\text{(全部振态,两侧同除}e^{ip^* t}\text{移项)}$$

$$[K]\{\phi^*\}=p^{*2}[M]\{\phi^*\} \tag{5-44}$$

若$[K]$为一实数刚度矩阵，则$p^*$和$\{\phi^*\}$均为实数，将式（5-33）正规化后移至分母，第$r$振态，得第$r$个特征值，先解实数部分，同理得虚数部分特征值，因此可得：

$$p_r^2=\frac{\{\phi\}^{(r)^{\mathrm{T}}}[K]\{\phi\}^{(r)}}{\{\phi\}^{(r)^{\mathrm{T}}}[M]\{\phi\}^{(r)}} \tag{5-45}$$

式（5-45）即是常见的Rayleigh商公式[134]。复数刚度矩阵$[K]$可分离出实部$[K_R]$和虚部$[K_I]$（同前）：

$$[K]=[K_R]+i[K_I] \tag{5-46}$$

由式（5-42）～式（5-46）可得：

$$p_r^2(1+i\eta_r)=\frac{\{\phi^*\}^{(r)^{\mathrm{T}}}[K_{\mathrm{R}}]\{\phi^*\}^{(r)}}{\{\phi^*\}^{(r)^{\mathrm{T}}}[M]\{\phi^*\}^{(r)}}+\frac{\{\phi^*\}^{(r)^{\mathrm{T}}}[K_{\mathrm{I}}]\{\phi^*\}^{(r)}}{\{\phi^*\}^{(r)^{\mathrm{T}}}[M]\{\phi^*\}^{(r)}} \tag{5-47}$$

式(5-47) 即将(5-45) 中的 $K$ 换成式 (5-46) 中的两部分。

再将瑞雷原理 (Rayleigh Principle)[135]推广至复数域中，以弹性分析的实数特征向量 $\{\phi\}^{(r)}$ 去趋近复数特征向量 $\{\phi^*\}^{(r)}$，则：

$$p_r^2=\frac{\{\phi\}^{(r)^{\mathrm{T}}}[K_{\mathrm{R}}]\{\phi\}^{(r)}}{\{\phi\}^{(r)^{\mathrm{T}}}[M]\{\phi\}^{(r)}} \tag{5-48}$$

$$p_r^2\eta_r=\frac{\{\phi\}^{(r)^{\mathrm{T}}}[K_{\mathrm{I}}]\{\phi\}^{(r)}}{\{\phi\}^{(r)^{\mathrm{T}}}[M]\{\phi\}^{(r)}} \tag{5-49}$$

刚度矩阵 $[K]$ 可分成两个部分：$[K_{\mathrm{E}}]$ 为不含阻尼器的结构弹性刚度矩阵，$[K_{\mathrm{V}}]$ 为阻尼器提供的刚度矩阵。即：

$$[K]=[K_{\mathrm{E}}]+[K_{\mathrm{V}}] \tag{5-50}$$

$[K_{\mathrm{E}}]$ 为一实数矩阵，而 $[K_{\mathrm{V}}]$ 为一复数矩阵。

$$[K_{\mathrm{V}}]=[K_{\mathrm{VR}}]+i[K_{\mathrm{VI}}]=[K_{\mathrm{VR}}](1+i\eta_{\mathrm{V}}) \tag{5-51}$$

其中实部刚度与虚部刚度比为 $1:\eta_v$，$\eta_v$ 为阻尼器材料的耗损系数。结合式 (5-48)～式 (5-51) 可得：

$$p_r^2\eta_r=\frac{\{\phi\}^{(r)^{\mathrm{T}}}[K_{\mathrm{I}}]\{\phi\}^{(r)}}{\{\phi\}^{(r)^{\mathrm{T}}}[M]\{\phi\}^{(r)}}$$

$$\eta_r=\frac{\{\phi\}^{(r)^{\mathrm{T}}}[K_{\mathrm{I}}]\{\phi\}^{(r)}}{p_r^2\{\phi\}^{(r)^{\mathrm{T}}}[M]\{\phi\}^{(r)}}=\frac{\{\phi\}^{(r)^{\mathrm{T}}}[M]\{\phi\}^{(r)}}{\{\phi\}^{(r)^{\mathrm{T}}}[K_{\mathrm{R}}]\{\phi\}^{(r)}}\frac{\{\phi\}^{(r)^{\mathrm{T}}}[K_{\mathrm{I}}]\{\phi\}^{(r)}}{\{\phi\}^{(r)^{\mathrm{T}}}[M]\{\phi\}^{(r)}}$$

$$\eta_r=\frac{\{\phi\}^{(r)^{\mathrm{T}}}[K_{\mathrm{I}}]\{\phi\}^{(r)}}{\{\phi\}^{(r)^{\mathrm{T}}}[K_{\mathrm{R}}]\{\phi\}^{(r)}}$$

又 $[K]=[K_{\mathrm{E}}]+[K_{\mathrm{VR}}]+i[K_{\mathrm{VI}}]=([K_{\mathrm{E}}]+[K_{\mathrm{VR}}])+i\eta_v[K_{\mathrm{VR}}]$，将 $K$ 写成实部与虚部，代入分子与分母的中间项。

$$\eta_r=\eta_v\frac{\{\phi\}^{(r)^{\mathrm{T}}}[K_{\mathrm{VR}}]\{\phi\}^{(r)}}{\{\phi\}^{(r)^{\mathrm{T}}}[K_{\mathrm{E}}+K_{\mathrm{VR}}]\{\phi\}^{(r)}} \tag{5-52}$$

将 $\eta_r=2\xi_r$ 代入式 (5-52) 中，整理可得 (第 $r$ 个振态的阻尼比)：

$$\xi_r=\frac{\eta_v}{2}\left(1-\frac{\{\phi\}^{(r)^{\mathrm{T}}}[K_{\mathrm{E}}]\{\phi\}^{(r)}}{\{\phi\}^{(r)^{\mathrm{T}}}[K_{\mathrm{S}}]\{\phi\}^{(r)}}\right) \tag{5-53}$$

式中 $\xi_r$——第 $r$ 个振态的结构阻尼比；

$[K_{\mathrm{E}}]$——不加阻尼器结构弹性分析刚度矩阵；

$[K_{\mathrm{S}}]$——加阻尼器结构弹性分析刚度矩阵，$[K_{\mathrm{S}}]=[K_{\mathrm{E}}+K_{\mathrm{VR}}]$。

式 (5-53) 为模态应变能法的全矩阵公式。假设加阻尼器前后结构振态向量变化可忽略不计，即$\{\phi_{\mathrm{E}}\}^{(r)}=\{\phi\}^{(r)}$，其中$\{\phi_{\mathrm{E}}\}^{(r)}$为未加阻尼器前结构的振态，则式（5-53）可简化成：

$$\xi_r = \frac{\eta_v}{2}\left(1 - \frac{\omega_r^2}{\omega_{sr}^2}\right) \tag{5-54}$$

式中 $\omega_r$——未加阻尼器结构动力分析第 $r$ 振态频率；

$\omega_{sr}$——加阻尼器结构第 $r$ 振态频率。

式（5-54）为模态应变能法的近似公式，其他振态的阻尼比可以相似的求出。

式（5-53）及式（5-54）可应用于固有阻尼比较小的结构，例如钢构架等。但这两个方程式是完全忽略阻尼比的，对固有阻尼比较小的结构准确性也较高。对于固有阻尼比（inherent damping ratio）较高的结构，如混凝土结构等，则式（5-53）需修改如下：

$$\xi_r = \xi_c + \frac{(\eta_v - 2\xi_c)}{2}\left(1 - \frac{\{\phi\}^{(r)^{\mathrm{T}}}[K_{\mathrm{E}}]\{\phi\}^{(r)}}{\{\phi\}^{(r)^{\mathrm{T}}}[K_{\mathrm{S}}]\{\phi\}^{(r)}}\right) \tag{5-55}$$

其中，$\xi_c$ 为原结构自身的固有阻尼比。假设加阻尼器前后结构振态向量变化可忽略，则式（5-55）可简化成：

$$\xi_r = \xi_c + \frac{(\eta_v - 2\xi_c)}{2}\left(1 - \frac{\omega_r^2}{\omega_{sr}^2}\right) \tag{5-56}$$

## 5.3.2 修正的模态应变能法

### 1. 不考虑原结构的阻尼比

采用黏弹性阻尼器的被动控制结构主要是通过附加阻尼来耗散振动能量，从而减小受控结构的风振或地震响应的。故为在分析过程中考虑能量耗散的作用，对于设置黏弹性阻尼器的结构，最主要的分析步骤是预测其等效阻尼比。利用模态应变能法能比较准确地预测出受控结构的等效阻尼比。

若原结构的阻尼比很小以致可以忽略时，设置黏弹性阻尼器后的受控结构在自由振动下的运动方程可以表示为：

$$[M]\{\ddot{x}\} + [K]\{x\} = 0 \tag{5-57}$$

式中 $\{x\}$、$\{\ddot{x}\}$ ——设置黏弹性阻尼器结构的结点位移向量和结点加速度向量；

$[M]$ ——质量矩阵，是原结构质量矩阵和黏弹性阻尼器在整体坐标下的质量矩阵之和；

$[K]$ ——复刚度矩阵。

$$[K] = [K_{\mathrm{E}}] + [K_{\mathrm{D}}] = [K_{\mathrm{E}}] + [K_{\mathrm{DR}}] + i[K_{\mathrm{DI}}] \tag{5-58}$$

式中 $[K_{\mathrm{E}}]$ ——未设置阻尼器的原结构弹性刚度矩阵；

$[K_{\mathrm{D}}]$ ——黏弹性阻尼器提供的刚度矩阵，是黏弹性阻尼器在整体坐标系下的储存刚度矩阵 $[K_{\mathrm{DR}}]$ 和耗能刚度矩阵 $[K_{\mathrm{DI}}]$ 之和。

$$[K_{\mathrm{DR}}] = \frac{\overline{G}'A}{d}[R] \tag{5-59}$$

$$[K_{\mathrm{DI}}]=\eta[K_{\mathrm{DR}}] \tag{5-60}$$

式中　$[R]$——黏弹性阻尼器的位置矩阵。

式（5-57）可以转换为广义特征值问题，假设解的形式为：

$$\{x\}=\{\phi^*\}^{(r)}e^{ip_r^* t} \tag{5-61}$$

式中，$\{\phi^*\}^{(r)}$和$p_r^*$分别为第$r$阶模态的复数特征值和复数特征向量，可以表示为：

$$\{\phi^*\}^{(r)}=\{\phi_{\mathrm{R}}\}^{(r)}+i\{\phi_i\}^{(r)} \tag{5-62}$$

$$p_r^*=p_r\sqrt{1+i\eta^{(r)}} \tag{5-63}$$

式中，$\{\phi_{\mathrm{R}}\}^{(r)}$、$\{\phi_i\}^{(r)}$、$p_r$和$\eta^{(r)}$均为实数；$\eta^{(r)}$为第$r$阶模态的损耗因子。

由式（5-57）和式（5-61）可解特征值问题如下：

$$[K]\{\phi^*\}^{(r)}=p_r^{*2}[M]\{\phi^*\}^{(r)} \tag{5-64}$$

若$[K]$变为实数刚度矩阵，则求得的$\{\phi^*\}^{(r)}$和$\omega_r^*$分别为$\{\phi_{\mathrm{R}}\}^{(r)}$和$p_r$，均为实数。

将式（5-64）正规化后整理可得：

$$p_r^2=\frac{\{\phi\}^{(r)\mathrm{T}}[K]\{\phi\}^{(r)}}{\{\phi\}^{(r)\mathrm{T}}[M]\{\phi\}^{(r)}} \tag{5-65}$$

上式即是常见的Rayleigh商公式。

将复刚度矩阵$[K]$分离出实部和虚部：

$$[K]=[K_{\mathrm{R}}]+i[K_{\mathrm{DI}}] \tag{5-66}$$

其中，$[K_{\mathrm{R}}]=[K_{\mathrm{E}}]+[K_{\mathrm{DR}}]$。

参照式（5-62）～式（5-65），可求解复数刚度矩阵的特征值，得：

$$p_r^2(1+i\eta^{(r)})=\frac{\{\phi^*\}^{(r)\mathrm{T}}[K_{\mathrm{R}}]\{\phi^*\}^{(r)}}{\{\phi^*\}^{(r)\mathrm{T}}[M]\{\phi^*\}^{(r)}}+i\frac{\{\phi^*\}^{(r)\mathrm{T}}[K_{\mathrm{DI}}]\{\phi^*\}^{(r)}}{\{\phi^*\}^{(r)\mathrm{T}}[M]\{\phi^*\}^{(r)}} \tag{5-67}$$

这里存在两个问题。一是商业有限元程序没有专门解决阻尼器结构复特征值问题的方法；二是黏弹性材料的模量和损耗因子是环境温度和工作频率的函数，故其特征值问题是非线性的。

模态应变能法假定设置黏弹性阻尼器的受控结构和原结构有相同的固有频率，忽略式（5-57）中的刚度矩阵$[K]$中的虚部，使得刚度矩阵成为实数矩阵。复特征值问题转变为实数域问题，故求得的特征向量和特征值均为实数。将瑞雷原理推广至复数域中，用原结构弹性分析得到的实数特征向量$\{\phi\}^{(r)}$近似代替复数特征向量$\{\phi^*\}^{(r)}$，则有：

$$p_r^2=\frac{\{\phi\}^{(r)\mathrm{T}}[K_{\mathrm{R}}]\{\phi\}^{(r)}}{\{\phi\}^{(r)\mathrm{T}}[M]\{\phi\}^{(r)}} \tag{5-68}$$

$$p_r^2\eta^{(r)}=\frac{\{\phi\}^{(r)\mathrm{T}}[K_{\mathrm{DI}}]\{\phi\}^{(r)}}{\{\phi\}^{(r)\mathrm{T}}[M]\{\phi\}^{(r)}} \tag{5-69}$$

模态耗散能量和模态应变能定义为：

$$E_r^{\mathrm{D}}=\{\phi\}^{(r)\mathrm{T}}[K_{\mathrm{DI}}]\{\phi\}^{(r)}$$

$$E_r^{\mathrm{S}}=\{\phi\}^{(r)\mathrm{T}}[K_{\mathrm{R}}]\{\phi\}^{(r)}$$

$$\eta_r=\frac{\{\phi\}^{(r)\mathrm{T}}[K_{\mathrm{DI}}]\{\phi\}^{(r)}}{\omega_r^2\{\phi\}^{(r)\mathrm{T}}[M]\{\phi\}^{(r)}}=\frac{\{\phi\}^{(r)\mathrm{T}}[K_{\mathrm{DI}}]\{\phi\}^{(r)}}{\{\phi\}^{(r)\mathrm{T}}[K_{\mathrm{R}}]\{\phi\}^{(r)}}=\frac{\{\phi\}^{(r)\mathrm{T}}[K_{\mathrm{DI}}]\{\phi\}^{(r)}}{\{\phi\}^{(r)\mathrm{T}}[K_{\mathrm{E}}+K_{\mathrm{DR}}]\{\phi\}^{(r)}} \tag{5-70}$$

已知黏弹性阻尼材料的等效模态阻尼比 $\xi=\frac{\eta}{2}$，可得结构第 $r$ 阶模态阻尼比近似表达式：

$$\xi_r=\frac{\eta}{2}\left(1-\frac{\{\phi\}^{(r)\mathrm{T}}[K_{\mathrm{E}}]\{\phi\}^{(r)}}{\{\phi\}^{(r)\mathrm{T}}[K_{\mathrm{S}}]\{\phi\}^{(r)}}\right) \tag{5-71}$$

式中 $\xi_r$——第 $r$ 阶模态的结构阻尼比；

$[K_{\mathrm{S}}]$——设置阻尼器的受控结构弹性刚度矩阵，$[K_{\mathrm{S}}]=[K_{\mathrm{E}}]+[K_{\mathrm{DR}}]$。

式（5-71）为模态应变能法的全矩阵公式。

假设设置阻尼器前后结构的振型变化可忽略不计，则式（5-71）可简化为：

$$\xi_r=\frac{\eta}{2}\left(1-\frac{\omega_r^2}{\omega_{sr}^2}\right) \tag{5-72}$$

式中 $\omega_r$——未设置阻尼器结构第 $r$ 阶振型频率；

$\omega_{sr}$——设置阻尼器结构第 $r$ 阶振型频率。

为解决复数域内的特征值问题，模态应变能法忽略式（5-57）中复刚度矩阵 $[K]$ 的虚部，简化成原结构的弹性刚度矩阵 $[K_{\mathrm{E}}]$ 和阻尼器提供的储存刚度矩阵 $[K_{\mathrm{DR}}]$ 之和，以此求得实数特征向量 $\{\phi\}^{(r)}$，并用它近似替代复数特征向量 $\{\phi^*\}^{(r)}$。由于阻尼器提供的损耗刚度矩阵 $[K_{\mathrm{DI}}]$ 和储存刚度矩阵 $[K_{\mathrm{DR}}]$ 中的元素数值是同一数量级的，当黏弹性材料的损耗因子较大，阻尼器数量设置较多时，阻尼器的耗能刚度矩阵 $[K_{\mathrm{DI}}]$ 对特征向量的影响不可忽视。这一简化过程使计算误差较大。为提高计算精度，修正刚度矩阵如下：

$$[K_{\Delta}]=[K_{\mathrm{E}}]+\sqrt{1+\eta^2}[K_{\mathrm{DR}}] \tag{5-73}$$

特征向量 $\{\phi\}^{(r)}$ 由 $[M]$ 和 $[K_{\Delta}]$ 的广义特征值问题计算，可以考虑阻尼器的耗能刚度矩阵 $[K_{\mathrm{DI}}]$ 的影响。

**2. 考虑原结构的阻尼比**

若原结构的固有阻尼比较大时，不可以直接利用上述推出的公式。

由于设置黏弹性阻尼器的受控结构是由结构主体和附加于其上的黏弹性阻尼器支撑体系所组成，这两者具有完全不同的阻尼损耗因子，因此受控结构在自由振动方程可表示成：

$$[M]\{\ddot{x}\}+(1+i\eta_{\mathrm{E}})[K_{\mathrm{E}}]\{x\}+(1+i\eta)[K_{\mathrm{DR}}]\{x\}=0 \tag{5-74}$$

式中　$\{x\}$、$\{\ddot{x}\}$ ——设置黏弹性阻尼器的受控结构的结点位移向量和结点加速度向量；

$[M]$ ——质量矩阵，是原结构质量矩阵和黏弹性阻尼器在整体坐标下的质量矩阵之和；

$[K_{\mathrm{E}}]$、$[K_{\mathrm{DR}}]$ ——主体结构的刚度矩阵和黏弹性阻尼器提供的储存刚度矩阵；

$\eta_{\mathrm{E}}$、$\eta$——主体结构和黏弹性阻尼器支撑体系的阻尼损耗因子。

将式（5-74）中的刚度矩阵的实部和虚部归并，得：

$$[M]\{\ddot{x}\}+([K_{\mathrm{E}}]+[K_{\mathrm{DR}}])\{x\}+i(\eta_{\mathrm{E}}[K_{\mathrm{E}}]+\eta[K_{\mathrm{DR}}])\{x\}=0 \tag{5-75}$$

推导可得：

$$\eta_r=\frac{\{\phi\}^{(r)\mathrm{T}}(\eta_{\mathrm{E}}[K_{\mathrm{E}}]+\eta[K_{\mathrm{DR}}])\{\phi\}^{(r)}}{\{\phi\}^{(r)\mathrm{T}}([K_{\mathrm{E}}]+[K_{\mathrm{DR}}])\{\phi\}^{(r)}} \tag{5-76}$$

特征向量 $\{\phi\}^{(r)}$ 由下式的广义特征值问题计算得到：

$$[M]\{\ddot{x}\}+\sqrt{([K_{\mathrm{E}}]+[K_{\mathrm{DR}}])^2+(\eta_{\mathrm{E}}[K_{\mathrm{E}}]+\eta[K_{\mathrm{DR}}])^2}\{x\}=0 \tag{5-77}$$

式（5-76）可以变为：

$$\eta_r=\frac{\{\phi\}^{(r)\mathrm{T}}(\eta_{\mathrm{E}}[K_{\mathrm{E}}]+\eta[K_{\mathrm{DR}}])\{\phi\}^{(r)}}{\{\phi\}^{(r)\mathrm{T}}([K_{\mathrm{E}}]+[K_{\mathrm{DR}}])\{\phi\}^{(r)}}=\eta_{\mathrm{E}}+(\eta-\eta_{\mathrm{E}})\frac{\{\phi\}^{(r)\mathrm{T}}[K_{\mathrm{DR}}]\{\phi\}^{(r)}}{\{\phi\}^{(r)\mathrm{T}}([K_{\mathrm{E}}]+[K_{\mathrm{DR}}])\{\phi\}^{(r)}} \tag{5-78}$$

按照复阻尼理论和黏滞阻尼理论表示的单自由度体系振动一周耗散能量的等价关系，可以容易地导得黏滞阻尼理论中结构振型阻尼比与复阻尼理论中结构阻尼损耗因子的关系：

$$\left.\begin{aligned}\eta_r&=2\xi_r\\ \eta_{\mathrm{E}}&=2\xi_{\mathrm{E}}\end{aligned}\right\} \tag{5-79}$$

式中　$\xi_r$——设置黏弹性阻尼器的受控结构的有效阻尼比；

$\xi_{\mathrm{E}}$——主体结构的临界阻尼比。

这样，设置黏弹性阻尼器的受控结构的有效阻尼比计算公式为：

$$\xi_r=\xi_{\mathrm{E}}+\frac{(\eta-2\xi_{\mathrm{E}})}{2}\left(1-\frac{\{\phi\}^{(r)\mathrm{T}}[K_{\mathrm{E}}]\{\phi\}^{(r)}}{\{\phi\}^{(r)\mathrm{T}}([K_{\mathrm{E}}]+[K_{\mathrm{DR}}])\{\phi\}^{(r)}}\right) \tag{5-80}$$

其中第一项为主体结构的贡献，第二项为黏弹性阻尼器的贡献。

## 5.4　动力时程分析方法

黏弹性阻尼器能提供较大的附加阻尼和一定的刚度，从而减小结构的振动反应。附加阻尼可预先设定，根据相应的计算公式推算出所需的黏弹性阻尼器中阻尼材料的面积。反之，预先设定黏弹性阻尼器的规格和尺寸，也可估算出黏弹性阻尼器提供给结构的附加刚度和附加阻尼，从而确定在正弦激励下，结构振动反应的减小幅度，并以此来估计黏弹性阻尼器的减震效果。

但实际结构复杂多样，地震波也远比正弦激励复杂。要较精确地计算黏弹性阻尼装置在地震激励下的减震效果，应采用结构弹塑性地震反应时程分析法，进一步对黏弹性阻尼装置的数量及分布进行调整。由东南大学建筑工程抗震与减震研究中心开发的钢筋混凝土框架-剪力墙弹塑性地震反应分析程序 EPRD 采用时程分析法[136]，用 FORTRAN 语言编制而成，可进行钢筋混凝土框架-剪力墙、钢筋混凝土筒体-框架等结构在水平地震作用下的时程反应分析。该程序主要包括两部分：①结构弹塑性分析，用于计算水平地震作用下结构的弹塑性反应；②结构的黏弹性阻尼消能分析，用于计算水平地震下，装置了黏弹性阻尼器结构的弹塑性反应，及其黏弹性阻尼器的控制效果。

## 5.4.1 结构的计算模型

结构的计算模型采用层间与弯剪模型等效的层间剪切模型[137]，将各层质量集中在各楼层，整个结构看作为一串联多自由度悬臂结构，其基本假设为：①楼板在自身平面内的刚度为无限大，在抗震缝区段内每层各竖向构件的顶部没有相对变形；②房屋刚度中心与质量中心重合，在水平地震作用下结构不产生扭转。

为了更确切地反映钢筋混凝土框架-剪力墙或筒体-框架结构的振动情况，本计算模型同时考虑了层间弯曲变形和剪切变形。结构的刚度矩阵、质量矩阵、阻尼矩阵和黏弹性阻尼器控制力列阵可分别按相应的方法求得。

**1. 刚度矩阵**

对多层弯剪结构计算模型，可采用柔度矩阵求逆法或剪切型等效刚度矩阵法，求出侧向刚度矩阵，这里采用第二种方法。

一般弯剪模型的侧向刚度矩阵为满阵，为简化计算，对于弯剪模型亦可采用类似剪切模型的三对角矩阵，为此需求出层等效剪切刚度，其步骤为：

1）用静力法（如矩阵位移法）先计算实际结构各层水平层间位移 $u_j$ 及各层剪力 $V_j$，此时需考虑各类杆件的弯曲、剪切和轴向变形。这一部分也可利用高层建筑结构三维分析程序 TAT 计算得出。

2）用下式计算各层等效剪切刚度 $k_j$：

$$k_j = \frac{V_j}{u_j} \tag{5-81}$$

3）将各层等效剪切刚度 $k_j$ 代入如下剪切型层模型刚度矩阵中，即得出剪切型等效刚度矩阵 $[K]$，之后可按剪切型层模型进行动力计算。

$$[K]=\begin{bmatrix} k_1+k_2 & -k_2 & & & & & & \\ -k_2 & k_2+k_3 & -k_3 & & & & & \\ & -k_3 & k_3+k_4 & -k_4 & & & & \\ & \ddots & \ddots & \ddots & & & & \\ & & & -k_j & k_j+k_{j+1} & -k_{j+1} & & \\ & & & \ddots & \ddots & \ddots & & \\ & & & & & & -k_n & k_n \end{bmatrix} \tag{5-82}$$

**2. 质量矩阵**

对层间弯剪模型，各层质量集中在各楼层处，考虑单向水平地震，不考虑扭转效应，则质量矩阵为：

$$[M]=\begin{bmatrix} m_1 & & & & & 0 \\ & m_2 & & & & \\ & & \ddots & & & \\ & & & m_j & & \\ & & & & \ddots & \\ 0 & & & & & m_n \end{bmatrix} \tag{5-83}$$

式中　$m_j$——第 $j$ 楼层的集中质量。

**3. 常规阻尼矩阵**

未安装黏弹性阻尼器时，仅考虑钢筋混凝土结构本身的阻尼，采用瑞雷阻尼：

$$[C]=\alpha_0[M]+\alpha_1[K] \tag{5-84}$$

$$2\zeta_j\omega_j=\alpha_0+\alpha_1\omega_j^2 \tag{5-85}$$

式中，$\zeta_j$ 为第 $j$ 个振型相应的阻尼比；$\alpha_0$、$\alpha_1$ 为常数，可取任意两个相邻振型解出：

$$\alpha_0=\frac{2\left(\dfrac{\zeta_j}{\omega_j}-\dfrac{\zeta_{j+1}}{\omega_{j+1}}\right)}{\dfrac{1}{\omega_j^2}-\dfrac{1}{\omega_{j+1}^2}} \tag{5-86a}$$

$$\alpha_1=\frac{2(\zeta_{j+1}\omega_{j+1}-\zeta_j\omega_j)}{\omega_{j+1}^2-\omega_j^2} \tag{5-86b}$$

对混凝土结构，实用中一般取 $\zeta=0.05$，计算 $\alpha_0$、$\alpha_1$时取第一、二个振型。

**4. 黏弹性消能支撑的控制力列阵**

黏弹性阻尼器安装在钢筋混凝土结构中，既提供了刚度，又提供了阻尼。实用中可将两者结合起来，形成黏弹性阻尼器对结构的控制力。

$$F_{\mathrm{bj},i}=\cos^2\theta_{j,i}C_{\mathrm{vej},i}(\dot{x}_j-\dot{x}_{j-1})+\cos^2\theta_{j,i}K_{\mathrm{vej},i}(x_j-x_{j-1}) \tag{5-87}$$

$$F_{bj,i}=0.5\frac{a}{h}C_{vej,i}(\dot{x}_j-\dot{x}_{j-1})+0.5\frac{a}{h}K_{vej,i}(x_j-x_{j-1}) \tag{5-88}$$

对于设置黏弹性消能的结构，由式（5-86）、式（5-87）可知，第 $j$ 楼层的第 $i$ 个黏弹性消能支撑对结构提供的水平控制力为：

$$F_{vej,i}=\cos^2\theta_{j,i}C_{vej,i}(\dot{x}_j-\dot{x}_{j-1})+\cos^2\theta_{j,i}K_{vej,i}(x_j-x_{j-1})$$

或
$$F_{vej,i}=0.5\frac{a}{h}C_{vej,i}(\dot{x}_j-\dot{x}_{j-1})+0.5\frac{a}{h}K_{vej,i}(x_j-x_{j-1}) \tag{5-89}$$

式中 $\theta_{j,i}$——第 $j$ 楼层的第 $i$ 个黏弹性消能支撑相对于水平方向的倾角；

$x_j$、$x_{j-1}$——结构 $j$ 层和 $j-1$ 层对地面的相对水平位移；

$\dot{x}_j$、$\dot{x}_{j-1}$——结构 $j$ 层和 $j-1$ 层对地面的相对水平速度；

$C_{vej,i}$、$K_{vej,i}$——第 $j$ 层第 $i$ 个消能支撑中阻尼器的阻尼系数和抗剪刚度。

第 $j$ 楼层的黏弹性消能支撑提供的总的水平控制力：

$$F_{bj}=\sum_{i=1}^{m}F_{bj,i} \tag{5-90}$$

式中 $m$——第 $j$ 楼层黏弹性阻尼器的总数。

则黏弹性消能支撑对结构的水平控制力列阵为：

$$\{F_b\}=\{F_{b1}\ F_{b2}\cdots F_{bj}\cdots F_{bn}\}^T \tag{5-91}$$

## 5.4.2 结构弹塑性地震反应时程分析程序的编程原理

对未加黏弹性消能支撑的钢筋混凝土框架-剪力墙或筒体-框架结构，其动力方程为：

$$[M]\{\ddot{x}\}+[C]\{\dot{x}\}+[K]\{x\}=-[M]\{\ddot{x}_g\} \tag{5-92}$$

式中 $[M]$、$[C]$、$[K]$——在 5.3.2 中已介绍过；

$\{\ddot{x}\}$、$\{\dot{x}\}$、$\{x\}$——质点加速度、速度和位移列阵；

$\{\ddot{x}_g\}$——地面运动加速度列阵。

考虑黏弹性消能支撑的控制作用，式（5-92）左边加上黏弹性消能支撑的水平控制力列阵，则黏弹性阻尼结构的动力方程为：

$$[M]\{\ddot{x}\}+[C]\{\dot{x}\}+[K]\{x\}+\{F_b\}=-[M]\{\ddot{x}_g\} \tag{5-93}$$

求解动力方程采用数值积分法，将式（5-92）或式（5-93）写成增量方程的形式，进行逐步积分以求出结构在地震作用下振动反应的全过程。常用的数值积分法有中点加速度法、线性加速度法、Wilson-$\theta$ 法、Newmark-$\beta$ 法、Runge-Kutta 法[139]等。

# 第6章 黏弹性阻尼减震结构的设计方法

## 6.1 黏弹性消能阻尼减震结构的设防目标

目前，黏弹性阻尼结构在工程中的应用越来越广泛，在高烈度区可以有效地减少地震响应，在沿海地区的高层建筑中则可有效地减小结构风振响应。除应用于新建结构的震（振）动控制外，还可以应用于既有结构的抗震加固。

### 6.1.1 黏弹性消能阻尼减震结构的抗震设防目标

与传统抗震结构相比，黏弹性阻尼结构能有效减小结构的地震反应，在相同的结构可靠度下，采用黏弹性阻尼技术能减小结构构件的截面尺寸和配筋率，达到节约材料，降低造价的目的。在同一结构中，采用黏弹性阻尼技术可大大提高结构安全性、增加结构安全储备。但在我国目前经济水平下，希望在保证抗震可靠度的前提下，合理利用黏弹性阻尼技术实现降低原建筑结构造价的目的。结构中安装黏弹性阻尼器后，不改变主体结构的竖向受力体系。因此，采用黏弹性消能阻尼技术的新建消能减震结构和加固后建筑，确定的基本抗震设防目标为：

（1）当遭受低于本地区抗震设防烈度的多遇地震影响时，消能部件正常工作，主体结构不受损坏或不需要修理可继续使用；

（2）当遭受相当于本地区抗震设防烈度的设防地震影响时，消能部件正常工作，主体结构可能发生损坏，但经一般修理仍可继续使用；

（3）当遭受高于本地区抗震设防烈度的罕遇地震影响时，消能部件不应丧失功能，主体结构不致倒塌或发生危及生命的严重破坏。

对于黏弹性消能阻尼减震结构，还需根据建筑结构的实际需求，确定是否进行消能减震结构的抗震性能化设计。在此基础上，应科学地选定针对整个结构、局部部位或关键部位、关键部件、重要构件、次要构件以及建筑构件和消能部件的性能目标。

对采用黏弹性消能阻尼技术的消能减震结构，整体结构的性能化设计的设防目标可根据建筑重要性等级的不同，按以下三个层次的设防性能目标进行设计：设防性能目标Ⅰ“小震不坏、中震可修、大震不倒”、设防性能目标Ⅱ“中震不坏、大震可修”、设防性能目标Ⅲ“大震不坏”。按照该设防性能目标设计的建筑，当结构遭遇第一水准烈度（小震）时，黏弹性阻尼结构处于弹性状态或进入耗能状态，但耗能量很小，可忽略，结构构件处于弹性状态，保持正常使用功能；当结构遭遇第二水准烈度（中震）时，黏弹性阻尼结构处于耗能状态，各性能指标都在正常运行范围内，允许结构发生一定的非弹性变形，但最大变形值控制在结构允许变形能力的范围内，部分构件发生破坏，但经一般修理仍可继续使用。当结构遭遇第三水准烈度（大震）时，允许黏弹性阻尼结构产生一定的偏值或部分元件退出工作，允许结构构件经历几次较大的弹塑性变形循环，产生较大的破坏，但最大变形幅值不应超过结构允许变形能力，以免发生倒塌，从而保障建筑内部人员的生命安全。对于丙类建筑可采用该设防目标，如一般的工业与民用建筑、公共建筑等。

按照设防性能目标Ⅱ设计的建筑，当结构遭遇第二水准烈度（中震）时，黏弹性阻尼结构基本处于耗能状态，结构构件处于弹性状态，保持正常使用功能；当结构遭遇第三水准烈度（大震）时，黏弹性阻尼结构处于耗能状态，各性能指标都在正常运行范围内，允许结构发生一定的非弹性变形，但最大变形值限制在结构允许变形能力的范围内，部分构件发生破坏，但经一般修理仍可继续使用。对于乙类建筑可采用该设防目标，如医院、公安、消防、学校、通信、动力等较重要的建筑物。

按照设防性能目标Ⅲ设计的建筑，当结构遭遇第三水准烈度（大震）时，黏弹性阻尼结构处于耗能状态，结构构件基本处于弹性状态，保持正常使用功能。对于甲类建筑可采用该设防目标，如人民大会堂、核武器储存室等。

### 6.1.2 黏弹性阻尼结构的基本抗风设防目标

空气的流动形成风，风作用在建筑物上，使建筑物受到双重的作用：一方面风对建筑物产生一个基本上比较稳定的风压力；另一方面又使建筑物产生风力振动（风振）。因此风力使建筑物既受到静力作用，又受到动力作用。

在黏弹性阻尼结构的抗风设计中，应考虑下列问题[139]：保证黏弹性阻尼结构具有足够的强度，能可靠地承受风荷载作用下的内力；黏弹性阻尼结构必须具有足够的刚度，控制建筑物在水平荷载下的位移，保证良好的居住与工作条件；选择合理的黏弹性阻尼结构体系和建筑物外形。采用较大的刚度减少风振的影响，圆形、正多边形平面可以减少风压的数值；采用对称平面形状和对称结构布置，减少风力偏心产生的扭转影响。

黏弹性阻尼结构要满足强度设计要求，结构的构件在风荷载和其他荷载共同作用下内力满足强度设计的要求。确保建筑物在风力作用下不会产生倒塌、开裂和大的残余变形等破坏现象，保证结构的安全；黏弹性阻尼结构要满足刚度设计要求，使结构的位移或者相对位移满足相关的规范要求，防止建筑物在风力的作用下引起隔墙的开裂、建筑装饰和非结构构件因位移过大而损坏；黏弹性阻尼结构的抗风设计必须满足舒适度要求，防止居住者和工作人员在风力作用下引起的摆动造成不舒适。最后，黏弹性阻尼结构的抗风设计须满足疲劳破坏设计要求，风振引起建筑结构或构件的疲劳破坏是高周疲劳累计损伤的结果，结构或构件的疲劳寿命是由响应水平和在响应水平下结构或构件疲劳失效的循环次数来决定的。

## 6.2　黏弹性消能器的布置原则

黏弹性阻尼结构的设计关键之一在于合理地选取阻尼器的数量和位置，因此对黏弹性阻尼结构中的阻尼器的布置进行系统化的规划尤为重要。一般黏弹性阻尼器的布置原则有以下几点：

1）阻尼器总体应遵循均匀、对称、分散的原则。

2）阻尼器的布置宜使结构在两个主轴方向的动力特性相近，宜避免偏心扭转效应，且消能减震结构中消能部件不宜布置过少。

3）阻尼器的竖向布置宜使结构沿高度方向刚度均匀。

4）阻尼器宜布置在层间相对位移或相对速度较大的楼层，框架结构等以剪切变形为主的结构一般布置在下部楼层，剪力墙等以弯曲变形为主的结构一般布置在上部楼层。当层间位移基本相等时，阻尼支撑适宜设置在结构的下部。同时可采用合理形式增加阻尼器两端的相对变形或相对速度，提高消能器的减震效率。

5）阻尼器的布置位置不宜使结构出现薄弱构件或薄弱层。

6）阻尼器的数量和分布应通过综合分析确定，并有利于提高整体结构的消能减震能力形成均匀合理的受力体系。

7）阻尼器的设置，应便于检查、维护和替换。

8）各楼层的消能部件刚度与结构层间刚度的比值宜接近，各楼层的消能部件零位移时的阻尼力与主体结构的层间剪力与层间位移的乘积之比的比值宜接近。

## 6.3　黏弹性阻尼结构的设计流程

黏弹性消能减震结构的抗震设计，可采用如下流程：

1）确定结构的减震控制性能目标，根据经验和计算分析估算结构的预期阻尼比。

2）考虑建筑功能、柱轴压比限值等方面的因素，根据经验完成被控结构的方案设计。

3）根据预期的结构阻尼比，结合建筑布置图，合理布置阻尼器的楼层和平面位置，并估算所需黏弹性阻尼器的数量和参数。

4）计算设置黏弹性消能阻尼器的减震结构的第一振型阻尼比 $\zeta_1$ 和层间抗侧刚度 $K$。

5）由 $\zeta_1$、$K_0$、$K$ 确定设置黏弹性消能阻尼器的减震结构的地震影响系数。

6）按抗震规范的方法，计算设置黏弹性消能阻尼器的减震结构在多遇地震作用下的层间弹性变形。

7）若不满足规范的限值要求，返回步骤 1）～6)，重新设计。

8）按抗震规范的方法，计算被控结构在罕遇地震作用下的层间弹塑性变形。

9）利用折减系数 $\Psi$，近似计算罕遇地震作用下设置黏弹性消能阻尼器的减震结构的层间弹塑性变形。若不满足规范要求，返回步骤 1）～8)，重新设计。

10）对设置黏弹性消能阻尼器的减震结构进行弹塑性时程分析，验算罕遇地震作用下的层间弹塑性变形，以检验结构的破坏状态。若不满足规范要求，返回步骤 1）～9)，重新设计。

11）对黏弹性消能支撑（含黏弹性消能阻尼器）位置、数量和参数进行优化分析和设计。

# 6.4 黏弹性消能阻尼器附加给结构的有效阻尼比

## 6.4.1 单自由度有控结构的阻尼比

黏弹性消能支撑与被控结构为并联。为简化，假定被控结构的阻尼为零，建立设置黏弹性消能支撑的单层结构计算模型，后述均采用以下参数：$k_f$ 为被控结构的抗侧刚度（被控结构一般根据以往的设计经验，可按降低设防烈度 1 度的标准来设计），$k'_d$、$c'_d$分别为消能支撑的抗剪刚度和阻尼系数。

力和变形（或位移）均为时间的函数。

设结构顶点的变形 $u(t)=u_{max}\sin\omega t$，对应消能支撑的轴向变形：

$$u_c(t) = \xi u_{max}\sin\omega t \tag{6-1}$$

对应被控结构的变形：

$$u_f = u_{max}\sin\omega t \tag{6-2}$$

式（6-1）代入式 $F(t)=k'_d(\omega)x+c'_d(\omega)\dot{x}$，得：

$$F_c(t) = \xi\kappa k'_d u_{max}\sin\omega t + \xi\kappa\eta' k'_d u_{max}\cos\omega t \tag{6-3}$$

$$F_f(t) = k_f u_{max}\sin\omega t \tag{6-4}$$

式中　　$\kappa=\cos\theta$；

$\theta$——消能支撑与水平线的倾角；

$F_c(t)$、$F_f(t)$——消能支撑与被控结构所承受的水平力。

黏弹性消能支撑与被控结构为并联，故：

$$F(t)=F_c(t)+F_f(t)=(k_f+\xi\kappa k'_d)u_{max}\sin\omega t+\xi\kappa\eta' k'_d u_{max}\cos\omega t \tag{6-5}$$

式中，$F(t)$为结构所承受的水平力，右边第一项表示结构的弹性力，第二项表示结构的黏滞力。

由式（6-5）得结构的损耗因子为：

$$\eta''=\frac{1}{\dfrac{k_f}{\xi\kappa k'_d}+1}\eta' \tag{6-6}$$

正弦激励作用往复一周结构最大的应变能 $W_k=\dfrac{1}{2}(k_f+\xi\kappa k'_d)u_{max}^2$；消能支撑耗散的能量 $W_c=\pi\xi^2\eta' k'_d u_{max}^2$，则消能支撑提供给被控结构附加的有效阻尼比为：

$$\zeta_a=\frac{W_c}{4\pi W_k}=\frac{\xi^2 k'_d}{2(k_f+\xi\kappa k'_d)}\eta' \tag{6-7}$$

可见被控结构抗侧刚度 $k_f$ 与消能支撑刚度 $k'_d$的比值是有效阻尼比的主要影响参数。当 $\lambda_1\geqslant 0.8$，$\eta$ 为 0.8～1.2 时，近似认为 $k'_d\approx k_d$，则式（6-7）可简化为：

$$\zeta_a=\frac{\xi^2 k_d}{2(k_f+\xi\kappa k_d)}\eta' \tag{6-8}$$

单层有控结构的总阻尼比为：

$$\zeta=\frac{2\zeta_0 k_f+\xi^2 k_d\eta'}{2(k_f+\xi\kappa k_d)} \tag{6-9}$$

减震设计时，可根据被控结构的 $k_f$、$\omega$ 及期望的附加的有效阻尼比 $\zeta_a$，由式（6-6）、式（6-8）可确定 $k_b$、$k_d$ 值，从而可计算出所需的黏弹性阻尼器总受剪面积 $A$。

《建筑抗震设计规范》GB 50011—2010 规定消能部件给结构附加的有效阻尼比宜大于10%，超过20%时宜按20%计算，则式（6-8）可表示为：

$$0.1\leqslant\zeta_a=\frac{\xi^2 k_d}{2(k_f+\xi\kappa k_d)}\eta'\leqslant 0.2 \tag{6-10}$$

由式（6-10）可得（$k_d/k_f$）的取值范围：

$$\frac{1}{\xi(5\xi\eta'-\kappa)}\leqslant\frac{k_d}{k_f}\leqslant\frac{1}{\xi\left(\dfrac{5}{2}\xi\eta'-\kappa\right)} \tag{6-11a}$$

当 $\xi=\kappa=\cos\theta$ 时，式（6-11a）可写成：

$$\frac{1}{\kappa^2(5\eta'-1)}\leqslant\frac{k_d}{k_f}\leqslant\frac{1}{\kappa^2\left(\dfrac{5}{2}\eta'-1\right)} \tag{6-11b}$$

可见，当要求 $\zeta_a \geqslant 0.1$ 时，需满足 $k_d \geqslant \frac{k_f}{\xi(5\xi\eta'-\kappa)}$；对于斜对角撑，设 $\theta=45°$，$\eta'=0.8$，则 $k_d \geqslant 0.67k_f$。这就是说，如果要求结构附加的有效阻尼比大于10%，就要求在楼层中总的阻尼器抗剪刚度应大于被控结构楼层侧向刚度的67%，这样的要求对混凝土结构是相当高的，难以达到。

考虑钢杆拉压刚度对消能支撑损耗因子的影响分析，得到以下结论：

1）为充分发挥黏弹性阻尼器的消能减震效果，并考虑工程实际中的可行性，建议（$k_b/k_d$）取值范围：

$$\frac{k_b}{k_d} \geqslant 4(1+\eta^2) \tag{6-12}$$

2）满足《建筑抗震设计规范》GB 50011—2010 建议的消能部件附加的有效阻尼比，建议（$k_d/k_f$）的取值范围：

$$\frac{1}{\xi(5\xi\eta'-\kappa)} \leqslant \frac{k_d}{k_f} \leqslant \frac{1}{\xi\left(\frac{5}{2}\xi\eta'-\kappa\right)} \tag{6-13}$$

### 6.4.2 多自由度有控结构的阻尼比

由于设置黏弹性消能支撑的多高层结构是由被控结构和附加上的黏弹性消能支撑组成的，因此有控结构的运动方程为：

$$M\ddot{x}(t)+(C+C_d)\dot{x}(t)+(K+K_d)x(t)=-MI\ddot{x}_g(t) \tag{6-14}$$

式中 $M$、$C$、$K$——被控结构的质量、阻尼和刚度矩阵；

$C_d$、$K_d$——消能支撑提供给被控结构附加的阻尼和刚度矩阵；

$x(t)$、$\dot{x}(t)$、$\ddot{x}(t)$——有控结构的相对位移、相对速度和加速度向量；

$\ddot{x}_g(t)$——地震地面运动加速度；

$I$——单位列向量。

由有控结构的质量矩阵 $M$ 和总刚度矩阵（$K+K_d$），可以求得其频率向量和振型矩阵：

$$\omega=\{\omega_1,\omega_2,\cdots,\omega_n\}$$

$$\varphi=\{\varphi_1,\varphi_2,\cdots,\varphi_n\}$$

被控结构的阻尼矩阵 $C$ 通常假设是正交的，即：

$$\varphi_i^T C\varphi_j=\begin{cases}C_i^* & i=j\\ 0 & i\neq j\end{cases} \tag{6-15}$$

式中 $C_i^*$——结构第 $i$ 振型广义阻尼[145]。

消能支撑给被控结构附加的阻尼矩阵 $C_d$ 通常不满足式（6-15）的正交性条件，但是，作为近似处理，可忽略 $C_d$ 的非正交项，则有：

$$\varphi_i^T C_d\varphi_j\approx\begin{cases}C_{di} & i=j\\ 0 & i\neq j\end{cases} \tag{6-16}$$

于是，式（6-14）可以写成广义坐标运动方程：

$$\ddot{Y}_i(t)+2(\zeta_{0i}+\zeta_{ai})\omega_i\dot{Y}_i(t)+\omega_i^2Y_i(t)=\frac{1}{M^*}P_i^*(t) \tag{6-17}$$

式中　$\zeta_{0i}$、$\zeta_{ai}$——结构的第 $i$ 振型阻尼比和消能支撑给结构附加的第 $i$ 振型阻尼比。

$$\zeta_{0i}=\frac{1}{2\omega_iM_i^*}\varphi_i^{\mathrm{T}}C\varphi_i \tag{6-18}$$

$$\zeta_{ai}=\frac{1}{2\omega_iM_i^*}\varphi_i^{\mathrm{T}}C_{\mathrm{d}}\varphi_i \tag{6-19}$$

式中　$M_i^*$——结构第 $i$ 振型的广义质量；

$P_i^*(t)$——相应于式（6-14）右端的第 $i$ 振型的广义地震作用。

对于黏弹性消能支撑，$C_{\mathrm{d}}$ 和 $K_{\mathrm{d}}$ 有以下关系：

$$C_{\mathrm{d}}=\frac{\eta'(\omega)}{\omega}K_{\mathrm{d}} \tag{6-20}$$

相应的第 $i$ 振型附加的有效阻尼比则为：

$$\zeta_{ai}=\frac{1}{2\omega_iM_i^*}\frac{\eta'(\omega_i)}{\omega_i}\varphi_i^{\mathrm{T}}K_{\mathrm{d}}\varphi_i \tag{6-21}$$

由 $\omega_i^2=K_i^*/M_i^*$，其中 $K_i^*$ 为结构第 $i$ 振型广义刚度，且 $K_i^*=\varphi_i^{\mathrm{T}}(K+K_d)\varphi_i$，则式（6-21）可写为：

$$\zeta_{ai}=\frac{\eta'(\omega_i)}{2}\frac{\varphi_i^{\mathrm{T}}K_{\mathrm{d}}\varphi_i}{\varphi_i^{\mathrm{T}}(K+K_{\mathrm{d}})\varphi_i} \tag{6-22}$$

式（6-22）也可写为：

$$\zeta_{ai}=\frac{\eta'(\omega_i)}{2}\left(1-\frac{\varphi_i^{\mathrm{T}}K\varphi_i}{\varphi_i^{\mathrm{T}}(K+K_{\mathrm{d}})\varphi_i}\right) \tag{6-23}$$

如果忽略附加消能支撑引起的振型变化，则式（6-23）可进一步简化为：

$$\zeta_{ai}=\frac{\eta'(\omega_i)}{2}\left(1-\frac{\omega_i^2}{\omega_{0i}^2}\right) \tag{6-24}$$

式中　$\omega_i$——设置黏弹性消能支撑结构的第 $i$ 个固有频率。

则设置黏弹性消能支撑后结构第 $i$ 振型总的阻尼比的计算公式为：

$$\zeta_i=\frac{2\zeta_{0i}\varphi_i^{\mathrm{T}}K\varphi_i+\eta'(\omega_i)\varphi_i^{\mathrm{T}}K_{\mathrm{d}}\varphi_i}{2\varphi_i^{\mathrm{T}}(K+K_{\mathrm{d}})\varphi_i} \tag{6-25}$$

当结构沿竖向均匀分布，层高相差不大且各层平均放置消能支撑，结构的基本振型可近似简化为直线，基于第一振型的各层层间位移均为 $1/n$，式（6-22）可简化为：

$$\zeta_{a1}=\frac{\eta'(\omega_1)}{2}\frac{n\xi^2K_{\mathrm{d}}}{\sum_{i=1}^{n}(K_i+\xi\kappa K_{\mathrm{d}})} \tag{6-26}$$

## 6.5 黏弹性消能部件的连接与构造设计

### 6.5.1 黏弹性消能部件的连接与构造基本要求

消能器与主体结构的连接一般分为：支撑型、墙型、柱型、门架式和腋撑型等，设计时应根据工程具体情况和消能器的类型合理选择连接形式，支撑和支墩、剪力墙的轴线宜通过消能器的形心。

当消能器采用支撑型连接时，可采用单斜支撑布置、“V”字型和人字型等布置方式。“K”字型支撑布置时会在框架柱中部交点处给柱带来侧向集中力的不利作用，在地震作用下，可能因受压斜杆屈曲或受拉斜杆屈服，引起较大的侧向变形，使柱发生屈曲甚至造成倒塌，故不宜采用“K”字型布置。支撑宜采用双轴对称截面，宽厚比或径厚比应满足现行行业标准《高层民用建筑钢结构技术规程》JGJ 99—2015 的要求。当采用单轴对称截面（双角钢组合 T 形截面），应采取防止绕对称轴屈曲的构造措施。板件局部失稳影响支撑斜杆的承载力和消能能力，其宽厚比需要加以限制。

消能器与支撑、节点板、预埋件的连接可采用高强度螺栓连接、焊接或销轴，高强度螺栓及焊接的计算、构造要求应符合现行国家标准《钢结构设计标准》GB 50017—2017 的规定。

连接板（或连接件）和结构构件间的连接采用高强度螺栓连接或焊接。当采用螺栓连接时，应保证相连节点在罕遇地震下不发生滑移；当消能器的阻尼力较大时，宜采用刚接；与消能器相连的支撑应保证在消能器最大输出阻尼力作用下处于弹性状态，不发生平面内、外整体失稳，同时与主体相连的预埋件、节点板等也应处于弹性状态，不得发生滑移、拔出和局部失稳等破坏。与支撑相连接的节点承载力应大于支撑的极限承载力，以保证节点足以承受罕遇地震下可能产生的最大内力。消能器与连接支撑、主体结构之间的连接节点，应符合钢构件连接、钢与混凝土构件连接、钢与钢-混凝土组合构件连接的构造要求。

与消能部件相连接的主体结构构件与节点应满足消能器在最大输出阻尼力作用下仍处于不屈服状态，从而保证消能器在罕遇地震作用下能发挥最大的消能功能。故消能器的支撑或连接元件或构件、连接板在任何状态下均应保持弹性。

黏弹性消能器相连的预埋件、支撑和支墩、剪力墙及节点板的作用力取值应为消能器设计位移或设计速度下对应阻尼力的 1.2 倍。

为确保黏弹性阻尼器发挥作用，与其相连的支撑和支墩、剪力墙等应有足够的刚度，故要求其与阻尼器在出力方向的刚度不宜小于设防地震作用下的消能器损失刚度的3倍。

### 6.5.2　黏弹性消能部件的预埋件计算

预埋件的构造形式应根据受力性能和施工条件确定，力求构造简单，传力直接。预埋件可分为受力预埋件与构造预埋件两种，均由两部分组成：埋设在混凝土中的锚筋和外露在混凝土表面部分的锚板。锚筋和锚板都应采用可焊性良好的结构钢。锚筋常用钢筋，对于受力较大的预埋件常采用角钢。对于L型预埋板相互垂直方向的预埋板承担的内力宜按支撑角度分解轴向力获取。预埋件的锚筋或其他形式埋件应按拉剪构件或纯剪构件计算总截面面积。预埋件的设计应符合国家现行标准《混凝土结构设计规范》GB 50010—2010、《钢结构设计标准》GB 50017—2017和《混凝土结构后锚固技术规程》JGJ 145—2013的规定。

### 6.5.3　黏弹性消能部件的支撑、支墩、剪力墙计算

与黏弹性消能器相连的支撑、支墩、剪力墙的作用力取值应为消能器设计位移和设计速度下对应阻尼力的1.2倍，且其与阻尼器在出力方向的刚度不宜小于设防地震作用下的消能器损失刚度的3倍[146]。

用刚性剪力墙做连接支撑，连接剪力墙的梁与柱之间梁段变成了类似连梁受力特征，应充分考虑其强度和刚度要求对保证剪力墙功能的重要性。

采用单斜消能部件时，支撑计算长度应取支撑与消能器连接处到主体结构预埋连接板连接中心处的距离。采用人字型支撑时，支撑计算长度应取布置消能器水平梁平台底部到主体结构预埋连接板连接中心处的距离。采用柱型支撑时，支撑计算长度应取消能器上连接板或下连接板到主体结构梁底或顶面的距离。

由于实际工程应用中常采用黏弹性消能支撑，故本小节主要从黏弹性消能支撑中钢杆的承载力和刚度两个方面讨论其设计。

**1. 钢杆的承载力**

为保证阻尼器的可靠工作，要求钢杆的承载力不得低于黏弹性阻尼器在所使用工程中的最大作用力。

对于斜向支撑，钢杆受力如图6.1（a）所示，故要求钢杆承载力满足：

$$N' \geqslant F_{\mathrm{d,max}}, \quad N'' \geqslant F_{\mathrm{d,max}} \tag{6-27}$$

对于组合式支撑，钢杆受力如图6.1（b）所示，故要求钢杆承载力满足：

$$\left.\begin{aligned} N_1 &\geqslant F_{\mathrm{d,max}} \tan\theta_2 \\ N_2 &\geqslant F_{\mathrm{d,max}} \frac{1}{\cos\theta_2} \end{aligned}\right\} \tag{6-28}$$

对于组合式支撑，钢杆受力如图6.1（c）所示，故要求钢杆承载力满足：

$$\left.\begin{aligned} N_1 &\geqslant F_{\mathrm{d,max}} \tan(\theta_1 - \theta_2) \\ N_2 &\geqslant F_{\mathrm{d,max}} \frac{1}{\cos(\theta_1 - \theta_2)} \end{aligned}\right\} \tag{6-29}$$

对于组合式支撑，钢杆受力如图 6.1（d）所示，故要求钢杆承载力满足：

$$\left.\begin{aligned}N_1 &\geqslant F_{\mathrm{d,max}}\tan(\theta_1+\theta_2)\\N_2 &\geqslant F_{\mathrm{d,max}}\frac{1}{\cos(\theta_1+\theta_2)}\end{aligned}\right\}\tag{6-30}$$

对于组合式支撑，钢杆受力如图 6.1（e）所示，故要求钢杆承载力满足：

$$\left.\begin{aligned}N_1 &\geqslant F_{\mathrm{d,max}}\tan(\theta_1+\theta_2)\\N_2 &\geqslant F_{\mathrm{d,max}}\frac{1}{\cos(\theta_1+\theta_2)}\end{aligned}\right\}\tag{6-31}$$

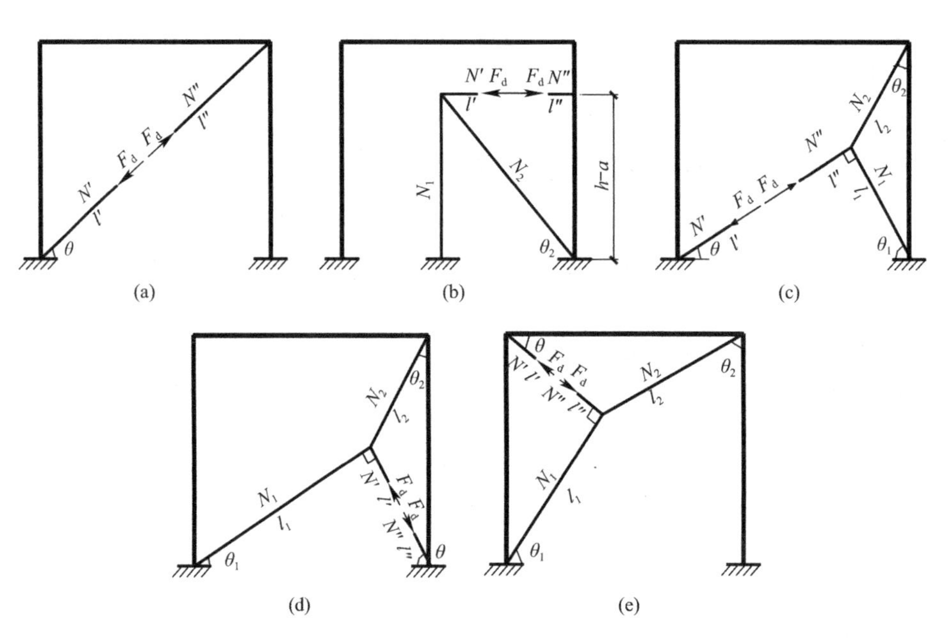


图 6.1 支撑中钢杆受力图

**2. 钢杆的刚度**

常用的消能支撑为斜向支撑，由两段钢杆（或多段钢杆组合）与黏弹性阻尼器串联连接而成，如图 6.2 所示。当忽略钢杆的阻尼时，消能支撑的计算模型如图 6.3 所示，图中 $k_{\mathrm{d}}$、$c_{\mathrm{d}}$ 分别为黏弹性阻尼器的抗剪刚度和阻尼系数；$k_{\mathrm{b}}$ 为两段钢杆的拉、压刚度；$u_{\mathrm{b}}(t)$、$u_{\mathrm{d}}(t)$、$u_{\mathrm{c}}(t)$分别为钢杆、黏弹性阻尼器及消能支撑的变形。

不同形式黏弹性消能支撑连接钢杆的拉、压刚度 $k_{\mathrm{b}}$ 可表示如下。

对于斜向支撑：

$$k_{\mathrm{b}}=\frac{EA}{(l'+l'')}\tag{6-32}$$

对于组合式支撑：

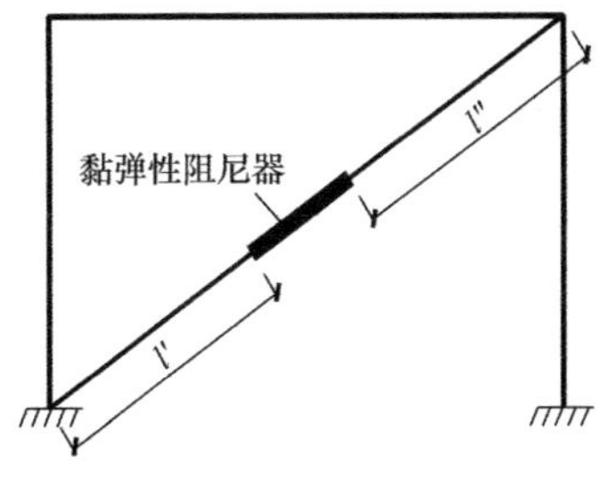


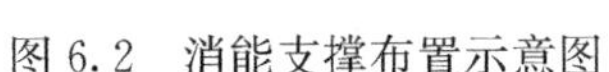
图 6.2　消能支撑布置示意图

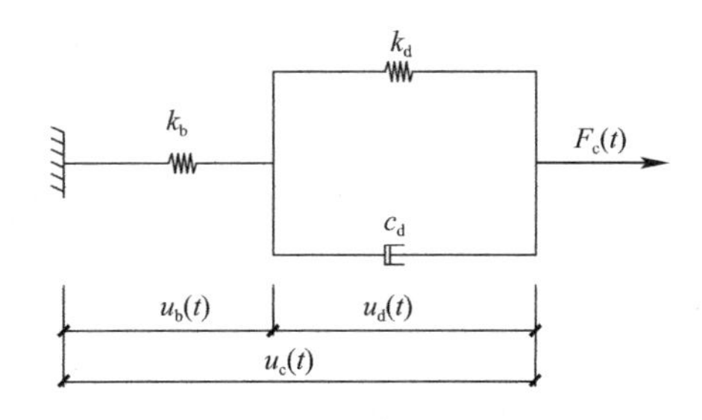


图 6.3　消能支撑计算模型图

$$k_{\mathrm{b}}=\frac{EA}{(l'+l'')+(h-a)\left(\dfrac{1}{\tan^{2}\theta}+\dfrac{1}{\sin\theta_{2}\cos^{2}\theta_{2}}\right)} \tag{6-33}$$

对于组合式支撑：

$$k_{\mathrm{b}}=\frac{EA}{(l'+l'')+\dfrac{l_{2}+l_{1}\sin^{2}(\theta_{1}-\theta_{2})}{\cos^{2}(\theta_{1}-\theta_{2})}} \tag{6-34}$$

对于组合式支撑：

$$k_{\mathrm{b}}=\frac{EA}{(l'+l'')+\dfrac{l_{2}+l_{1}\sin^{2}(\theta_{1}+\theta_{2})}{\cos^{2}(\theta_{1}+\theta_{2})}} \tag{6-35}$$

力和变形（或位移）均为时间的函数。

消能支撑在 $F_{\mathrm{c}}(t)$作用下，两段钢杆的变形 $u_{\mathrm{b}}(t)=u_{\mathrm{b,max}}\sin\omega t$。

黏弹性阻尼器的变形：

$$u_{\mathrm{d}}(t)=u_{\mathrm{d,max}}\sin(\omega t-\alpha_{1}) \tag{6-36}$$

则消能支撑的变形：

$$u_{\mathrm{c}}(t)=u_{\mathrm{b}}(t)+u_{\mathrm{d}}(t)=u_{\mathrm{c,max}}\sin(\omega t-\alpha_{2}) \tag{6-37}$$

式中　$\alpha_1$——黏弹性阻尼器应变滞后于应力的相位角；

$\alpha_2$——消能支撑应变滞后于应力的相位角。

式（6-36）、式（6-37）代入式（6-3），得：

$$F_{\mathrm{d}}(t)=k_{\mathrm{d}}u_{\mathrm{d,max}}\sin(\omega t-\alpha_{1})+\eta k_{\mathrm{d}}u_{\mathrm{d,max}}\cos(\omega t-\alpha_{1}) \tag{6-38}$$

$$F_{\mathrm{c}}(t)=k'_{\mathrm{d}}u_{\mathrm{c,max}}\sin(\omega t-\alpha_{2})+\eta' k'_{\mathrm{d}}u_{\mathrm{c,max}}\cos(\omega t-\alpha_{2}) \tag{6-39}$$

式中　$F_{\mathrm{d}}(t)$、$F_{\mathrm{c}}(t)$——黏弹性阻尼器、消能支撑所承受的力；

$k'_{\mathrm{d}}$、$\eta'$——消能支撑的抗剪刚度和损耗因子。

黏弹性阻尼器与钢杆串联，故：

$$F_{\mathrm{d}}(t)=F_{\mathrm{b}}(t)=F_{\mathrm{c}}(t) \tag{6-40}$$

由式（6-38）～式（6-40）及 $F_{\mathrm{b}}(t)=k_{\mathrm{b}}u_{\mathrm{b}}(t)$，得：

$$\eta'=\frac{1}{(1+\eta^{2})k_{\mathrm{d}}/k_{\mathrm{b}}+1}\eta \tag{6-41}$$

$$k'_{\mathrm{d}}=\frac{\eta'(\eta^2+1)}{\eta(\eta'^2+1)}k_{\mathrm{d}} \tag{6-42}$$

令
$$\lambda_1=\frac{\eta'}{\eta}=\frac{1}{(1+\eta^2)k_{\mathrm{d}}/k_{\mathrm{b}}+1} \tag{6-43}$$

$$\lambda_2=\frac{k'_{\mathrm{d}}}{k_{\mathrm{d}}}=\frac{\eta'(1+\eta^2)}{\eta(1+\eta'^2)} \tag{6-44}$$

$\lambda_1$ 为钢杆对黏弹性阻尼器损耗因子的影响系数，$\lambda_1\leqslant 1$；$\lambda_2$ 为钢杆对黏弹性阻尼器抗剪刚度的影响系数。

由式 $F(t)=k_{\mathrm{d}}(\omega)x+c_{\mathrm{d}}(\omega)\dot{x}$ 得消能支撑提供的控制力为：

$$F_{\mathrm{c}}(t)=\lambda_1 c_{\mathrm{d}}\dot{x}+\lambda_2 k_{\mathrm{d}}x \tag{6-45}$$

显然，$\lambda_1$ 大，$\lambda_2$ 大，则 $F_{\mathrm{c}}(t)$大，控制效果好。当 $k_{\mathrm{b}}=\infty$、$\eta'=\eta$、$\lambda_1=1$ 时，$F_{\mathrm{c}}(t)$大；而当 $k_{\mathrm{b}}=0$、$\eta'=0$、$\lambda_1=0$ 时，$F_{\mathrm{c}}(t)$小。可见钢杆拉压刚度对减震效果的影响是很大的，刚度越大，减震效果越好，反之则差。为充分发挥黏弹性阻尼器的消能减震效果，并考虑工程实际中的可行性，建议 $\lambda_1\geqslant 0.8$，由式（6-43）得：

$$\frac{k_{\mathrm{b}}}{k_{\mathrm{d}}}\geqslant 4(1+\eta^2) \tag{6-46}$$

### 6.5.4 黏弹性消能部件的节点板计算

节点板设计时应验算节点板构件的截面、节点板与预埋板间高强螺栓或焊缝的强度。

节点板在抗拉、抗剪作用下的强度应按下列公式计算：

$$\sigma=\frac{N}{\sum(\eta_i A_i)}\leqslant f \tag{6-47}$$

$$\eta_i=\frac{1}{\sqrt{1+2\cos^2\alpha_i}} \tag{6-48}$$

式中 $N$——作用于节点板上消能器作用力，按规定取值（kN）；

$A_i$——第 $i$ 段破坏面的截面积，当为螺栓连接时，应取净截面面积（$\mathrm{m}^2$）；

$\eta_i$——第 $i$ 段的拉剪折算系数；

$f$——钢材的抗拉和抗剪强度设计值（$\mathrm{N/mm}^2$）；

$\alpha_i$——第 $i$ 段破坏线与拉力轴线的夹角；

$t$——板件厚度（mm）（图 6.4）；

$l_i$——第 $i$ 段破坏段的长度（mm），应取板件中最危险的破坏线的长度（图 6.4）。

节点板在压力作用下的稳定性，应符合《钢结构设计标准》GB 50017—2017 及《建筑消能减震技术规程》JGJ 297—2013 的规定。

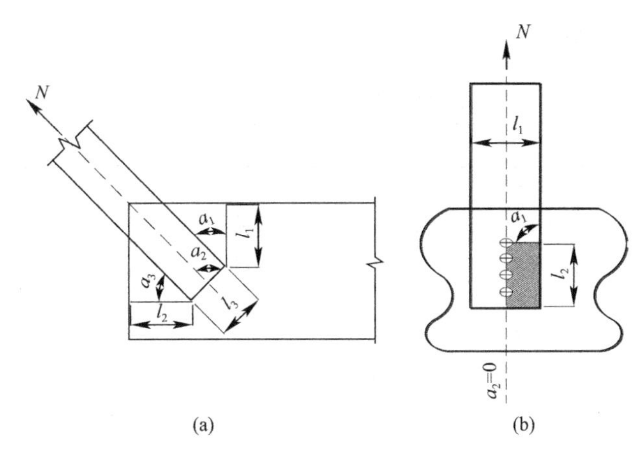


图 6.4 节点板的拉、剪撕裂

(a) 焊接；(b) 螺栓连接

### 6.5.5 黏弹性消能部件的构造要求

预埋件的锚筋应与钢板牢固连接，锚筋的锚固长度宜大于 20 倍锚筋直径，且不应小于 250mm。当无法满足锚固长度的要求时，应采取其他有效的锚固措施。对于新建消能减震结构，与预埋件相连接的梁、柱（暗柱）等构件在预埋件及自预埋件外侧算起的加密区长度（按相关规范、规程的规定取值）范围内的箍筋均应加密，并满足相关规范、规程对箍筋加密区的有关规定。

支撑长细比、宽厚比应符合国家现行标准《钢结构设计标准》GB 50017—2017 和《高层民用建筑钢结构技术规程》JGJ 99—2015 中有关中心支撑的规定。连接阻尼器与结构构件的预埋件是保证可靠传力的重要部件，故提出较高的要求。新建消能减震结构预埋件部位的箍筋必须加密，加密范围一般不小于埋件长度加两侧外延各不小于 500mm 的范围，加密范围内的箍筋间距不宜小于 100mm；当预埋件位于梁柱节点区域时，梁、柱端加密区的长度应外延至自预埋件外侧算起的规定长度处。

## 6.6 黏弹性消能器的检测与安装

为保证黏弹性阻尼器的质量，在施工前应对其质量进行严格检测。外观质量和尺寸允许误差的检测，要求每件必做。黏弹性阻尼器的力学性能应符合表 6.1 的规定，抽检数量为同一工程同一类型同一规格数量的 3%，当同一类型同一规格的阻尼器产品数量较少时，可以在同一类型阻尼器中抽检总数量的 3%，但不应少于 2 个。检验合格率为 100%，才可用于实际工程。检测后的产品试件应废弃，不能用于主体结构。

黏弹性阻尼器力学性能要求　　表 6.1

| 项目 | 性能要求 |
| --- | --- |
| 表观剪应变极限值 | 环境温度和工作频率范围内最小的实测值不应小于产品表观剪应变设计值的 120% |
| 最大阻尼力 | 环境温度和工作频率范围内最小的实测值不应小于产品阻尼力设计值的 120% |
| 表观剪切模量 | 环境温度和工作频率范围内最小的实测值应在产品表观剪切模量设计值的±15%以内；实测值的平均值应在产品表观剪切模量设计值的±7.5%以内 |
| 损耗因子 | 环境温度和工作频率范围内最小的实测值不应小于产品损耗因子设计值的 85%；实测平均值不应小于产品损耗因子设计值的 92.5% |
| 滞回曲线 | 实测滞回曲线应光滑，无异常，在同一测试条件下，任一循环中滞回曲线包络面积实测值偏差应在产品设计值的±15%以内，实测值偏差的平均值应在产品设计值的±10%以内 |

黏弹性阻尼器的施工操作说明书中应具体明确记载阻尼器安装的操作要领，阻尼器构件在现场的保管和保养方法。施工单位应在施工组织设计中明确质量管理措施。

第7章

# 黏弹性阻尼器减震（振）设计工程实例

## 7.1 实例一：某高层框架-筒体结构

### 7.1.1 工程概况

该工程是江苏省宿迁市新区内的重点建筑，主楼高57.8m，地上13层（两侧的塔楼为16层），地下一层，建筑面积共14188.5m²，采用中央空调系统。图7.1为标准层结构平面布置图，标准层层高为3.6m，第13层层高为5.0m。

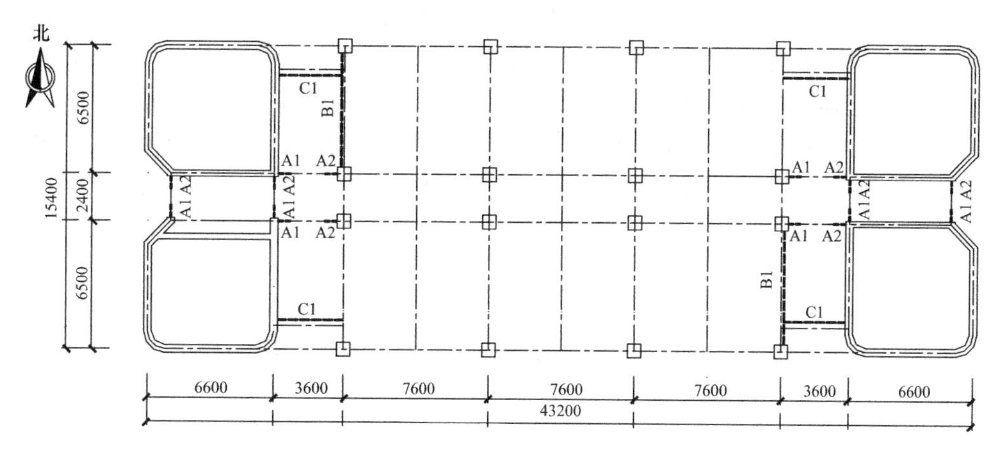


图7.1 标准层结构平面布置图

该建筑采用钢筋混凝土框架-筒体结构，抗震设防烈度为9度，结构安全等级为二级，抗震设防分类标准为丙类，Ⅱ类场地，场地卓越周期为0.337s，框架和剪力墙的抗震等级均为一级。建筑平面、立面布置规整，房屋长宽比、高厚比均满足规范要求。

原结构采用筒壁厚450mm，底层框架柱截面为800mm×800mm，框架梁高800mm。抗震计算表明，原结构在多遇、罕遇水平地震作用下都不能满足要求，并且梁、柱的配筋率很高，施工困难。建设单位要求加大科技含量，以提高抗震可靠度和降低造价。经技术经济比较，决定采用装有兰陵牌黏弹性阻尼器的消能支撑，筒壁减薄为 400mm，底层框架柱截面减小为 700mm×700mm，框架梁减低为 700mm。结构自振频率由原来的 1.1Hz 提高到 1.16Hz，即结构的抗侧刚度比原来的稍大。抗震计算表明，设置消能支撑后，上部结构能按抗震设防烈度 8 度来设计，见下述。这样扣除消能支撑的支出后，仍可节约主体结构造价的 10%，约 150 万元，并且使用面积有所增加，施工也方便了。

### 7.1.2 黏弹性阻尼器与消能支撑的设计

在该工程中，标准层（三～十三层）结构分布较为均匀，可沿结构竖向均匀放置黏弹性消能支撑，设所期望的附加阻尼比为 6%，则由式：

$$\zeta_a = \frac{\sum_{j=1}^{n} k''_{b,j} \cos^2\theta_j \ (x_j - x_{j-1})^2}{2\sum_{j=1}^{n} (k_{f,j} + k'_{b,j}\cos^2\theta_j)\ (x_j - x_{j-1})^2} \tag{7-1}$$

计算可得各楼层平均所需的阻尼器中黏弹性阻尼材料的面积为：

$X$ 向：$A_x = 920,000\text{mm}^2$

$Y$ 向：$A_y = 798,300\text{mm}^2$

由此可按黏弹性阻尼器的规格，初步确定它的型号和数量[150]。本工程中，黏弹性阻尼器装在钢斜撑的中部，一个斜撑放一个阻尼器。在不妨碍建筑功能与艺术要求的前提下，经协商与研究，决定采用由 A、B、C 三种黏弹性阻尼器构成的 A1、A2、B1、B2、C1、C2 六种形式的消能支撑，见表 7.1，它们在标准层的平面位置示意如图 7.1。

**消能支撑的种类和数量** **表 7.1**

| | A1 型（个） | A2 型（个） | B1 型（个） | B2 型（个） | C1 型（个） | C2 型（个） |
|---|---|---|---|---|---|---|
| 1 层 | 8 | 8 | 0 | 0 | 0 | 0 |
| 2 层 | 8 | 8 | 2 | 0 | 0 | 0 |
| 3～12 层 | 8×10 | 8×10 | 2×10 | 0 | 4×10 | 0 |
| 13 层 | 8 | 8 | 0 | 2 | 0 | 4 |

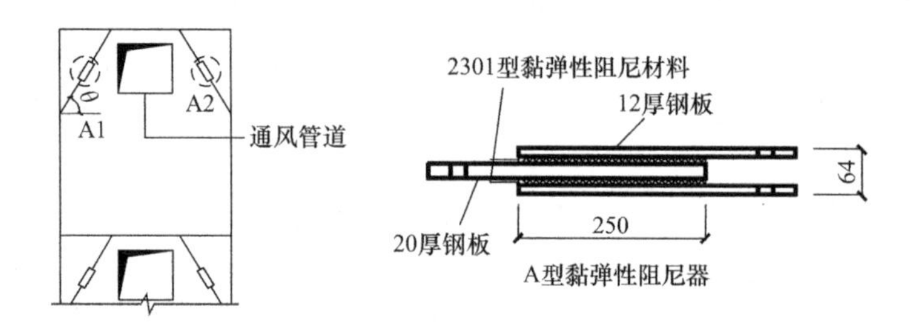


图 7.2 A 型消能支撑、黏弹性阻尼器安装及构造示意图

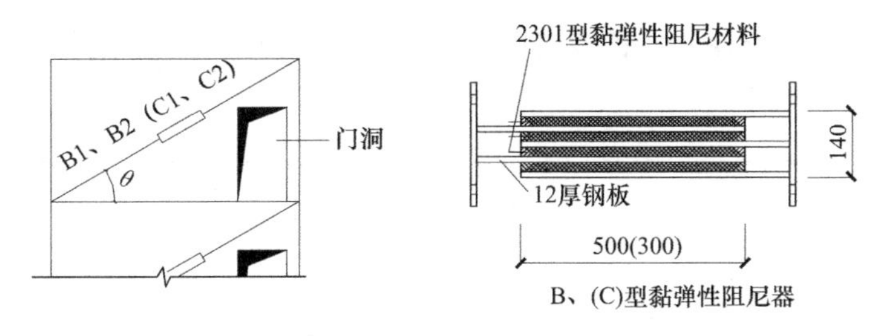


图 7.3　B、C 型消能支撑、黏弹性阻尼器安装及构造示意图

小八字型的 A1、A2 型消能支撑设置在两个筒体间的连系梁下方，通风管道在 A1 与 A2 型的空档处通过。这种消能支撑采用 A 型阻尼器，有两层黏弹性材料，每层厚 10mm，黏弹性材料的平面尺寸为 $2\times b_{ve}\times l_{ve}=2\times100\times250=50,000\text{mm}^2$，图 7.2 为 A 型阻尼器及相应的消能支撑安装及构造示意图。B、C 型消能支撑中，采用 B、C 型黏弹性阻尼器，有四层黏弹性材料，每层厚 20mm，黏弹性材料的平面尺寸分别为：$4\times b_{ve}\times l_{ve}=4\times180\times500=360,000\text{mm}^2$ 和 $4\times180\times300=216,000\text{mm}^2$，图 7.3 为 B、C 型阻尼器及相应的消能支撑安装及构造示意图。黏弹性阻尼器与消能支撑的钢杆件用高强度螺栓连接，消能支撑两端与框架梁、柱或与筒体的预埋钢板相连。

消能支撑允许的拉力或压力设计值是由黏弹性阻尼器的受剪承载力确定的，由试验知，这种阻尼器破坏时黏弹性材料与钢板间的受剪黏结强度为 $1.52\text{N/mm}^2$，为安全取为 $1.0\text{N/mm}^2$。

对多遇地震下黏弹性阻尼减震效果进行初步计算分析，计算考虑五种工况。第一种为无控结构构件截面调整前，结构的阻尼比为 5%时的工况；第二种为无控结构构件截面调整后结构的阻尼比为 5%时的工况；第三种工况为无控结构构件截面调整后，考虑黏弹性阻尼减震效果，结构总阻尼比为 11%时的工况；第四种工况为结构构件截面调整后，仅在同样位置设置了等刚度的钢支撑，结构阻尼比为 5%时的工况；第五种为无控结构构件截面调整后结构的阻尼比为 5%时，按抗震设防烈度 8 度计算的工况。前四种工况均按抗震设防烈度 9 度计算。各种工况的计算均采用反应谱振型组合法（SRSS 法）[151]，考虑了前 6 阶振型的组合。多遇地震下，该结构工程南北向和东西向各种工况下的楼层位移最大值分别如图 7.4、图 7.5 所示。

由以上计算可知，第一、第二、四种工况下结构各楼层位移最大值较为接近，第四种比第二种工况下的结果略小，即无控结构设置了等刚度的钢支撑后，各楼层位移最大值有所减小，但由于结构的阻尼没有增加，各楼层位移降低的幅度很小。第三种工况下各楼层位移最大值比第二、四种工况要小得多，表明结构阻尼比增加到 11%后，各楼层位移值明显减小。

计算还表明，第三种工况下各楼层位移最大值与第五种工况下的结果相差较小，即加黏弹性阻尼器后，各楼层位移值与无控结构按抗震设防烈度 8 度计算的结果接近。

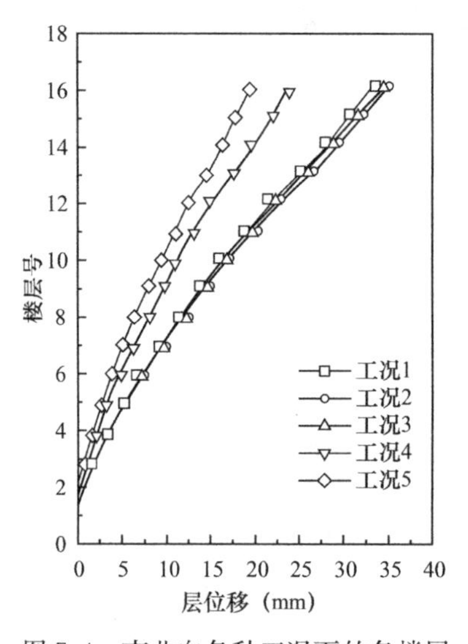


图 7.4　南北向各种工况下的各楼层位移最大值

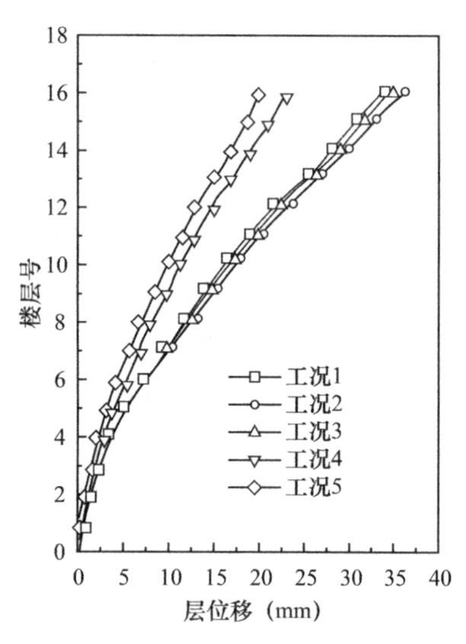


图 7.5　东西向各种工况下的楼层位移最大值

因此，对被控结构，考虑安装黏弹性阻尼支撑后的减震效果，在结构构件截面设计阶段可对水平地震作用予以一定的折减，对本工程，上部结构构件截面设计可近似按抗震设防烈度 8 度考虑。

## 7.1.3　结构的弹塑性地震反应分析方法

图 7.6 中，$A$、$B$、$C$ 为恢复力模型[153]、[154]的三个特征点，$A$ 点为屈服点，$B$ 点为极限点，$C$ 点为倒塌点。按下列方法和步骤确定：

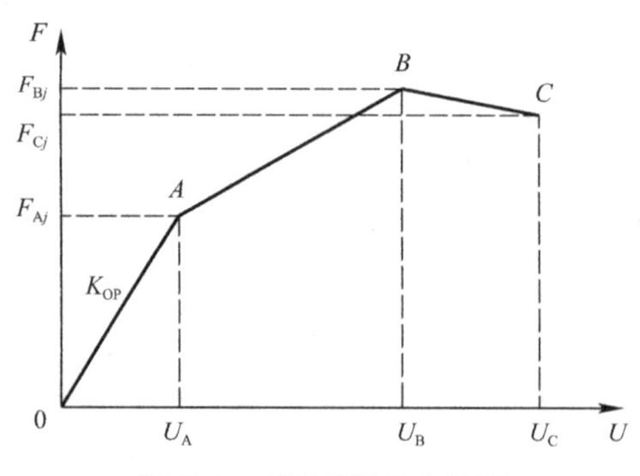


图 7.6　三折线恢复力模型

**1. 确定初始刚度**

$$K_{op} = \bar{\beta}(x)K_0 \tag{7-2}$$

式中 $K_0$——筒体与框架的初始弹性抗侧刚度；

$\bar{\beta}(x)$——抗侧刚度平均折减系数。

**2. 确定楼层的受剪承载力**

$$F_{Bj}=\sum_{i=1}^{m}V_{ukj,i}+\sum_{i=1}^{n}F_{ukj,i} \tag{7-3}$$

式中 $F_{Bj}$——结构计算模型第 $j$ 层的抗剪承载力；

$\sum_{i=1}^{m}V_{ukj,i}$——结构计算模型第 $j$ 层所有筒体的抗剪承载力；

$\sum_{i=1}^{n}F_{ukj,i}$——结构计算模型第 $j$ 层所有框架柱的抗侧极限承载能力。

**3. 确定 *A* 点位置**

$$F_{Aj}=KF_{Bj}, K=0.42 \tag{7-4}$$

**4. 确定 *B* 点的水平位置**

$$u_B=5.8u_A \tag{7-5}$$

**5. 确定 *C* 点的水平位置**

$$u_c=2u_B \tag{7-6}$$

**6. 卸载时的抗侧刚度**

$$K_3=(u_A/u_C)^{\alpha}K_{op}, \alpha=0.7 \tag{7-7}$$

对于设置了 B1、B2、C1、C2 消能支撑的结构，第 $j$ 楼层的第 $i$ 个黏弹性阻尼器对结构提供的水平控制力为：

$$F_{bj,i}=\cos^2\theta_{j,i}C_{vej,i}(\dot{X}_j-\dot{X}_{j-1})+\cos^2\theta_{j,i}K_{vej,i}(X_j-X_{j-1}) \tag{7-8}$$

对于设置了 A1、A2 消能支撑的结构，第 $j$ 楼层的第 $i$ 个黏弹性阻尼器对结构提供的水平控制力为：

$$F_{bj,i}=0.5\frac{a}{h}C_{vej,i}(\dot{x}_j-\dot{x}_{j-1})+0.5\frac{a}{h}K_{vej,i}(x_j-x_{j-1}) \tag{7-9}$$

### 7.1.4 地震反应时程分析的主要结果

采用了 El-Centro 波、天津波、人工波等三条地震波，其卓越频率分别为 2.20Hz、0.87Hz、2.97Hz，多遇和罕遇地震峰值加速度分别取为 $0.14g$ 和 $0.62g$。考虑到该建筑是全空调的，故取黏弹性阻尼器的损耗因子 $\eta$ 依次为 1.02、0.85、1.08，表观的储存剪切模量 $\bar{G}'$ 依次取为 $5.8\text{N/mm}^2$、$4.6\text{N/mm}^2$ 和 $6.5\text{N/mm}^2$。

图 7.7、图 7.8 示出了在多遇水平地震作用下，输入 El-Centro 地震波后，结构在南北方向的地震反应，细线是没有设置黏弹性阻尼器的工况，粗实线是设置了黏弹性阻尼器的工况（下同）。

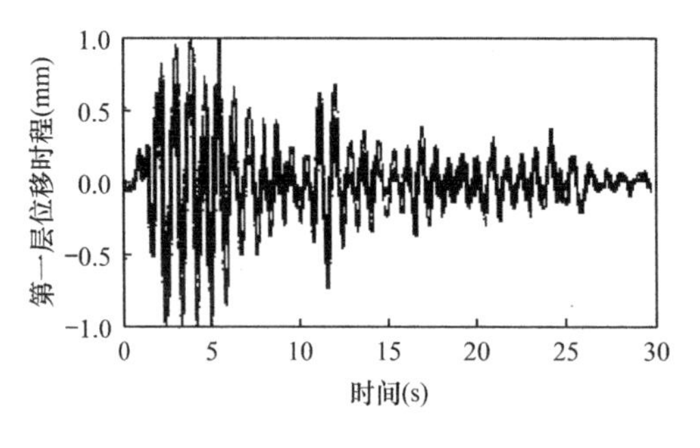


图 7.7　20℃，El-Centro 波南北向输入，$\ddot{x}_{gmax}=0.14g$

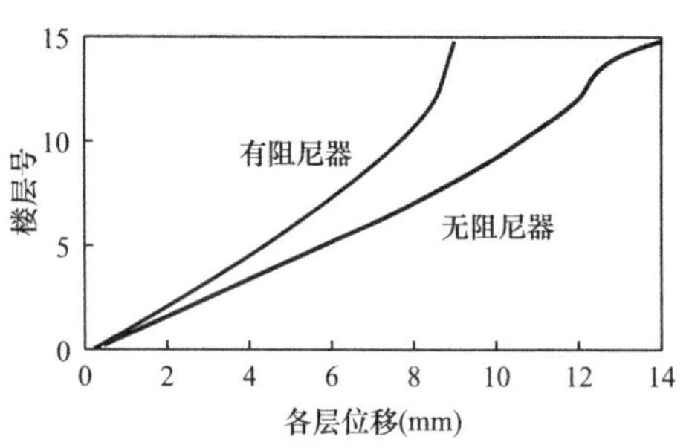


图 7.8　20℃，El-Centro 波南北向输入，$\ddot{x}_{gmax}=0.14g$

计算表明，在多遇水平地震作用下，结构都处于弹性工作状态，但设置黏弹性阻尼器后的受控结构，它的水平位移明显减小。其层间弹性位移角满足我国《建筑抗震设计规范》GB 50011—2010 规定的限值 1/550 的要求。同时经过 TAT 程序验算，结构的抗震承载力也满足要求。

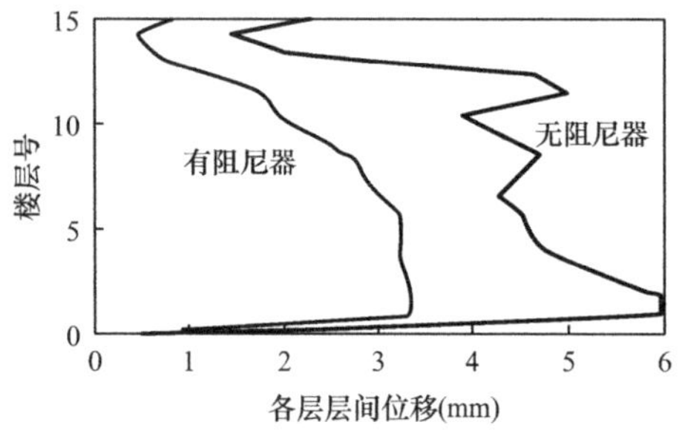


图 7.9　20℃，El-Centro 波南北向输入，$\ddot{x}_{gmax}=0.62g$

罕遇水平地震作用下的计算表明，输入 El-Centro 波和人工波时，没有设置阻尼器的原结构大部分已进入塑性状态，如图 7.9、图 7.10 中的细线所示；输入天津波时原结构已全部进入塑性状态，水平位移呈发散趋势，如图 7.11 中的细线所示。但是，设置了阻尼器的受控结构在罕遇水平地震作用下仍处于弹性工作状态，如图 7.9～图 7.11 中的粗线所示，其层间相对水平位移值都小于我国《建筑抗震设计规范》GB 50011—2010 规定的 1/50。

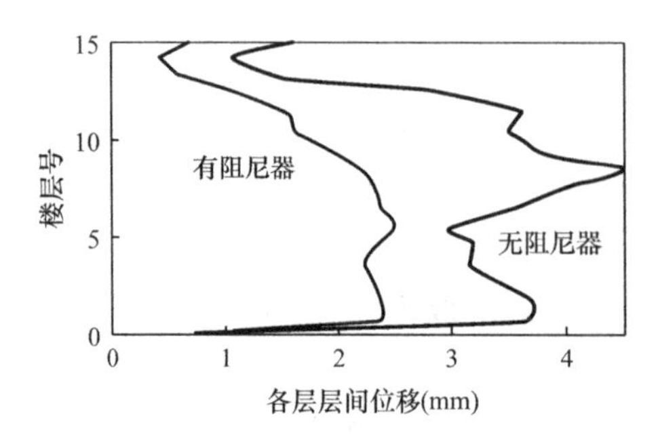


图 7.10　20℃，人工波南北向输入，$\ddot{x}_{gmax}=0.62g$

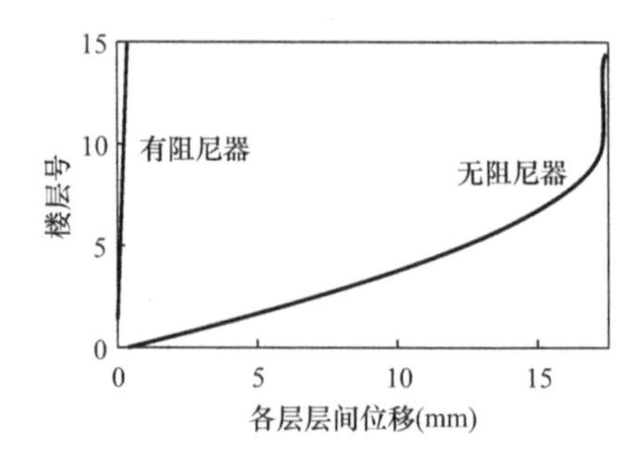


图 7.11　20℃，天津波南北向输入，$\ddot{x}_{gmax}=0.62g$

这表明黏弹性阻尼结构的初步设计已完全满足要求，不需进行进一步设计。计算表明，由于原结构和受控结构在东西向的抗侧刚度比它们在南北向的大，所以在东西向的抗震性能要好些。另外，还计算了环境为 0℃和 30℃时，受控结构在南北向对多遇、罕遇水平地震作用的反应，计算结果也符合要求。图 7.12、图 7.13 分别示出了 0℃、30℃时，在南北向输入人工波，结构顶层在罕遇水平地震作用下的水平位移时程曲线。

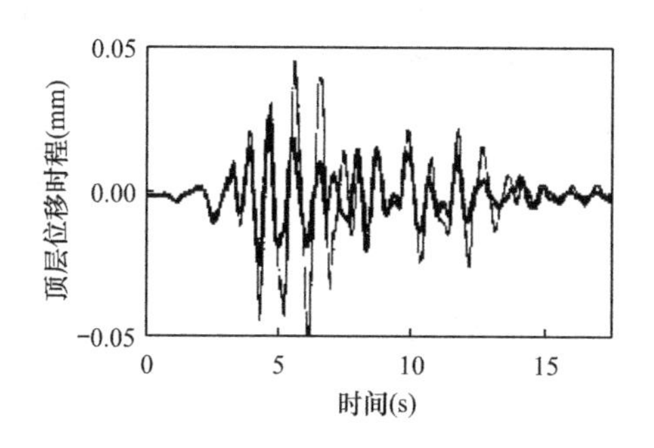


图 7.12　0℃，人工波南北向输入，$\ddot{x}_{gmax}=0.62g$

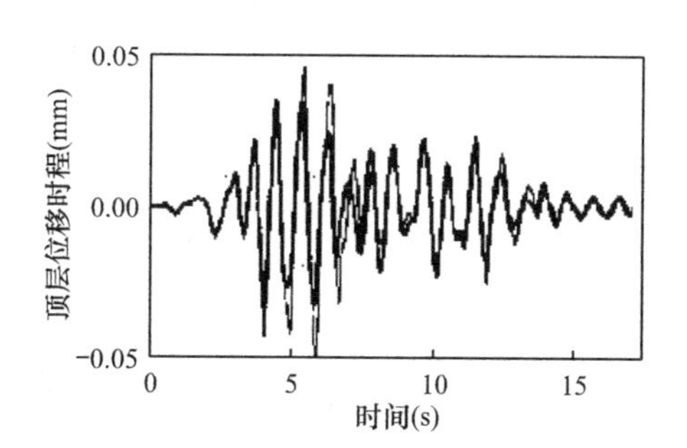


图 7.13　30℃，人工波南北向输入，$\ddot{x}_{gmax}=0.62g$

## 7.2　实例二：某多层框架-剪力墙结构（一）

### 7.2.1　工程概况及结构方案

该工程是六层的丙类建筑，其底层是商业用房，上部是五层住宅，底层层高 4.2m，其他各层层高 2.9m，抗震设防烈度为 9 度，Ⅱ类场地土，是非液化土。

经技术经济比较后，本工程决定采用有黏弹性消能支撑的钢筋混凝土框-剪结构方案。其中，在框架柱的底层截面为正方形，在其他各层处则改用短肢墙，截面大多是十字形、T 形，壁厚 200mm，以便与厚 190mm 的空心砖填充墙相配合。这样每一层的框架梁只承受本楼层的竖向荷载，且跨度较小，是比较经济的，横向剪力墙由两端的山墙与分户墙组成，纵向剪力墙由卫生间中朝楼梯一侧的纵墙 SW1 以及部分外纵墙组成，见图 7.14。黏弹性阻尼器设置在结构薄弱部位，同时考虑建筑使用要求，且尽量减少黏弹性阻尼器的数量，通过多次校核，确定需 111 个黏弹性阻尼器。在底层框架柱与梁及墙与梁的角部大多设置装有黏弹性阻尼消能支撑，其平面布置见图 7.14 中的 C1，立面见图 7.15。安装了黏弹性阻尼器后，整个结构的阻尼比由原来的 5%增加为 10%。

实践表明，这种减震方案，既安全又经济，受到群众和开发商的欢迎，产生了良好的社会效益和经济效益。

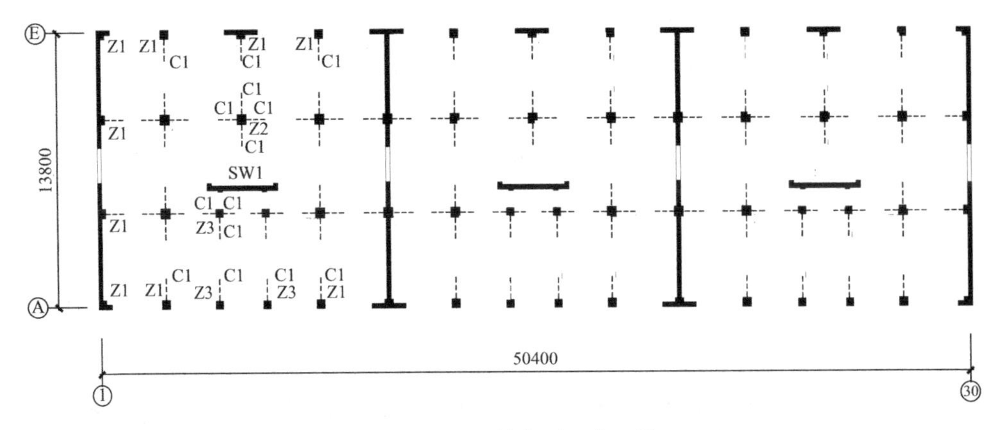


图 7.14　底层结构平面布置图

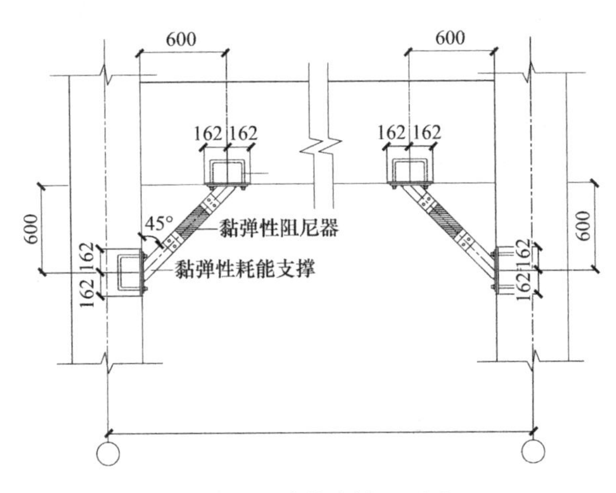


图 7.15　消能支撑立面图

## 7.2.2　结构在水平地震作用下的时程分析

采用剪切型的层模型。多遇水平地震下，按 TAT 弹性时程分析程序计算，这时把十字形、T 形截面短肢墙按截面惯性矩相等的原则换算成与其底层柱截面具有相同形状的矩形截面。输入三种地震波：ElCentro 波、天津波和人工波。这三种地震波的加速度峰值都取多遇水平地震时为 0.14$g$，罕遇水平地震时为 0.62$g$。

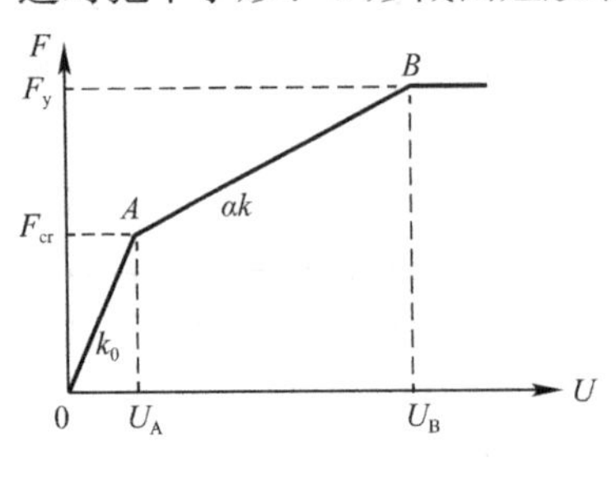


图 7.16　恢复力模型

混凝土剪力墙、柱都采用三折线模型，如图 7.16 所示。

图 7.16 中拐点 $A$ 对应开裂时的水平力 $F_{cr}$，拐点 $B$ 对应屈服时的水平力，对每一剪力

墙、柱都可以分别算出其 $F_{cr}$ 值和 $F_y$ 值。

框架柱的 $F_{cr}=1.5M_{cr}/H$，其中开裂弯矩 $M_{cr}=\gamma(f_t+N/A_0)W_0$；层间屈服剪力 $F_y=1.5M_y/H$，其中 $M_y=f_{cm}bx(h_0-0.5x)+f_yA_s(h_0-a_s)-N(h/2-a_s)$；屈服点割线刚度降低系数 $\alpha=0.035(1+\lambda)+0.27n_1+1.65\alpha_E\rho$。

剪力墙 $F_{cr}$ 取正截面开裂与斜截面开裂时两者中的较小值，正截面开裂的 $F_{cr}=\frac{I}{y_0}\left(f_t+\frac{N}{A}\right)\frac{1}{H}$，斜截面开裂的 $F_{cr}=\frac{\sqrt{x_2^2+4x_1x_3}-x_2}{2x_1}$，其中 $x_1=\frac{S_0^2}{I^2b^2}$，$x_2=\frac{Hy_0f_t}{I}$，$x_3=f_t\left(f_t+\frac{N}{A}\right)$。层间屈服剪力 $F_y=0.75[(\alpha_cf_c+\alpha_xf_{yx}\rho_x+\alpha_yf_{yy}\rho_y)bh_0+\alpha_NNbh/A]$，式中 $\alpha_c=0.15-0.05\phi$，$\alpha_x=2\phi-1$，$\alpha_y=2(1-\phi)$，$\alpha_N=0.12$，$\phi$ 为低剪力墙的剪跨比。取屈服点割线刚度降低系数 $\alpha=0.23$。

在计算弹性刚度 $k_0$ 时，截面弯曲刚度取为 $0.85E_cI$，其中，$E_c$ 为 C30 混凝土的弹性模量，$E_c=3.0\times10^4\text{N/mm}^2$，$I$ 为墙、柱的截面惯性矩。$k_0$ 的计算公式如下：

$$\text{墙}:k_0=\frac{1}{\frac{h^3}{3E_cI}+\frac{\xi h}{GA}} \tag{7-10}$$

$$\text{柱}:k_0=\alpha_z\frac{12\times0.85E_cI}{h^3} \tag{7-11}$$

式中 $h$——层高；

$\xi$——剪应力不均匀系数，取 $\xi=1.2$；

$E_c$、$G$——剪力墙的弹性模量、剪切模量，取 $G=0.43E_C$；

$\alpha_z$——框架梁对柱的弹性约束修正系数。

### 7.2.3 地震反应时程分析的主要结果

第 $j$ 楼层的第 $i$ 个黏弹性阻尼器对结构提供的水平控制力为：

$$F_{vej,i}=0.5\frac{a}{h}C_{vej,i}(\dot{x}_j-\dot{x}_{j-1})+0.5\frac{a}{h}K_{vej,i}(x_j-x_{j-1}) \tag{7-12}$$

以 C2 幢楼为例，其计算结果见表 7.2。可见，在多遇水平地震作用下，顶点相对水平位移及层间最大相对水平位移都能分别满足《建筑抗震设计规范》GB 50011—2010 1/700 与 1/650 的要求；在罕遇水平地震作用下，不加消能支撑的层间最大相对水平位移不能满足《建筑抗震设计规范》GB 50011—2010 要求的 1/70，但加了黏弹性消能支撑后，则能满足 1/70 的要求。

图 7.17 示出了多遇水平地震作用下，输入 El-Centro 地震波后，C2 幢楼在南北向的地震反应。图 7.18 示出了罕遇水平地震作用下，输入 El-Centro 地震波后，结构在南北向的地震反应。粗黑线是指设置了黏弹性消能支撑后的 C2 幢楼地震反应曲线，细虚线是指不设置黏弹性阻尼器的地震反应曲线。

**C2 幢楼在各波作用下的地震反应** **表 7.2**

| 波形 | 周期 | | 多遇水平地震作用 | | | | 罕遇水平地震最大层间相对位移 | |
|---|---|---|---|---|---|---|---|---|
| | | | 顶点相对位移 | | 层间最大相对位移 | | | |
| | 横向（s） | 纵向（s） | 横向 | 纵向 | 横向 | 纵向 | 横向 | 纵向 |
| ElCentro 波 | 0.30 | 0.51 | 1/2525 (1/2451) | 1/2239 (1/2176) | 1/3568 (1/3512) | 1/3119 (1/2938) | 1/76 (1/63) | 1/77 (1/64) |
| 天津波 | 0.30 | 0.51 | 1/2520 (1/2448) | 1/2241 (1/2181) | 1/3565 (1/3501) | 1/3120 (1/2941) | 1/75 (1/62) | 1/74 (1/64) |
| 人工波 | 0.30 | 0.51 | 1/2530 (1/2483) | 1/2242 (1/2201) | 1/3571 (1/3520) | 1/3122 (1/2941) | 1/114 (1/96) | 1/140 (1/93) |

注：表中（）中的值为不设置黏弹性消能支撑时的值。

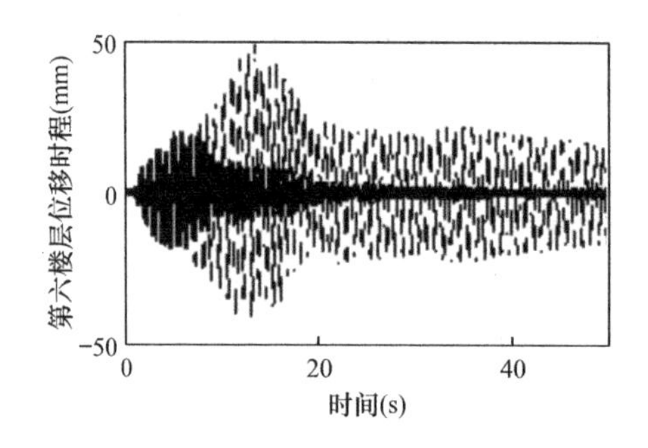


图 7.17　20℃，El-Centro 波南北向输入，$\ddot{x}_{g,\max}=0.14g$

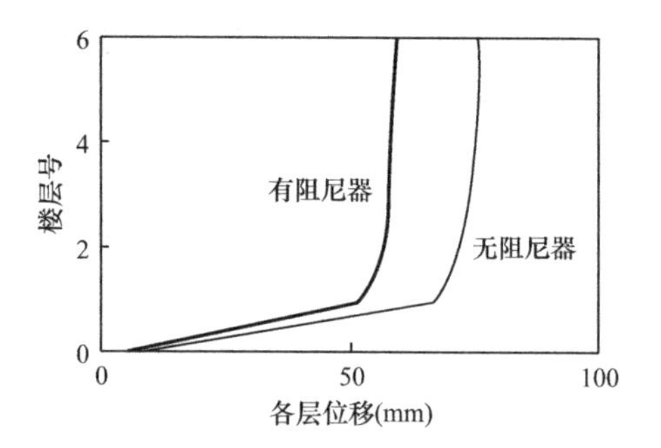


图 7.18　20℃，El-Centro 波南北向输入，$\ddot{x}_{g,\max}=0.62g$

## 7.3　实例三：某多层框架-剪力墙结构（二）

### 7.3.1　工程概况及结构方案

该工程为一办公楼，6 层，高 18.0m，各层层高 3.0m，采用钢筋混凝土框-剪结构。抗震设防烈度为 9 度，Ⅱ类场地土，是不液化土。

原设计方案采用钢筋混凝土框架结构，为了满足使用要求，体形较不规则。抗震计算表明，原结构的梁、柱截面尺寸较大且配筋率较高，施工困难，本工程决定采用设置黏弹性消能支撑的筋混凝土框-剪结构方案。通过调整剪力墙的数量和布置部位使结构的质心和刚心基本一致，避免地震作用下产生扭转反应。在不妨碍建筑功能与艺术要求的前提下，经协商与研究，决定采用由 A(B、C)、D 两种黏弹性阻尼器构成的消能支撑，共 71 只。装置黏弹性消能支撑后，抗震设防烈度可降低 1 度，即原结构可按 8 度来设计，经过经济分析比较，扣除阻尼器、钢杆件、预埋钢板等的费用，可节省主体结构造价10%左右。底层黏弹性消能支撑的平面布置见图7.19。

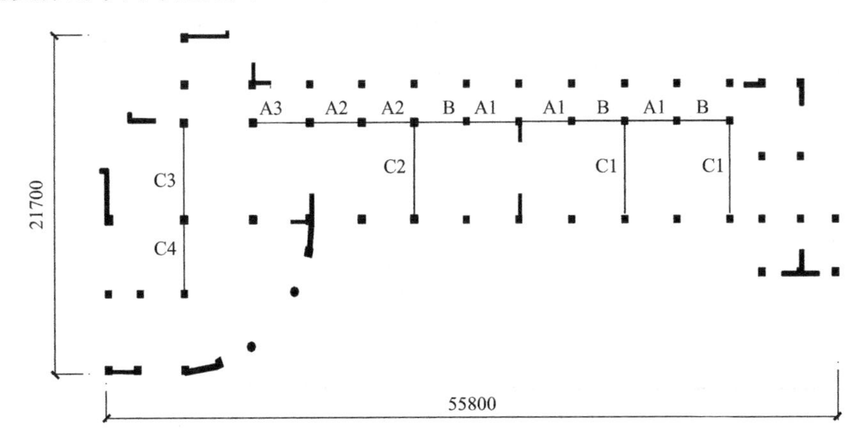


图7.19 底层结构平面布置图

## 7.3.2 黏弹性消能支撑的设计

本工程采用普通黏弹性阻尼器，消能支撑形式有两种：（1）单向对角斜撑，如图7.20所示，按尺寸不同，有8种编号A1、A2、A3、B、C1、C2、C3、C4；（2）小八字撑，如图7.21所示，只有一种编号D。

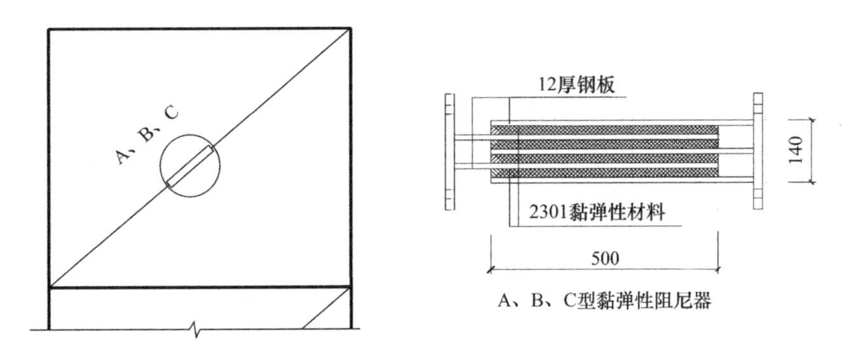


图7.20 A、B、C型消能支撑及黏弹性阻尼器

黏弹性材料与钢板间的受剪黏结强度为1.52N/mm²，为安全取为1.2N/mm²，故A1（A2、A3、B、C1、C2、C3、C4）、D型消能支撑的拉力或压力设计值分别为400kN和70kN。

## 7.3.3 地震反应分析方法简述

### 1. 计算模型

采用剪切型的层模型。多遇水平地震作用下，按弹性时程分析程序计算；罕遇水平地震作用下，按东南大学建筑工程抗震与减震研究中心开发的框-剪结构弹塑性时程分析程序 EPRD 进行计算，该程序包括两部分：①水平地震作用下，原结构的弹塑性反应计算；②水平地震作用下，装置了黏弹性消能支撑后的结构弹塑性反应计算及黏弹性消能支撑的控制效果计算。

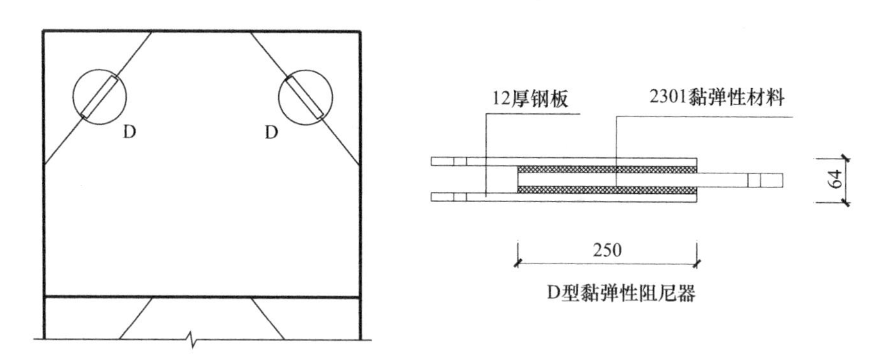


图 7.21　D 型消能支撑及黏弹性阻尼器

**2. 恢复力模型**

混凝土剪力墙、柱的恢复力模型都采用三折线模型，如图 7.22 所示。图中，$A$、$B$、$C$ 为恢复力模型的三个特征点，$A$ 是屈服点，$B$ 是极限点，$C$ 是倒塌点。

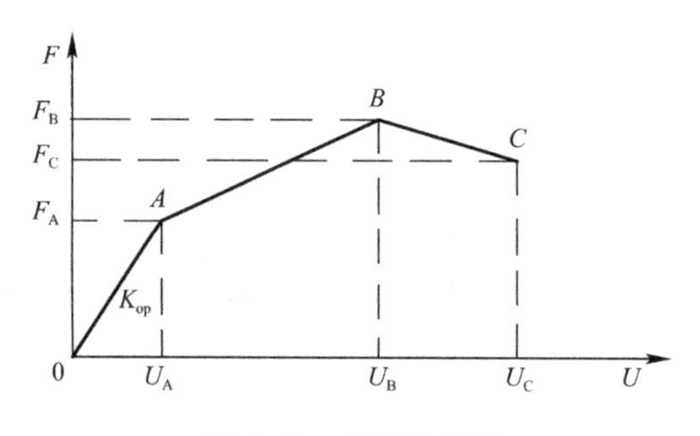


图 7.22　恢复力模型

**3. 运动方程**

水平地震作用下，黏弹性消能减震结构的运动方程可表示为：

$$M\ddot{X}+C\dot{X}+KX+F=-MI\ddot{X}_g(t) \tag{7-13}$$

式中　$M$、$C$、$K$——原结构的质量、阻尼和刚度矩阵；

$F$——黏弹性消能支撑提供的控制力矩阵；

$\ddot{X}$、$\dot{X}$、$X$——黏弹性消能结构的加速度、速度和位移向量；

$\ddot{X}_g(t)$——地震地面运动加速度；

$I$——单位列向量。

**4. 黏弹性消能支撑的水平控制力**

第 $j$ 楼层第 $i$ 个黏弹性消能支撑所提供的水平控制力：

$$F_{j,i}=\xi_i\cos\theta_{j,i}C_{j,i}(\dot{x}_j-\dot{x}_{j-1})+\xi_i\cos\theta_{j,i}K_{j,i}(x_j-x_{j-1}) \tag{7-14}$$

式中 $\theta_{j,i}$——第 $j$ 楼层第 $i$ 个消能支撑对水平线的倾角；

$x_j$、$x_{j-1}$——$j$、$j-1$ 楼层对地面的相对水平位移；

$\dot{x}_j$、$\dot{x}_{j-1}$——$j$、$j-1$ 楼层对地面的相对水平速度；

$\xi_i$——$j$ 楼层对 $j-1$ 楼层产生相对水平位移为 1 时，消能支撑 $i$ 产生的轴向变形；

$C_{j,i}$、$K_{j,i}$——第 $j$ 楼层第 $i$ 个消能支撑中黏弹性阻尼器的阻尼系数和抗剪刚度，按前述方法计算。

## 7.3.4 地震反应时程分析的主要结果

输入三种地震波：El-Centro 波、天津波和人工波。这三种地震波的加速度峰值都取多遇水平地震时为 0.14$g$，罕遇水平地震时为 0.62$g$。计算结果见表 7.3，可见，在多遇水平地震作用下，层间最大相对水平位移角都能分别满足我国《建筑抗震设计规范》GB 50011—2010 规定的 1/550 的要求；在罕遇水平地震作用下，未装置黏弹性消能支撑结构的层间最大相对水平位移角不能满足我国《建筑抗震设计规范》GB 50011—2010 规定的 1/50，但装置了黏弹性消能支撑后，则都能满足 1/50 的要求。

**在各波作用下结构的地震反应** **表 7.3**

| 波形 | 多遇水平地震作用 | | | | 罕遇水平地震作用最大层间相对位移角 | |
|---|---|---|---|---|---|---|
| | 顶点相对位移角 | | 层间最大相对位移角 | | | |
| | 横向 | 纵向 | 横向 | 纵向 | 横向 | 纵向 |
| El-Centro 波 | 1/2231 (1/1828) | 1/2215 (1/1396) | 1/1515 (1/1248) | 1/1473 (1/949) | 1/67 (1/55) | 1/81 (1/56) |
| 天津波 | 1/3030 (1/2216) | 1/3030 (1/2077) | 1/1787 (1/1342) | 1/2016 (1/1254) | 1/89 (1/54) | 1/94 (1/48) |
| 人工波 | 1/1936 (1/1488) | 1/2325 (1/1482) | 1/1285 (1/995) | 1/1496 (1/973) | 1/90 (1/56) | 1/109 (1/69) |

注：表中括号中的值为未装置黏弹性消能支撑结构的值。

图 7.23 示出了多遇水平地震作用下，输入天津地震波后，结构在南北向的地震反应。图 7.24 示出了罕遇水平地震作用下，输入天津地震波后，结构在南北向的地震反应。黑实线是指装置了黏弹性消能支撑后结构的地震反应曲线，细虚线是指未装置黏弹性消能支撑结构的地震反应曲线。

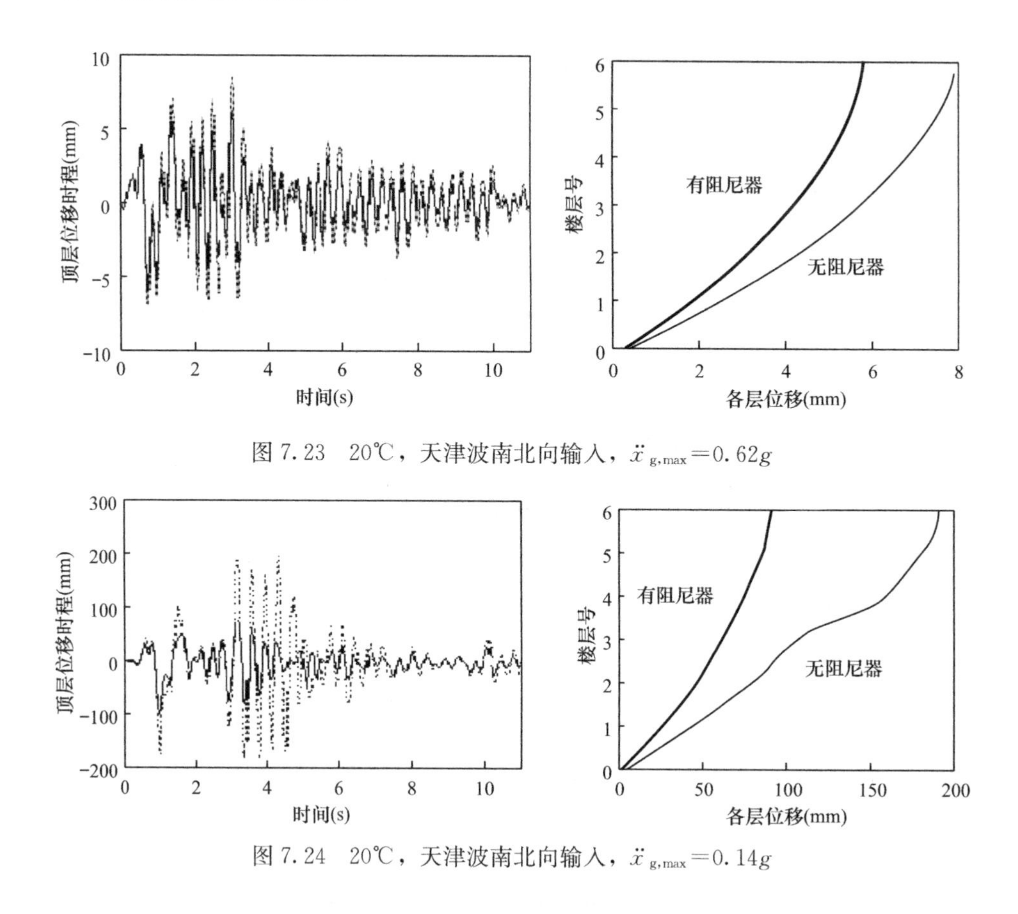


图 7.23 20℃，天津波南北向输入，$\ddot{x}_{g,max}=0.62g$

图 7.24 20℃，天津波南北向输入，$\ddot{x}_{g,max}=0.14g$

## 7.4 实例四：某底层框架抗震墙上部砖砌体结构

### 7.4.1 结构方案

该工程为某公司的一栋综合楼，6 层，高 19.0m，底层层高 4.5m，其余各层层高 2.9m。该建筑采用底层框架抗震墙上部砖砌体结构，抗震设防烈度为 8 度，设计基本地震加速度为 0.30$g$，抗震设防标准为丙类，Ⅲ类场地。

经协商与研究，决定采用由圆筒式黏弹性阻尼器构成的消能支撑，共 24 只。底层黏弹性消能支撑的平面布置见图 7.25。

### 7.4.2 黏弹性消能支撑的设计

本工程采用的黏弹性消能支撑形式为单向对角撑，支撑布置如图 7.26 所示，按尺寸不同，有 4 种编号 A1、A2、A3 和 A4。黏弹性阻尼器的拉力或压力设计值为 200kN。

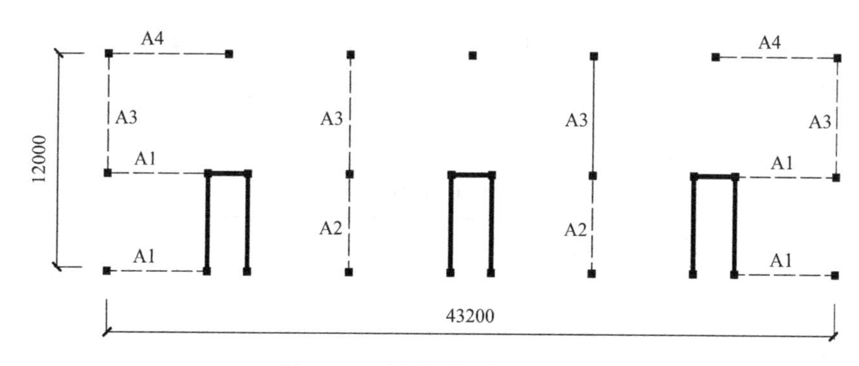


图 7.25 底层结构平面布置图

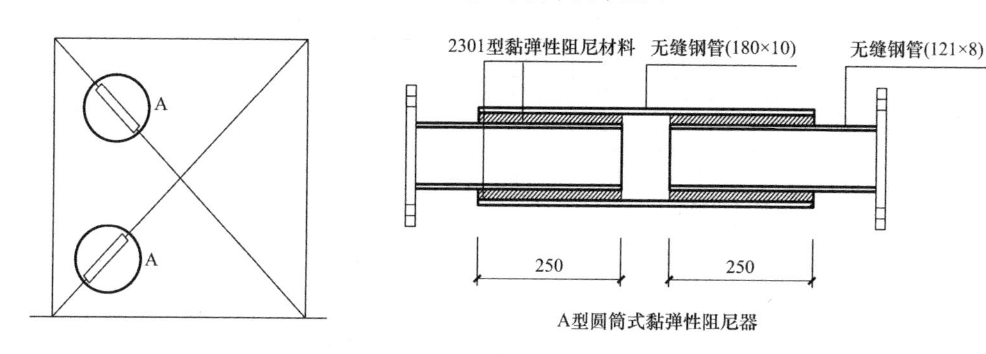


图 7.26 A 型消能支撑及圆筒式黏弹性阻尼器

## 7.4.3 地震反应时程分析的主要结果

### 1. 多遇地震作用下的抗震验算

采用 SATWE 程序中底框砖房计算模块对该房屋进行了抗震承载力验算，验算时采用抗震设防烈度为 8 度，地震动加速度峰值为 70cm/s²。采用 ETABS 有限元分析软件进行装置黏弹性消能支撑结构的弹性时程分析计算，计算地震动加速度峰值为 110cm/s²。梁、柱采用空间梁、柱单元，楼板、抗震墙和砖墙采用可同时考虑平面内、平面外刚度的空间壳单元，黏弹性消能支撑采用非线性消能器单元。选取 2 条天然波和 1 条人工波计算，天然波选择Ⅲ类场地常用的 El-Centro 波和 OLYMPIA[155]波，人工波采用宿迁波。计算表明 3 条波对应的地震影响系数在结构基本周期附近按规范要求在统计意义上相接近，用 3 条波作用下最大值的平均值作为时程分析的最终计算值。表 7.4 列出了 ETABS 程序[156]计算装置黏弹性消能支撑后的结构在 8 度多遇地震（$a_{max}$=110cm/s²）作用下的各层最大楼层剪力和 SATWE 程序计算未装置黏弹性消能支撑的结构在 8 度多遇地震（$a_{max}$=70cm/s²）作用下的各层最大楼层剪力。可以看出，装置黏弹性消能支撑后结构在 8 度多遇地震（$a_{max}$=110cm/s²）作用下，其楼层剪力值均小于 SATWE 程序在 8 度多遇地震作用下对应的层剪力值，说明装置黏弹性消能支撑后结构可以按设计基本地震加速度值为 0.20$g$ 的结构设计（局部构件除外）。采用黏弹性消能支撑后，相当于可以将结构的设计基本地震加速度值从 0.30$g$ 下降为 0.20$g$。

**ETABS 程序和 SATWE 程序楼层最大剪力** **表 7.4**

| ETABS 程序计算黏弹性消能减震结构在 $a_{max}=110cm/s^2$ 作用下楼层最大剪力 | | | | | | | | | SATWE 程序楼层最大剪力 | |
|---|---|---|---|---|---|---|---|---|---|---|
| 楼层 | 不同地震波作用下楼层剪力最大值（kN） | | | | | | 平均值（kN） | | 横向最大楼层剪力（kN） | 纵向最大楼层剪力（kN） |
| | El-Centro 波 | | OLYMPIA 波 | | 宿迁人工波 | | | | | |
| | 横向 | 纵向 | 横向 | 纵向 | 横向 | 纵向 | 横向 | 纵向 | | |
| 1 | 4175 | 5164 | 4695 | 6557 | 4271 | 5324 | 4380 | 5682 | 4468 | 5845 |
| 2 | 3566 | 4656 | 4353 | 5751 | 3739 | 4835 | 3886 | 5081 | 4062 | 5342 |
| 3 | 3192 | 4107 | 3904 | 5009 | 3225 | 4189 | 3440 | 4435 | 3597 | 4781 |
| 4 | 2518 | 3483 | 3126 | 4100 | 2543 | 3453 | 2729 | 3679 | 3006 | 4036 |
| 5 | 1895 | 2702 | 2191 | 3022 | 2079 | 2605 | 2055 | 2776 | 2261 | 3051 |
| 6 | 1058 | 1640 | 1118 | 1734 | 1062 | 1647 | 1079 | 1674 | 1298 | 1752 |

多遇地震作用下，黏弹性消能支撑附加给结构横向和纵向的有效阻尼比分别为 7.6%和 7.3%。表 7.5 列出了未装置黏弹性消能支撑的结构与装置黏弹性消能支撑的结构的底层弹性层间位移角，取三条地震波的平均值。可以看出，设置黏弹性消能支撑后，结构的弹性水平位移明显减小，满足规范规定的 1/800 的要求。

**底层层间最大相对位移角** **表 7.5**

| | 横向 | 纵向 |
|---|---|---|
| 多遇地震作用 | 1/1260（1/462） | 1/1413（1/427） |
| 罕遇地震作用 | 1/181（1/63） | 1/203（1/54） |

注：表中括号中的值为未装置黏弹性消能支撑时的值

### 2. 罕遇地震作用下的抗震验算

采用层间剪切模型；底部框架抗震墙房屋的上部砖砌体结构采用构造柱砖墙体系，采用建议的刚度退化三线型恢复力模型；底层混凝土抗震墙、柱的恢复力模型采用刚度退化三折线模型，各参数的计算参见相关文献，限于篇幅本书从略。采用 El-Centro 波、OLYMPIA 波和宿迁人工波等三条地震波计算，罕遇地震峰值加速度取为 510cm/s$^2$。表 7.5 列出未装置黏弹性消能支撑的结构与装置黏弹性消能支撑的结构的底层弹塑性层间位移角，取三条地震波的平均值。设置黏弹性阻尼器后，结构的弹塑性水平位移角减小，满足规范规定的 1/100。

# 7.5　实例五：某大跨屋盖结构

## 7.5.1　工程概况

该工程为合肥体育中心的综合体育馆。合肥体育中心是合肥政务文化新区的一个重要组成部分，主要包括中心体育场、综合体育馆和跳水游泳馆三大建筑。这些建筑物造型新颖、时尚，富于动感而充满朝气。其中，综合体育馆的屋顶与现代化隐形飞机的外形相似，由多个三角形面和四边形面拼成。

综合体育馆平面尺寸为150.83m×113.90m，悬挑53.17m，平面布置如图7.27所示，透视图如图7.28所示。综合体育馆屋顶结构跨度较大，对风的作用敏感。对于大跨屋盖结构悬挑部分的风荷载，由于其上下表面同时受到风的作用，实际受风相当于上下表面的合力作用。由于悬挑部位跨度大，受风作用的面积也大，因此结构悬挑部分的竖向位移较大。

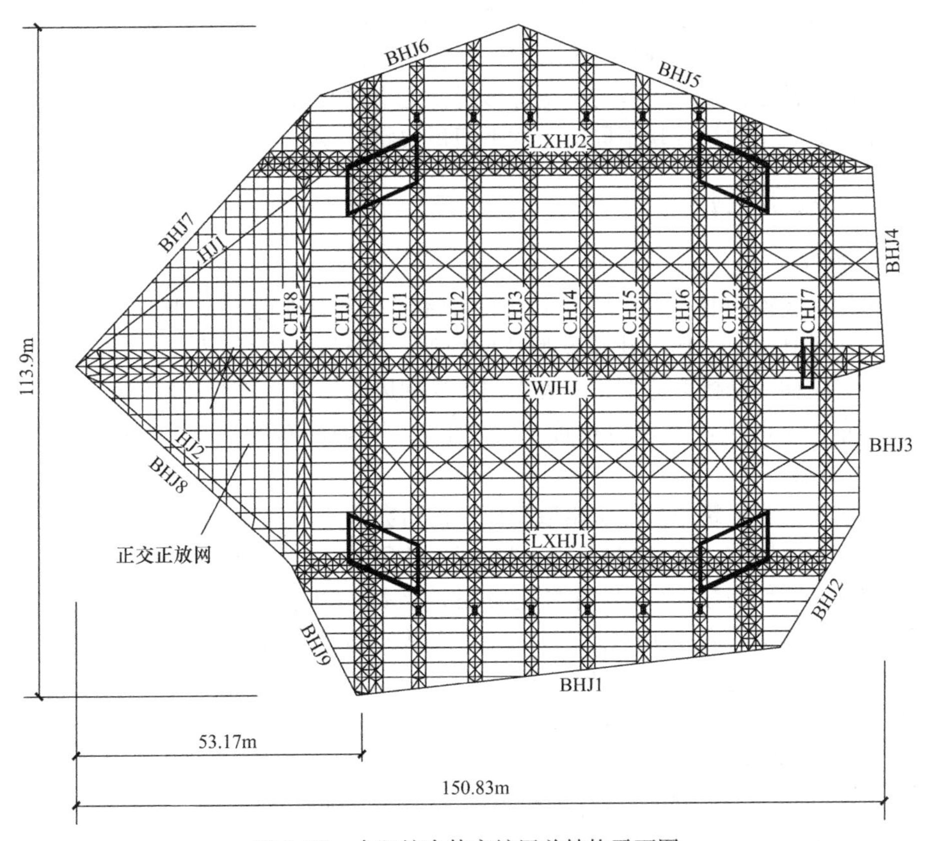


图7.27　合肥综合体育馆屋盖结构平面图

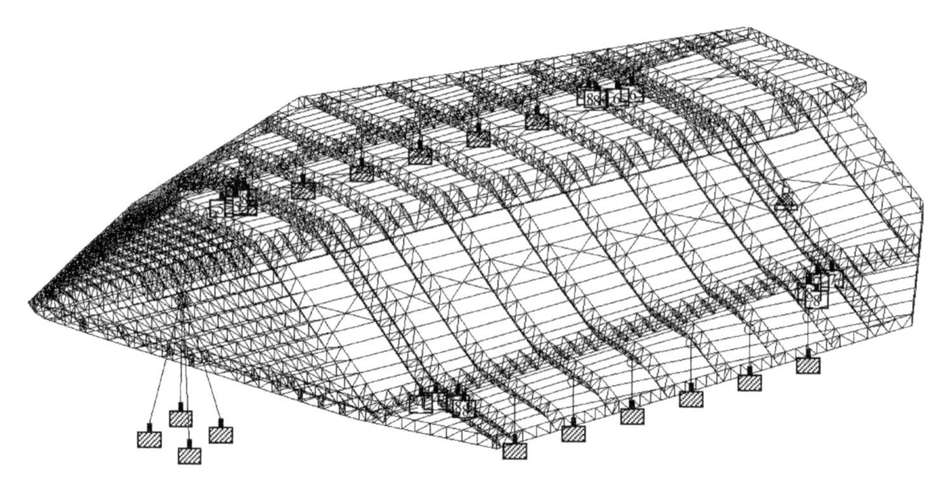

图 7.28 综合体育馆屋盖结构透视图

综合体育馆屋顶钢结构是以一榀纵向屋脊主桁架、两榀横向拱桁架以及 8 榀横向次桁架组成的主次立体桁架的结构形式，悬挑部分为正交正放网架。其中纵向屋脊主桁架高度达 5.25m，跨度接近 100m，屋脊桁架下弦管内穿预应力钢索，它以两榀桁架拱和悬挑部分的汇交于一点的四根杆件为支承。整个屋盖坐落在四角处的四个核心筒以及尾部的中空方形混凝土扁柱及两厢各六个混凝土实心方柱上。整个屋盖结构呈 6 块不同倾角的平面板块状。

## 7.5.2 风洞试验

**1. 模型**

风洞试验使用北京大学环境学院的直流吸式风洞进行[158]。风洞模型以有机玻璃和塑料制成，外形与建筑原型几何相似，模型缩尺比例为 1∶300。综合体育馆屋盖结构的悬挑部分上、下表面同时受到风的作用，故在其风洞模型的上下表面都布置了测点，上表面布置 72 个测点，下表面布置 39 个，如图 7.29 和图 7.30 所示。

风洞模型与建筑原型的雷诺数相似。雷诺数 $Re=UL/v$，其中 $U$ 表示来流的特征速度，可取前方来流相当于模型高度处的风速；$L$ 表示流动的特征长度，可取模型的高度作为参考；$v$ 为来流运动黏性系数。以来流速度 $U=10\text{m/s}$ 估计，原型流动的雷诺数高达 $10^7$ 量级，1∶300 的模型流动的雷诺数则在 $10^5$ 量级。当大气边界层模拟时雷诺数量级高于 $10^4$ 即达到“自模拟”，边界层湍流结构已经得到充分发展，该相似性得到满足。

**2. 试验方法**

风洞试验以 15°为间隔，分别测出了 24 个风向角下建筑物屋盖的风压分布。根据自然风的卓越周期和模型的缩尺比可知，一般试验所需的信号采样频率应在

100～300Hz 以上。为了保证采样频率，试验采取分批采样，最终的采样频率设置为 312Hz。

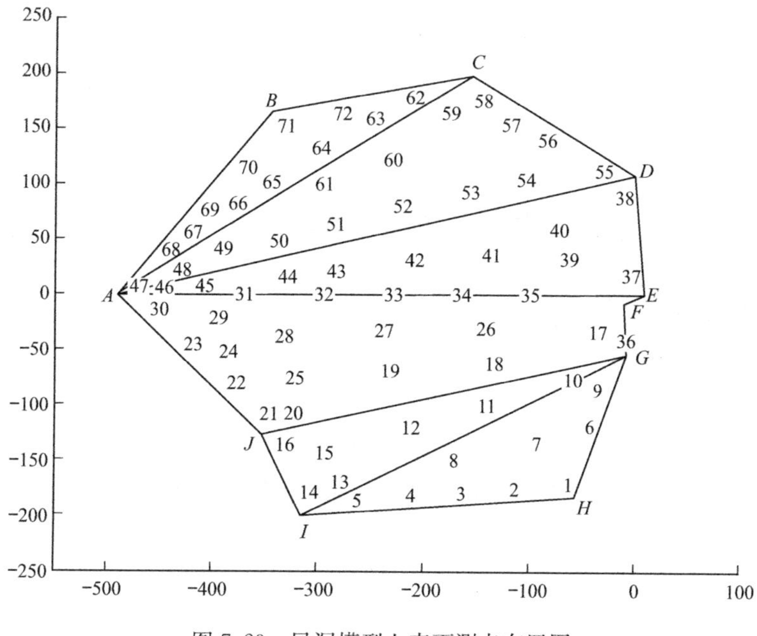

图 7.29　风洞模型上表面测点布置图

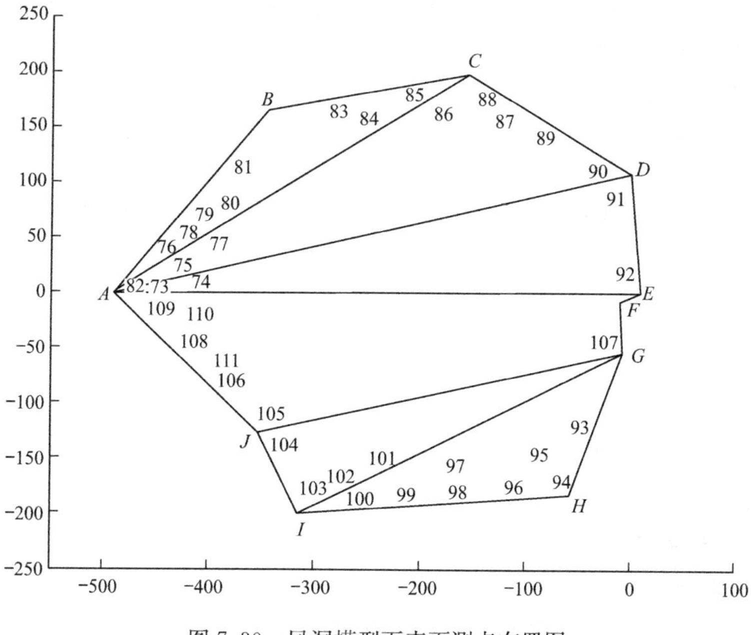

图 7.30　风洞模型下表面测点布置图

所有的测点均垂直于测点所在的参考面，以保证压力值的准确。当压力指向正对测点所在参考面时，压力为正；当压力指向离开测点所在参考面时，压力为负。

平均风压按下式计算：

$$\bar{P}_i = \frac{\sum_{j=1}^{N} p_{ij}}{N} \tag{7-15}$$

式中 $\bar{P}_i$——测点 $i$ 的平均压力；

$p_{ij}$——测点 $i$ 在第 $j$ 次测量时的瞬时值；

$N$——测量次数。

脉动风压按下式计算：

$$\sigma_{pi} = \sqrt{\frac{\sum_{j=1}^{N} (p_{ij} - \bar{P}_i)^2}{N-1}} \tag{7-16}$$

相应地，平均风压系数 $\bar{M}_s$ 和脉动风压系数 $M_d$ 定义为：

$$\bar{M}_{si} = \frac{\bar{P}_i - P_S}{P_T - P_S} \tag{7-17}$$

$$M_{di} = \frac{\sigma_{pi} - P_S}{P_T - P_S} \tag{7-18}$$

式中，$P_T$ 和 $P_S$ 分别为综合体育馆前方的建筑物屋顶高度的总压和静压，由皮托管获得并经压力扫描阀测量。

**3. 重复性误差**

试验的重复性误差仿照我国航空航天低速风洞测力试验国家军用标准的有关规定，在同一风洞、同一模型、同一测点、同一风速、同一风向角、同一测试设备和仪器、同一采集和数据处理方法条件下，进行 7 次重复试验，其重复性误差是：

$$\sigma = \left[\frac{1}{6}\sum_{i=1}^{7} (\bar{c}_{pi} - \bar{c}_p)^2\right]^{1/2} \tag{7-19}$$

式中，$\bar{c}_p = \frac{\sum_{i=1}^{7} \bar{c}_{pi}}{7}$，为某测点 7 次平均压力系数的平均值。

本次试验测点的平均压力系数的均方根误差 $\sigma=0.01\sim0.09$，这个结果对风荷载的影响很小。

**4. 风洞试验结果**

1）平均风压分布

各测点的平均风压系数随风向角而变化。当风向角为 90°时，由于屋顶走向流畅且来流无遮挡，屋顶表面的风压系数绝对值较小，最小负压为－0.7 左右。

当风向角为0°左右时，由于屋顶的高低不同，造成在迎风面出现正压，最大为0.5左右，而在脊线 $AE$ 附近流体分离，出现很小的负压，最小可达−1.6左右。当风向角从90°到270°变化时，由于综合馆处于体育场和游泳馆的尾流区中，流动十分复杂。在180°时在 $AE$ 脊线上出现最小平均风压系数，达到−3.9左右，为最不利风向角。屋檐下弦各测点当处于迎风方向时一般出现较大正压，但最大不超过1，其他各点则为绝对值较小的负压。

2）脉动风压分布

各测点的脉动风压系数随风向角的改变变化不大，一般在0.6～0.8之间变化。但在180°时由于综合馆处于游泳馆的尾流区中，流动复杂，脉动风压系数较大，脊线 $AE$ 上脉动风压系数最大为1.2左右。此风向角下脊线 $AE$ 上流动有很强的脉动。屋檐下弦各点的脉动风压系数变化规律与屋顶各点基本相同，同样在180°风向角时出现最大值1.0左右。

3）最大、最小风荷载分布

总和体育馆馆屋面的风荷载计算时，悬挑屋檐部分给出的是上下表面风压作用的合力。图7.31和7.32分别为屋顶表面的最大、最小风荷载分布。由此可看出屋顶最大正压出现在风向角为225°时 $A$ 点附近，为2.22kN/m² 左右；最小负压出现在风向角为195°时的 $I$ 点附近，为−3.01kN/m² 左右。由试验知，此时平均风压系数并不大，但脉动风压系数较大，达到1.0左右。由于上下表面的压力正好方向相同，所以出现最大正压或最小负压。当来流为西风-南风-东风变化

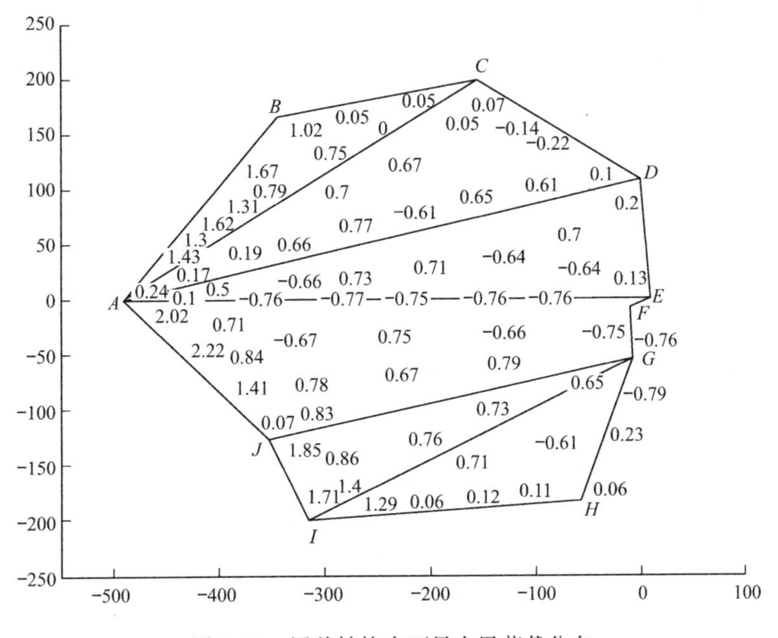


图7.31 屋盖结构表面最大风荷载分布

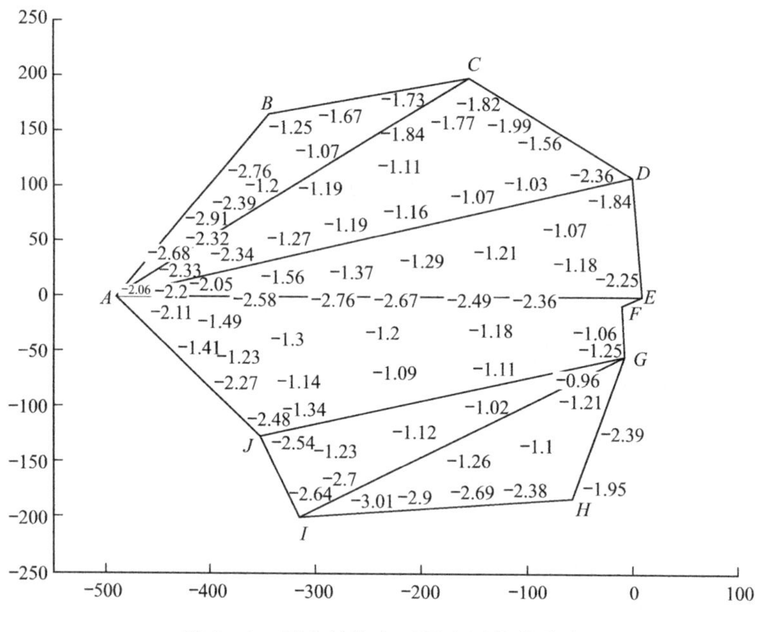


图 7.32 屋盖结构表面最小风荷载分布

时，由于综合体育馆处于体育场和游泳馆的尾流区中，流动十分复杂，屋顶风荷载绝对值较大，在南风附近时更达到最小风荷载，为最不利风向。

## 7.5.3 模态分析

合肥奥体中心大悬挑钢网架采用 SAP2000 软件[158]建模。模型节点数为 2594 个，杆单元为 8179 个，壳单元为 1295 个。进行模态分析时，考虑了前 150 阶振型的影响。

合肥奥体中心大悬挑钢网架的前 30 阶自振周期和振型参与系数见表 7.6。

**合肥奥体中心大悬挑钢网架前 30 阶自振周期和振型参与系数　　表 7.6**

| 振型号 | 自振周期（s） | X 向有效质量比（%） | Y 向有效质量比（%） | Z 向有效质量比（%） |
|---|---|---|---|---|
| 1 | 0.995312 | 0.65 | 0.09 | 1.47 |
| 2 | 0.825883 | 0.33 | 20.91 | 5.34 |
| 3 | 0.791378 | 0.02 | 1.9 | 5.69 |
| 4 | 0.723465 | 0.11 | 0.1 | 6.59 |
| 5 | 0.654418 | 9.72 | 0.02 | 0.02 |
| 6 | 0.636319 | 2.97 | 3.22 | 4.97 |
| 7 | 0.607192 | 1.14 | 11.17 | 20.16 |
| 8 | 0.592985 | 7.99 | 3.14 | 3.16 |

续表

| 振型号 | 自振周期（s） | X向有效质量比（%） | Y向有效质量比（%） | Z向有效质量比（%） |
|---|---|---|---|---|
| 9 | 0.541098 | 0.02 | 0.02 | 0 |
| 10 | 0.538283 | 1.64 | 1.77 | 0.02 |
| 11 | 0.506798 | 0.25 | 3.76 | 0 |
| 12 | 0.49055 | 1.56 | 3.27 | 0.35 |
| 13 | 0.468406 | 4.9 | 0.08 | 0.14 |
| 14 | 0.448102 | 0.52 | 0.04 | 0.49 |
| 15 | 0.427483 | 0.83 | 0.04 | 0.01 |
| 16 | 0.418515 | 0.6 | 1.39 | 1.01 |
| 17 | 0.407778 | 2.23 | 3.7 | 0.66 |
| 18 | 0.398761 | 0.12 | 0.2 | 0.51 |
| 19 | 0.385761 | 0.05 | 0 | 1.57 |
| 20 | 0.376553 | 2.66 | 0.04 | 0.74 |
| 21 | 0.361259 | 2.11 | 4.02 | 0.03 |
| 22 | 0.356258 | 0.63 | 0.11 | 0.45 |
| 23 | 0.349907 | 27.19 | 0.01 | 1.61 |
| 24 | 0.344589 | 0.07 | 2.44 | 1.09 |
| 25 | 0.330427 | 0.04 | 0.63 | 0.03 |
| 26 | 0.325922 | 0.01 | 1 | 0.09 |
| 27 | 0.319851 | 0.04 | 0.23 | 0.01 |
| 28 | 0.316206 | 0 | 0.18 | 0.11 |
| 29 | 0.313357 | 0.08 | 0.08 | 1.31 |
| 30 | 0.307684 | 0.02 | 0.08 | 0 |
| 振型参与系数综合 | | 68.49 | 63.63 | 57.65 |

从计算结果可知，合肥奥体中心大悬挑钢网架各阶振型之间的风振动力响应的耦合现象非常明显。结构前4阶振型见图7.33。

从合肥奥体中心大悬挑钢网架的动力特性分析结果，可以得到以下几个此类结构动力性能的规律：

1）这类结构与高层、高耸结构不同，它的各阶模态频率通常具有密集性，特别是低频阶段更为显著。我国《建筑结构荷载规范》GB 50009—2012对结构风振响应的计算规定主要是针对高层、高耸结构的，仅考虑结构第一阶振型的风振系数。显然，这种规定对大跨度空间结构是不适用的。

2）这类结构的高振型模态对风振响应的影响是不可忽视的，各阶振型之间的风振动力响应的耦合现象也非常明显，说明大悬挑空间结构的动力特性非常复杂。进行风振响应分析时，模态个数的选取需要有一个仔细而科学的方法，否则很难确定究竟应该取多少阶模态进行风振响应分析才比较准确。对于合肥奥体中心大悬挑钢网架结构竖向振型有效参与质量比，前145阶振型总和才达90%，所以需要取足够多的振型才能保证计算结果的准确性。此外，由于结构各阶模态的频率比较密集，须考虑模态间的耦合作用。

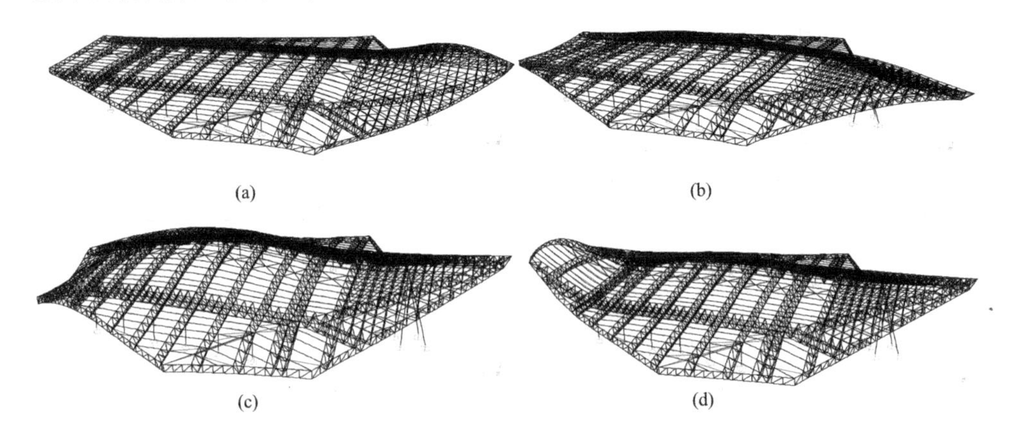


图7.33 合肥奥体中心大悬挑钢网架前四阶振型图
(a) 第一阶振型；(b) 第二阶振型；(c) 第三阶振型；(d) 第四阶振型

3）这类结构一般跨度很大，结构很柔，竖向振动往往是第一主振型。结构竖向基频和结构的边界条件有关，主要和结构短向跨度大小有关，跨度越大则基本周期越长。

4）由于风荷载是支配荷载，结构的竖向振动响应要比水平向的响应大得多，是结构控制的主要对象。

### 7.5.4 风振响应的主要结果

在风的作用下，大跨度空间屋盖结构的大部分区域出现的是吸力，且吸力的受力范围和数值都比压力大得多。结构的悬挑部分上下表面都受到风荷载的作用，故这部分的风振响应相对于其他部位要大些。对于大悬挑大跨屋盖结构，风引起的响应主要是垂直于屋面表面的，即主要是竖向位移响应。

作用在大型屋盖结构上的风荷载是其支配荷载，它与低矮房屋的小屋面相比有很大的差异。首先，准定常理论对低矮房屋的小型屋面很有效，却不适用于大型屋面。其次，共振现象虽不占支配地位，却十分重要。在准定常理论范围内，频域分析法对线性问题的求解比较成熟。然而在准定常理论不成立的大跨度屋盖结构分析，频域法的计算则很不方便，很少有人采用。时程分析法能考虑各种非线性因素、分析结果直观，并考虑到大跨度柔性屋盖结构上风荷载的复杂性，本节采用时域分析方法，采用SAP2000软件计算。对于该结构的抗风设计，仅考虑了结构顺风向的平均风和脉动风的作用，未考虑风荷载横风向以及竖向风荷载的影响。

结构强度的抗风设计是分两步进行的。首先，根据风洞试验结果，将平均风荷载上加脉动等效风荷载作为等效静力风荷载施加在结构上，进行静力分析，初选结构杆件截面。然后，模拟屋盖结构上脉动风荷载时程，对结构进行动力分析，修改结构杆件截面，完成结构设计。各个荷载工况下的结构杆件内力及支座反力不再赘述，本节主要介绍风致振动下大悬挑钢网架结构在动力时程分析中的最大竖向位移。

要对结构进行时域范围内的风振分析，首先要确定作用在单元节点上的脉动风荷载时程曲线。本节采用谐波合成法编制了脉动风压时程曲线的模拟程序，模拟的脉动风荷载时程如图 7.34 所示。

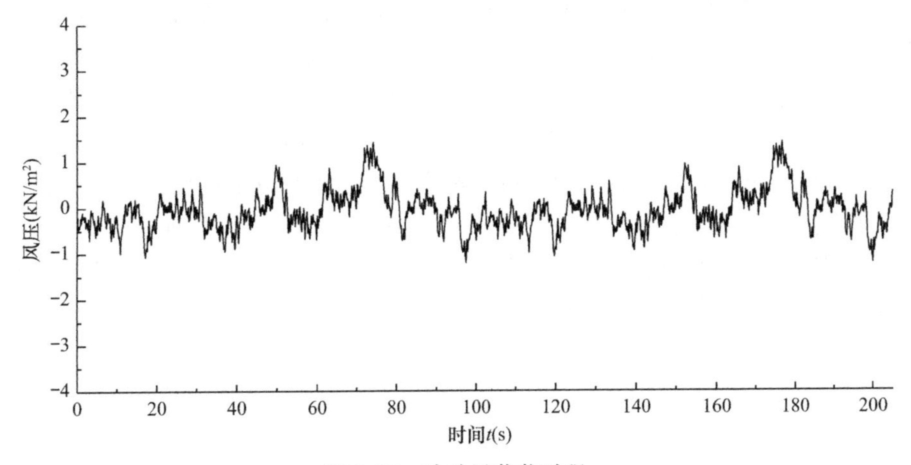


图 7.34 脉动风荷载时程

大悬挑钢网架结构在脉动风荷载作用下，产生最大位移的节点为悬挑自由端的最外节点 2139，位移值见表 7.7。

**风振下节点的最大竖向位移** **表 7.7**

| 节点号 | 2139 号节点 |
| --- | --- |
| 永久和可变荷载标准值产生的竖向位移 | 339mm |
| 可变荷载标准值产生的竖向位移 | 245mm |

根据《钢结构设计标准》GB 50017—2017 附录 A 的规定：桁架在永久和可变荷载标准值作用下产生的挠度容许值为 $l/400$，在可变荷载标准值作用下产生的挠度容许值为 $l/500$。故合肥奥体中心大悬挑钢网架结构在永久和可变荷载标准值作用下产生的挠度容许值应为 265.9mm，在可变荷载标准值作用下产生的挠度容许值为 212.7。比较表 7.7 所列的竖向位移值与挠度容许值可知，合肥奥体中心大悬挑钢网架结构在脉动风荷载作用下节点的最大位移不满足规范要求。为将结构最大位移控制在规范要求之内，拟加设黏弹性阻尼器以减小结构风振响应，使得结构既安全又经济。

### 7.5.5 风振控制设计

结构消能减振技术是一项新技术，主要是在结构的一些关键部位设置消能阻尼装置，通过其局部变形提供附加阻尼，以消耗输入的风振能量，达到承载力和变形的要求。风振下，消能阻尼装置消耗能量，可能进入塑性，有时甚至屈服破坏，但其位置是预先设计确定的，且一般采用附加消能斜撑的方式，故并不会危及整个结构安全。

本工程消能减振设计的基本目标是减小结构所受的风振作用，把风致振动下的结构变形响应控制在所要求的范围之内。根据第 4 章对合肥奥体中心大悬挑钢网架的风振分析可知，结构悬臂端的位移响应过大，不满足规范要求。故在屋盖结构悬挑部位设置筒式黏弹性阻尼器，以减小悬臂端位移，使其满足规范要求。

本工程采用的阻尼器为东南大学建筑工程抗震与减震研究中心和常州兰陵橡胶厂合作开发研制的筒式黏弹性阻尼器。与其他耗能减振装置相比，黏弹性阻尼器除了构造简单，制作安装方便，价格便宜之外，还有以下优点：(1) 不仅可以用于风振控制，也能抗震；(2) 只要有微小的振动，就立即耗能减振；(3) 力-位移滞回曲线基本上为椭圆形，耗能能力较强；(4) 减振性能优于位移相关型耗能减振装置。阻尼器的力-位移关系为：

$$F = k_{\mathrm{eff}}D + C\dot{D} \tag{7-20}$$

$$k_{\mathrm{eff}} = \frac{A\bar{G}'}{d}, C = \frac{A\bar{G}''}{\omega d} \tag{7-21}$$

筒式黏弹性阻尼器的尺寸及构造见图 3.24。其性能试验表明，该阻尼器有良好、稳定的动态力学性能，最大的剪切变形幅值可达 160%。当环境温度 0～20℃范围内和工作频率 0.5～2.0Hz 条件下，可取损耗因子 $\eta$ 为 0.7～0.8，表观剪切储存模量 $\bar{G}'$ 为 3.5MPa。

筒式黏弹性阻尼器以支撑的形式安装在结构上，它装在钢消能支撑的中部。筒式黏弹性阻尼器外形美观，与结构杆件相类，它的形状和式样不会影响结构的建筑艺术效果。黏弹性阻尼器的布置原则是将每个阻尼器定位于产生较大相对位移的结点之间。根据结构特点及未加阻尼器的原结构分析结果，主要将阻尼器布置于屋脊桁架 WJHJ 以及边桁架 BHJ7、BHJ8。

合肥奥体中心大悬挑钢网架的屋脊桁架 WJHJ 为三层空间桁架结构。屋脊桁架的变形决定了钢网架悬挑端位移的大小，是风振控制的重点。黏弹性阻尼器布置在空间桁架的 A-A、B-B 和 C-C 的范围之内，其中 A-A 位于桁架的上表面，一共设置 80 个；B-B 位于桁架的第二层，空间桁架在此处由三层变为两层桁架，一共布置 16 个黏弹性阻尼器；C-C 位于桁架的最下层，布置 8 个阻尼器。阻尼器在屋脊桁架的布置位置、相应的耗能支撑安装及构造示意于图 7.35。阻尼器

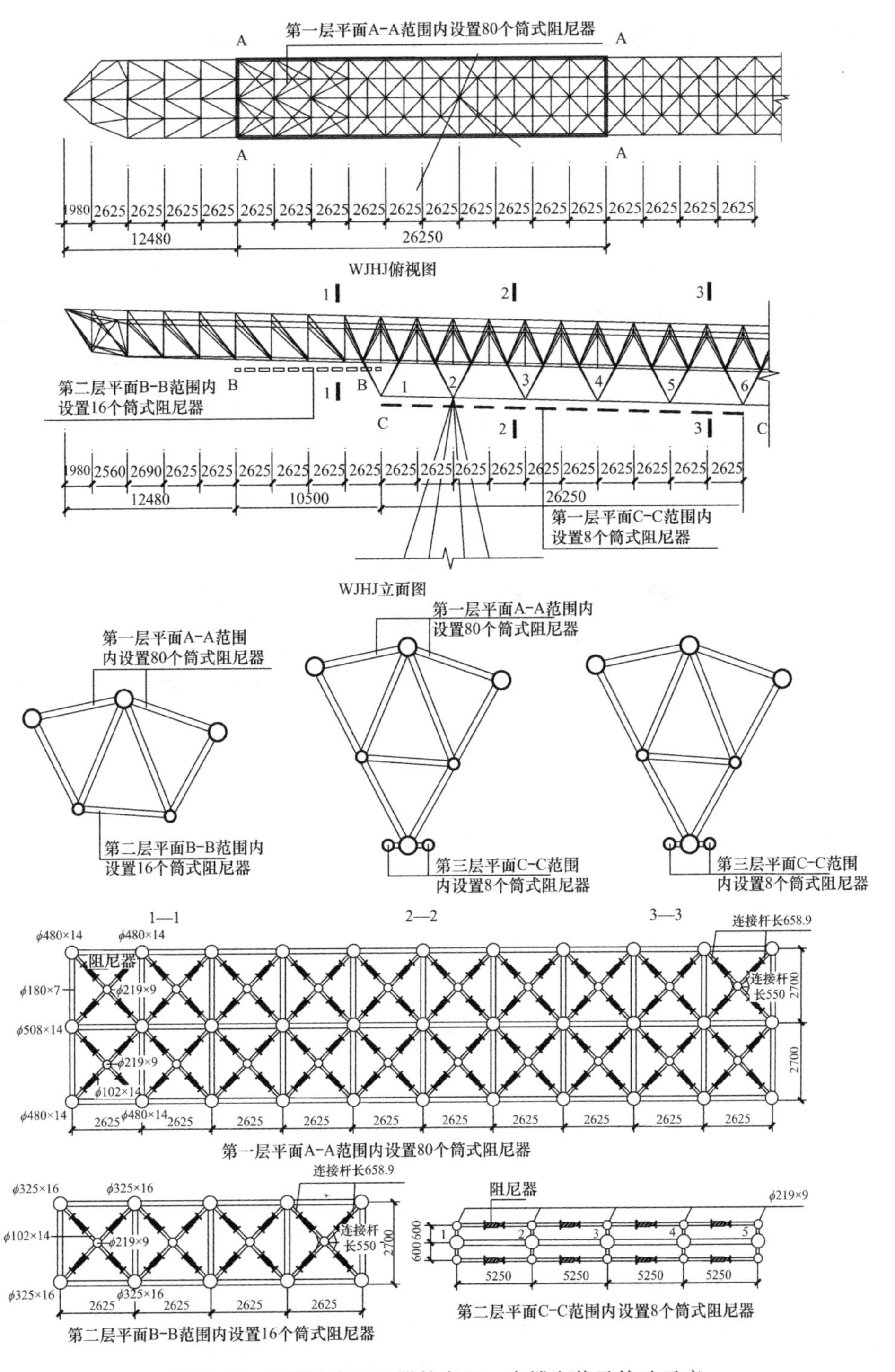


图 7.35 WJHJ 中阻尼器的布置、支撑安装及构造示意

与耗能支撑的钢杆件用高强螺栓连接，耗能支撑两端与球铰相连。

SAP2000 模型中，WJHJ 上弦杆设置的黏弹性消能支撑示意见图 7.36。

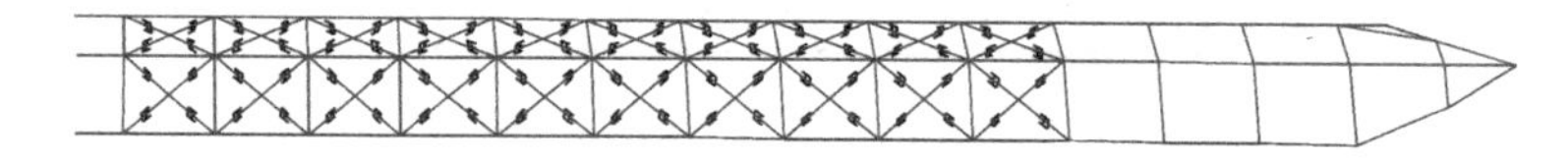

图 7.36 WJHJ 中上弦杆黏弹性消能支撑布置示意

大悬挑钢网架的边桁架 BHJ7 和 BHJ8 为管桁结构，所有杆件均采用直接焊接的相贯节点。这两个边桁架上的节点在风致振动下产生了较大的竖向位移，故在其中也布置了黏弹性阻尼器，布置位置和构造示意于图 7.37。边桁架 BHJ7 中共布置 52 个阻尼器，BHJ8 中共布置 34 个阻尼器。在桁架中未布置腹杆的对角线上，安装两个黏弹性阻尼器。阻尼器与耗能支撑的钢杆件用高强螺栓连接，耗能支撑两端与相交杆件采用直接焊接的相贯连接。

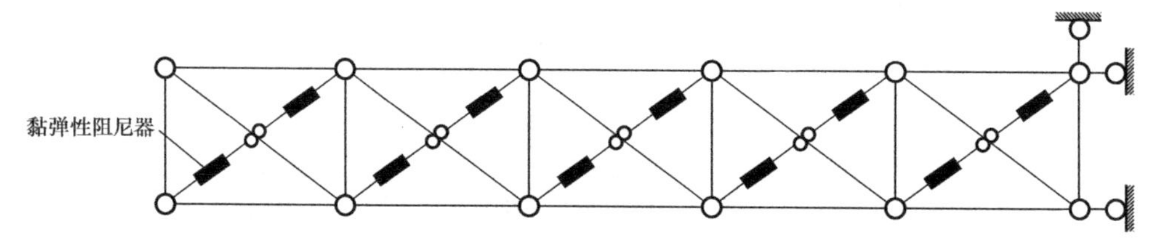


图 7.37 边桁架 BHJ7、BHJ8 中阻尼器布置位置及构造示意

SAP2000 模型中，BHJ7 中黏弹性消能支撑的布置示意见图 7.38。BHJ8 中黏弹性消能支撑的布置方式与它相类似。

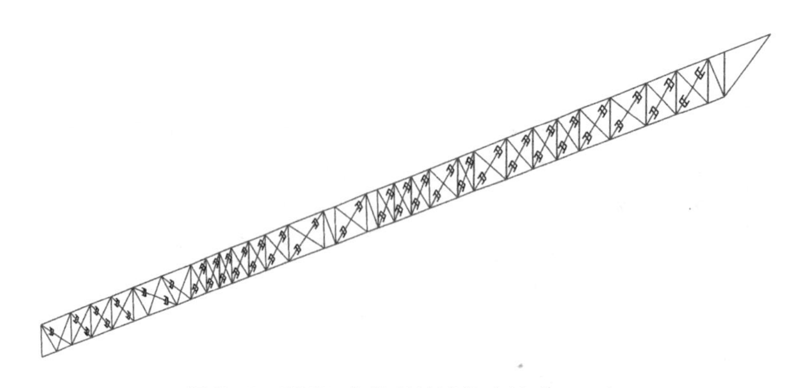

图 7.38 BHJ7 中黏弹性消能支撑布置示意

耗能支撑允许的拉力或者压力设计值是由黏弹性阻尼器的受剪承载力确定的，由试验知，这种筒式黏弹性阻尼器破坏时黏弹性材料与钢板间的受剪黏结强度为 1.52N/mm$^2$，为安全取为 0.8N/mm$^2$，故结构上的黏弹性耗能支撑允许的拉力或压力设计值为 74kN。

耗能支撑允许的受拉或者受压变形主要取决于黏弹性阻尼器的剪切变形幅值，根据筒式黏弹性阻尼器的性能试验，并考虑安全，取 50%，故耗能支撑允许的受拉或受压变形值为 8.3mm。

### 7.5.6 风振控制弹塑性风振响应分析的主要结果

**1. 风振控制结构的动力特性分析**

本工程采用 SAP2000N 非线性有限元分析软件进行消能减振结构时程分析计算。设置黏弹性阻尼器后，结构的刚度和阻尼分布发生了变化，故结构的动力特性也随之改变。表 7.8 给出了结构在没有装阻尼器和装有阻尼器两种情况下的前 12 阶周期。

**受控前后结构的前 12 阶振型周期** **表 7.8**

| 振型 | 未安装筒式黏弹性阻尼器 | 安装筒式黏弹性阻尼器 |
|---|---|---|
| 1 | 0.995312 | 0.940859 |
| 2 | 0.825883 | 0.770861 |
| 3 | 0.791378 | 0.737475 |
| 4 | 0.723465 | 0.673213 |
| 5 | 0.654418 | 0.607019 |
| 6 | 0.636319 | 0.586767 |
| 7 | 0.607192 | 0.559873 |
| 8 | 0.592985 | 0.557572 |
| 9 | 0.541098 | 0.543483 |
| 10 | 0.538283 | 0.49109 |
| 11 | 0.506798 | 0.486275 |
| 12 | 0.490550 | 0.464436 |

**2. 结构消能减振设计的控制目标**

《钢结构设计标准》GB 50017—2017 规定：桁架在永久和可变荷载标准值作用下产生的挠度容许值为 $l/400$，在可变荷载标准值作用下产生的挠度容许值为 $l/500$。消能减振结构在风致振动下的竖向位移响应，应明显小于《建筑抗震设计规范》GB 52007—2011 关于非消能减振设计的规定。故将结构消能减振设计控制目标定为：桁架在永久和可变荷载标准值作用下产生的挠度容许值为 $l/350$，在可变荷载标准值作用下产生的挠度容许值为 $l/450$。

**3. 结构消能减振分析的主要结果**

为对比在无控和有控两种情况下结构的风振响应，时程分析时选用的脉动风荷载时程和其他荷载工况均相同。由于当时个人计算机运算能力的限制，进行一次时程分析需要较长的时间，且计算结果的数据量巨大。故时域分析时，本章采用的 2 种不同的脉动风荷载时程作用时间均不长，荷载步长为 0.1s，分别为

1000 步和 2048 步，时程曲线如图 7.39 所示。采用两种脉动风荷载时程进行时程分析可以研究在不同持时的风荷载下结构在风致振动下的响应，并可得到结构风振控制效果的差异性。

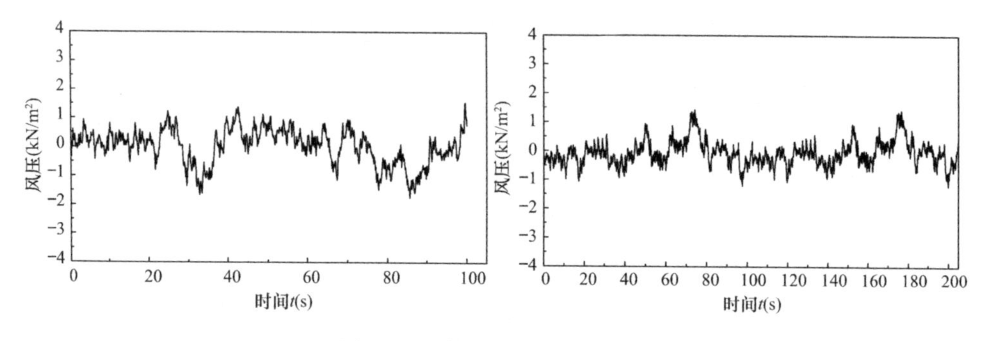


图 7.39　脉动风荷载时程曲线

下面分别介绍 1000 个步长和 2048 个步长的脉动风荷载时程作用下结构减振前后的分析结果。为简单起见，将 1000 个步长的脉动风荷载时程称为时程Ⅰ，2048 个步长的脉动风荷载时程称为时程Ⅱ。

在时程Ⅰ作用下，设置装有筒式黏弹性阻尼器消能支撑的结构在减振前后悬挑自由端的竖向位移、竖向加速度以及杆件内力峰值比较见表 7.9 及图 7.40～图 7.43。其中，2139 号节点为大悬挑钢网架结构的悬挑自由端最外节点，7224 号和 3643 号杆件为 WJHJ 悬挑固定端附近的杆件。比较减振前后风振响应峰值可知，风振控制下的各种结构响应大大降低，消能减振效果非常好。

**时程Ⅰ作用下减振前后风振响应峰值比较**　　**表 7.9**

| 风振响应峰值 | 2139 号节点在永久和可变荷载标准值下产生的竖向位移（mm） | 2139 号节点在可变荷载标准值下产生的竖向位移（mm） | 2139 节点竖向加速度（$m/s^2$） | 3643 号杆件轴向力 | 7224 号杆件轴向力 |
|---|---|---|---|---|---|
| 减振前 | 312 | 265 | 13.57 | | |
| 减振后 | 218 | 192 | 8.75 | | |
| 减振效果 | 69.9% | 72.5% | 64.5% | | |

在时程Ⅱ作用下，设置装有筒式黏弹性阻尼器消能支撑的结构在减振前后悬挑自由端的竖向位移、竖向加速度以及杆件内力峰值比较见表 7.10 及图 7.44～图 7.47。

根据该大跨钢屋盖结构的消能减震分析结果可知：

1）当未设置装有黏弹性阻尼器的耗能支撑时，合肥奥体中心大悬挑钢网架结构在风致振动下悬臂自由端的位移超过了规范允许的范围。设置装有黏弹性阻尼器的上述耗能支撑后，结构在风致振动下的位移反应明显减小，抗风性能有较大的提高，完全满足我国规范关于强度和刚度的要求。

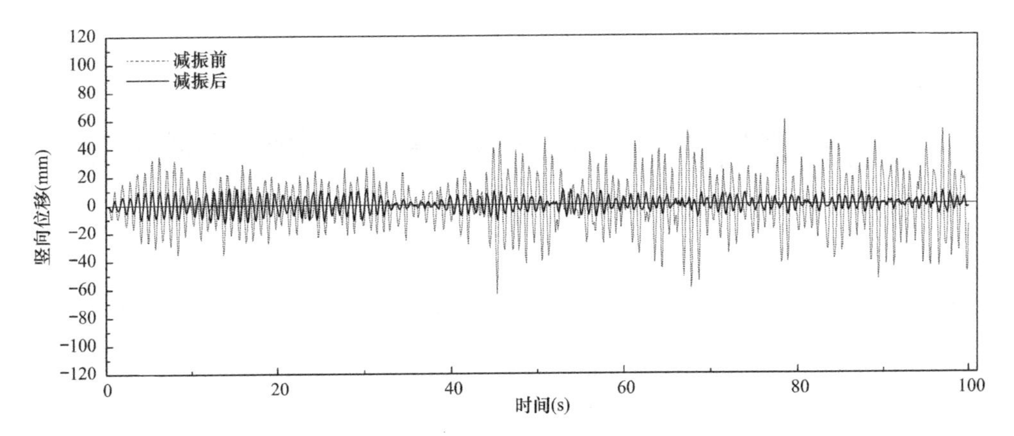


图7.40　2139号节点在时程Ⅰ荷载工况下的竖向位移

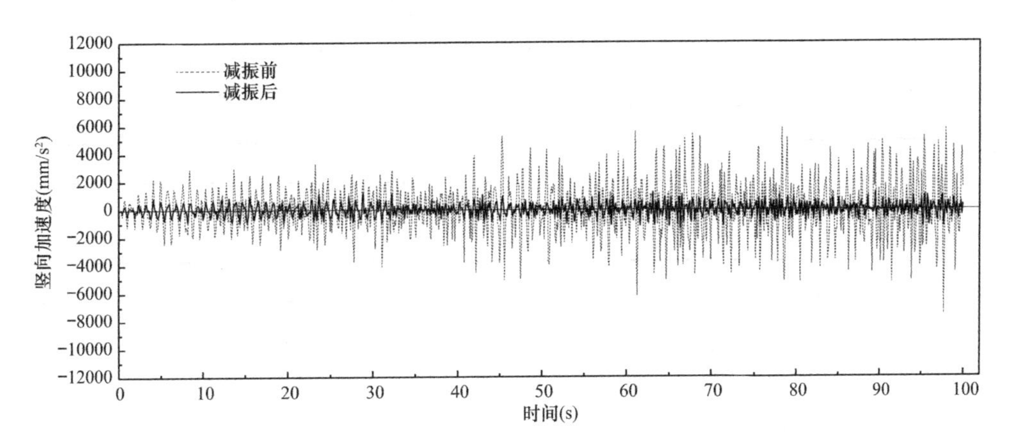


图7.41　2139号节点在时程Ⅰ荷载工况下的竖向加速度

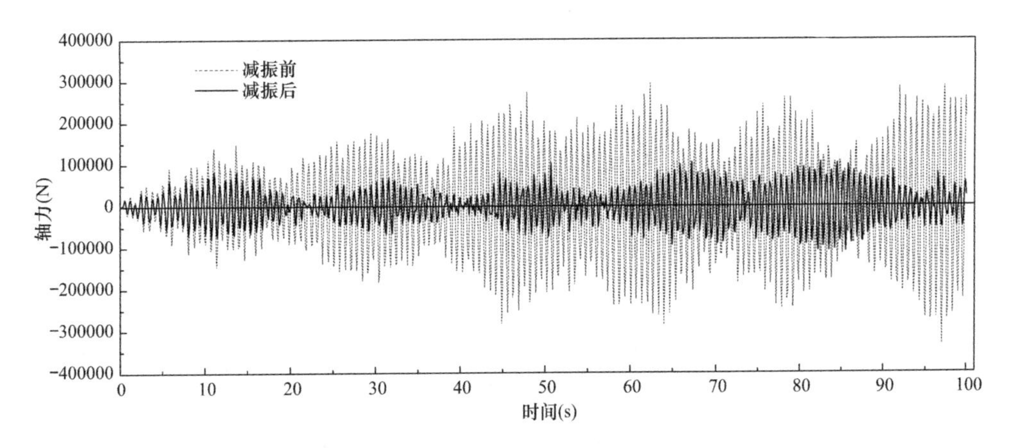


图7.42　3643号杆件在时程Ⅰ荷载工况下的轴力

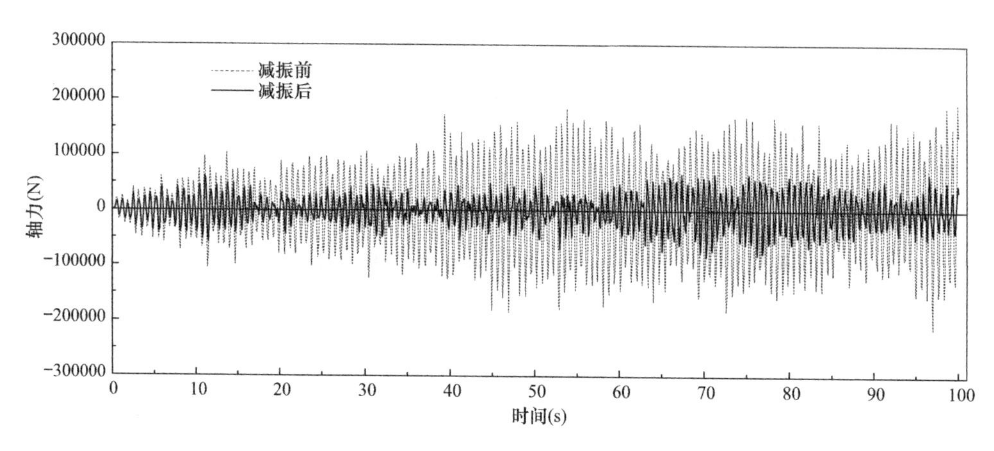


图 7.43　7224 号杆件在时程Ⅰ荷载工况下的轴力

**时程Ⅱ作用下减振前后风振响应峰值比较**　　**表 7.10**

| 风振响应峰值 | 2139 号节点在永久和可变荷载标准值下产生的竖向位移（mm） | 2139 号节点在可变荷载标准值下产生的竖向位移（mm） | 2139 节点竖向加速度（$m/s^2$） | 3643 号杆件轴向力 | 7224 号杆件轴向力 |
|---|---|---|---|---|---|
| 减振前 | 349 | 283 | 14.39 | | |
| 减振后 | 254 | 209 | 8.97 | | |
| 减振效果 | 72.8% | 73.9% | 62.3% | | |

2）结构安装筒式黏弹性阻尼器耗能支撑后，在静力作用下大悬挑钢网架结构最大竖向位移反应减小 20%左右，在风动力荷载的作用下能减小 30%左右，表明采用黏弹性阻尼器减振后结构对风振作用下的位移响应以及加速度响应起到了良好的控制作用。

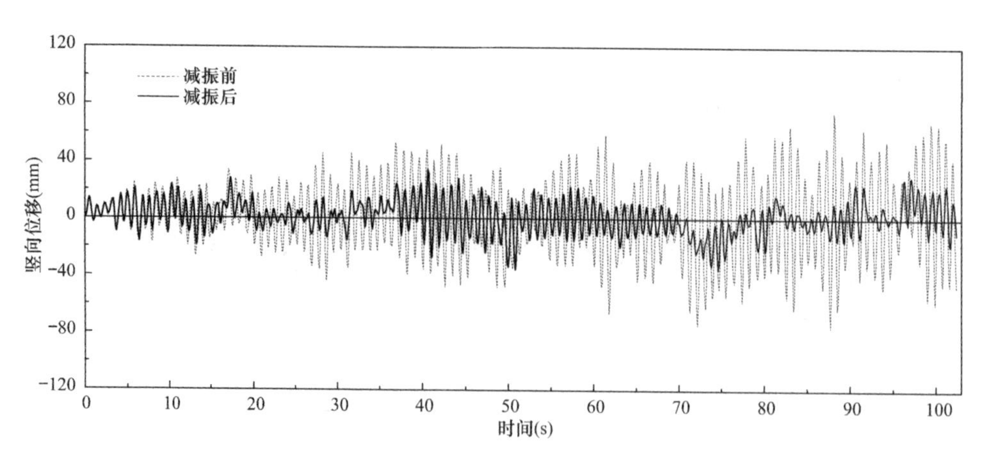


图 7.44　2139 号节点在时程Ⅱ荷载工况下的竖向位移（一）

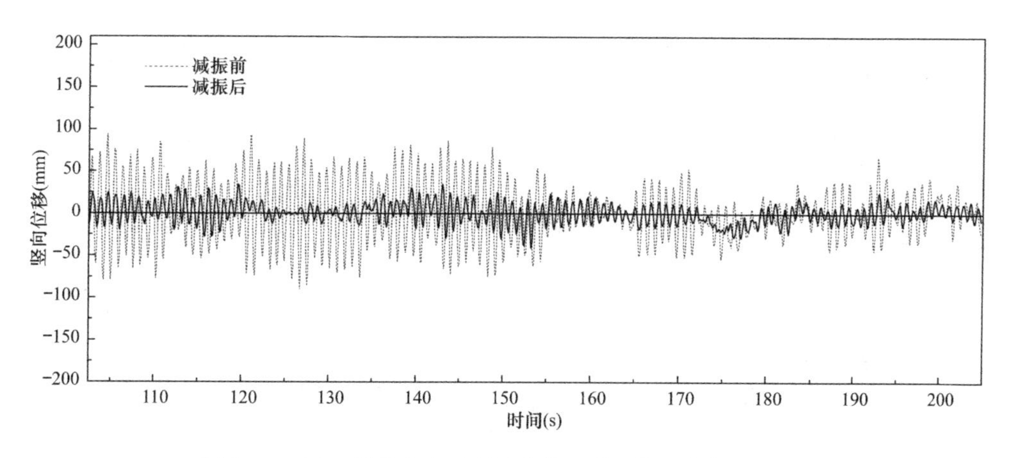


图 7.44　2139 号节点在时程Ⅱ荷载工况下的竖向位移（二）

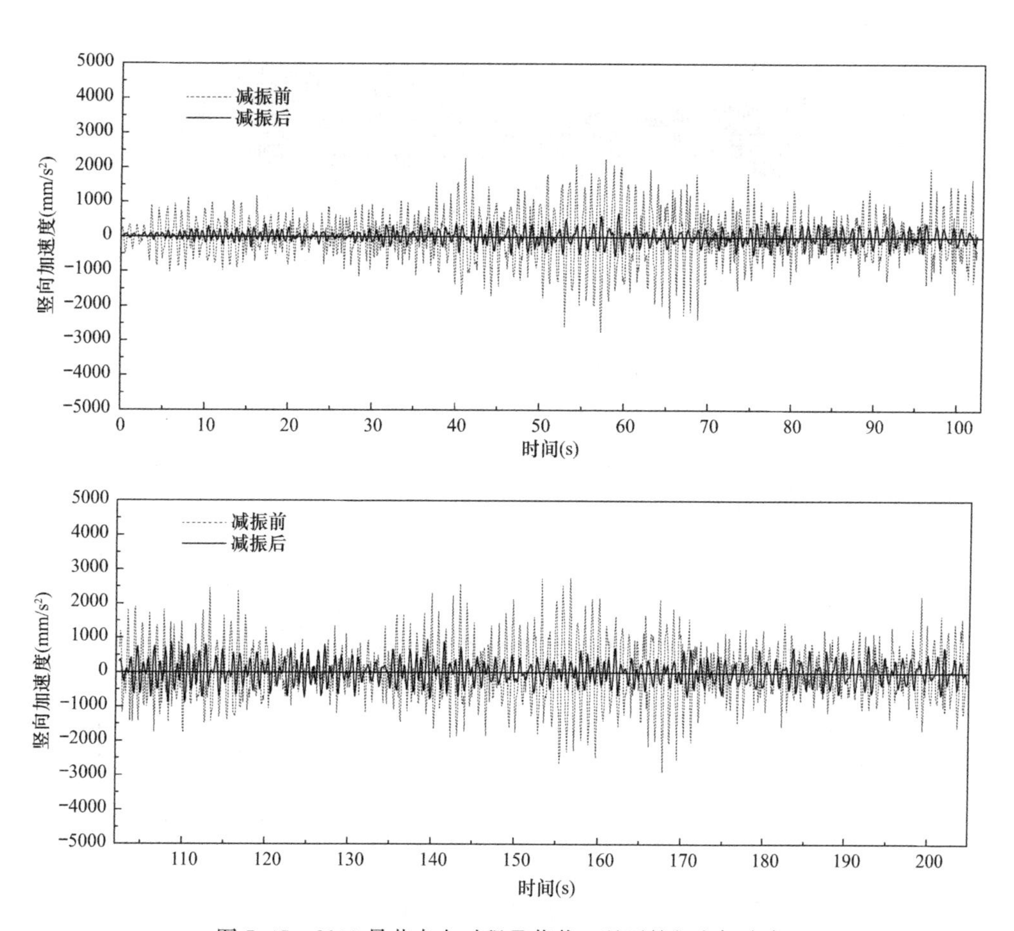


图 7.45　2139 号节点在时程Ⅱ荷载工况下的竖向加速度

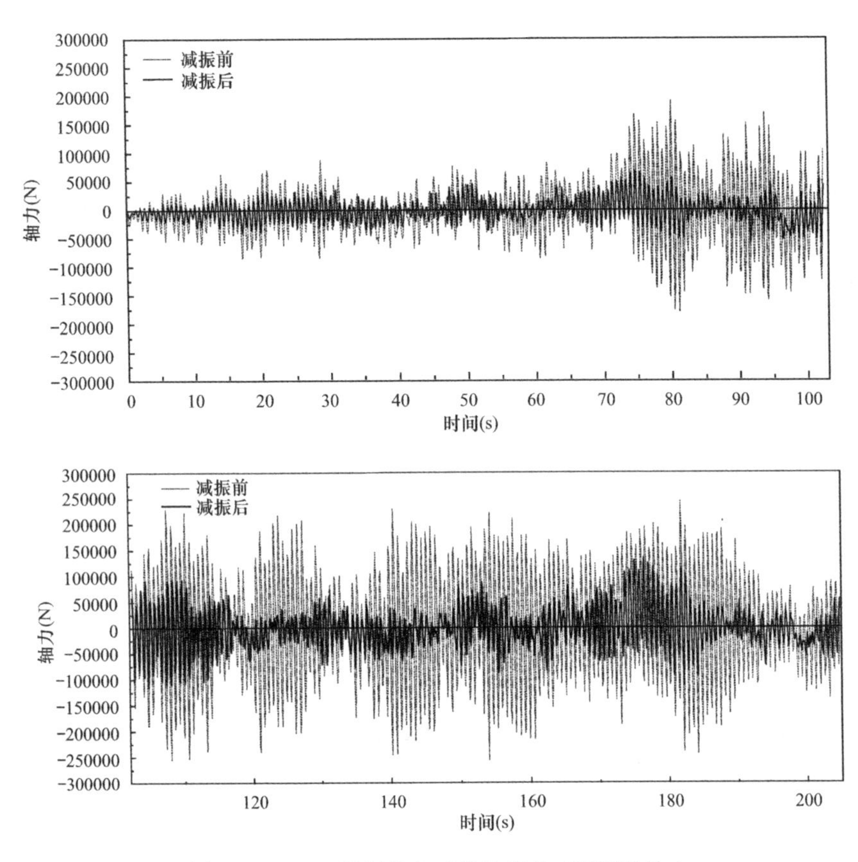


图 7.46　3643 号杆件在时程Ⅱ荷载工况下的轴力

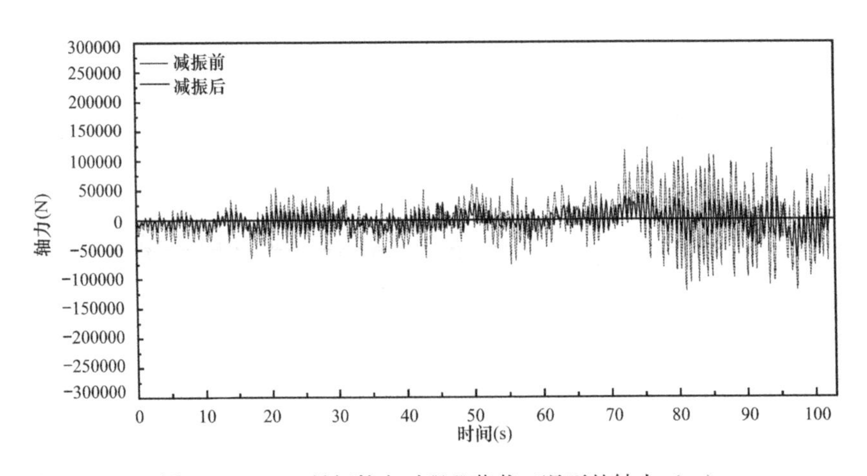


图 7.47　7224 号杆件在时程Ⅱ荷载工况下的轴力（一）

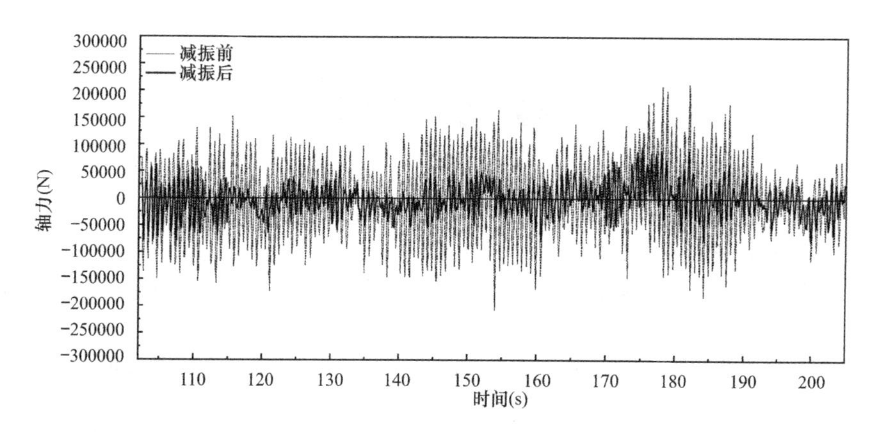


图 7.47　7224 号杆件在时程Ⅱ荷载工况下的轴力（二）

# ▪参 考 文 献▪


[1] Aiqun, Li. Vibration Control for Building Structures: Theory and Applications [M]. Springer International Publishing, 2020.

[2] 张志强，李爱群. 建筑结构黏滞阻尼减震设计 [M]. 北京：中国建筑工业出版社，2012.

[3] 黄镇，李爱群. 建筑结构金属消能器减震设计 [M]. 北京：中国建筑工业出版社，2015.

[4] 中华人民共和国国家标准. 建筑抗震设计规范：GB 50011—2010 [S]. 北京：中国建筑工业出版社，2010.

[5] 程文瀼，隋杰英，陈月明，等. 宿迁市交通大厦采用粘弹性阻尼器的减震设计与研究 [J]. 建筑结构学报，2000，21 (3)：30-35.

[6] Pall A, Pall R. Friction-Dampers for Seismic Control of Buildings-A Canadian Experience [C]. Eleventh World Conference on Earthquake Engineering, Acapulco, Mexico. 1996.

[7] 李爱群. 工程结构减振控制 [M]. 北京：机械工业出版社，2007.

[8] Kishi H, Kuwata M, Matsuda S, et al. Damping properties of thermoplastic-elastomer interleaved carbon fiber-reinforced epoxy composites [J]. Composites Science and Technology, 2004, 64 (16): 2517-2523.

[9] Wang Y Q, Wang Y, Zhang H F, et al. A Novel Approach to Prepare a Gradient Polymer with a Wide Damping Temperature Range by In-Situ Chemical Modification of Rubber During Vulcanization [J]. Macromolecular rapid communications, 2006, 27 (14): 1162-1167.

[10] Patri M, Reddy C V, Narasimhan C, et al. Sequential interpenetrating polymer network based on styrene butadiene rubber and polyalkyl methacrylates [J]. Journal of applied polymer science, 2007, 103 (2): 1120-1126.

[11] Rezaei F, Yunus R, Ibrahim N A. Effect of fiber length on thermomechanical properties of short carbon fiber reinforced polypropylene composites [J]. Materials & Design, 2009, 30 (2): 260-263.

[12] Numazawa M, Tsuzuki K, Ohashi Y. Water-based coated-type vibration damping material: U. S. Patent 7, 812, 107 [P]. 2010-10-12.

[13] Yamazaki H, Takeda M, Kohno Y, et al. Dynamic viscoelasticity of poly (butyl acrylate) elastomers containing dangling chains with controlled lengths [J]. Macromolecules, 2011, 44 (22): 8829-8834.

[14] Mousa A. Thermal properties of carboxylated nitrile rubber/nylon-12 composites-filled lignocellulose [J]. Journal of Thermoplastic Composite Materials, 2014, 27 (2): 167-179.

[15] Araki K, Kaneko S, Matsumoto K, et al. Comparison of Cellulose, Talc, and Mica as Filler in Natural Rubber Composites on Vibration-Damping and Gas Barrier Properties

[J]. Advanced Materials Research, 2013, 844: 318-321.

[16] Khimi S R, Pickering K L. The effect of silane coupling agent on the dynamic mechanical properties of iron sand/natural rubber magnetorheological elastomers [J]. Composites Part B: Engineering, 2016, 90: 115-125.

[17] Chirila P E, Chirica I, Beznea E F. Damping Properties of Magnetorheological Elastomers [C]. Advanced Materials Research. Trans Tech Publications, 2017, 1143: 247-252.

[18] Ghosh R, Misra A. Tailored viscoelasticity of a polymer cellular structure through nanoscale entanglement of carbon nanotubes [J]. Nanoscale Advances, 2020, 2 (11): 5375-5383.

[19] 黄光速. 聚硅氧烷/聚丙烯酸酯阻尼材料的合成及性能研究 [D]. 四川: 四川大学, 2002.

[20] 何显儒, 黄光速, 周洪, 等. 氯化丁基橡胶/聚 (甲基) 丙烯酸酯共混物阻尼性能研究 [J]. 高分子学报, 2005, 1 (1): 108-112.

[21] 王雁冰, 黄志雄, 张联盟. 甲基乙烯基硅橡胶/丁基橡胶的力学与阻尼性能 [J]. 合成橡胶工业, 2007, 30 (2): 158-158.

[22] Sun T L, Gong X L, Jiang W Q, et al. Study on the damping properties of magnetorheological elastomers based on cis-polybutadiene rubber [J]. Polymer Testing, 2008, 27 (4): 520-526.

[23] 史新妍, 竺珠. EVM基共混物的阻尼性能 [J]. 高分子材料科学与工程, 2011 (5): 89-91.

[24] Song M, Zhao X, Li Y, et al. Effect of acrylonitrile content on compatibility and damping properties of hindered phenol AO-60/nitrile-butadiene rubber composites: molecular dynamics simulation [J]. RSC Advances, 2014, 4 (89): 48472-48479.

[25] Shi X, Li Q, Fu G, et al. The effects of a polyol on the damping properties of EVM/PLA blends [J]. Polymer Testing, 2014, 33: 1-6.

[26] 廖亚新. 不同基体材料粘弹性阻尼器的试验研究 [D]. 南京: 东南大学, 2015.

[27] 许俊红, 李爱群, 苏毅, 等. 基于DMA法的新型黏弹性材料阻尼特性研究 [J]. 振动工程学报, 2015 (2): 203-210.

[28] Fuhai C, Jincheng W. Preparation and characterization of hyperbranched polymer modified montmorillonite/chlorinated butyl rubber damping composites [J]. Journal of Applied Polymer Science, 2016, 133 (32).

[29] Zang L, Chen D, Cai Z, et al. Preparation and damping properties of an organic-inorganic hybrid material based on nitrile rubber [J]. Composites Part B Engineering, 2016.

[30] Su Yi, Li Ting, Liu, Yanyan, et al. Mechanical and Damping Properties of Graphene-Modified Polyurethane-Epoxy Composites for Structures [J]. POLYMER-KOREA, 2021, 45 (4): 483-490.

[31] 苏毅, 李婷, 李爱群. 基于多指标控制的聚氨酯阻尼材料动态力学性能稳健性分析[J]. 复合材料学报, 2021, 38 (6): 1859-1869.

[32] 苏毅，李婷，李爱群. 极小粒子增强聚氨酯阻尼性能的影响因素分析 [J]. 材料导报，2021，35 (4)：4205-4209.

[33] Toopchi-Nezhad H. A feasibility study on pre-compressed partially bonded viscoelastic dampers [J]. Engineering Structures，2019，201 (15).

[34] 张超，黄炜元，徐昕，王良平. 扇形铅黏弹性阻尼器综合设计及加固框架抗震性能分析 [J]. 建筑结构学报，2018，39 (S1)：87-92.

[35] 杨奔，龙海垚. 扇形粘弹性阻尼器的试验研究 [J]. 重庆建筑，2020，19 (4)：49-51.

[36] Shu Zhan，Bo Ning，Shuang Li，Zheng Li，Zhaozhuo Gan，Yazhou Xie. Experimental and numerical investigations of replaceable moment-resisting viscoelastic damper for steel frames [J]. Journal of Constructional Steel Research，2020，170：106100.

[37] 程文瀼，隋杰英，陈月明，等. 宿迁市交通大厦采用粘弹性阻尼器的减震设计与研究 [J]. 建筑结构学报，2000，21 (3)：30-35.

[38] 苏毅，常业军，程文瀼. 筒式粘弹性阻尼器的试验研究及工程应用 [J]. 振动与冲击，2009，28 (11)：177-182，212.

[39] 欧进萍，龙旭. 速度相关型耗能减振体系参数影响的复模量分析 [J]. 工程力学，2004，21 (4)：6-12.

[40] Chang K C，Lin Y Y. Seismic response of full-scale structure with added viscoelastic dampers [J]. Journal of Structural Engineering，2004，130 (4)：600-608.

[41] 苏毅. 大悬挑钢网架采用筒式粘弹性阻尼器的风振控制研究 [D]. 南京：东南大学，2006.

[42] 徐赵东，史春芳. 黏弹性阻尼器的试验研究与减震工程实例 [J]. 土木工程学报，2009 (6)：55-60.

[43] 赵刚，潘鹏，钱稼茹，等. 黏弹性阻尼器大变形性能试验研究 [J]. 建筑结构学报，2012，33 (10)：126-133.

[44] 周颖，龚顺明. 新型黏弹性阻尼器性能试验研究 [J]. 结构工程师，2014，30 (1)：137-142.

[45] 许俊红，李爱群. 短轴向剪切加载模式下超大型黏弹阻尼墙力学性能试验 [J]. 东南大学学报自然科学版，2015，45 (1)：133-138.

[46] 阴毅，周云，梅力彪. 潮汕星河大厦结构消能减震有限元时程分析 [J]. 工程抗震与加固改造，2005 (3)：35-40. DOI：10. 16226/j. issn. 1002-8412. 2005. 03. 008.

[47] 吴从晓，周云，张超，等. 布置阻尼器的现浇与预制装配式框架梁柱组合体抗震性能试验研究 [J]. 建筑结构学报，2015，36 (6)：61-68.

[48] 高永林，陶忠，叶燎原，等. 传统穿斗木结构榫卯节点附加黏弹性阻尼器振动台试验 [J]. 土木工程学报，2016，49 (2)：59-68.

[49] Nakamura Y. Application of CQC Method to Seismic Response Control with Viscoelastic Dampers [M]. Risk and Reliability Analysis：Theory and Applications. Springer International Publishing，2017：229-254.

[50] Nielsen E J，Lai M L，Soong T T，et al. Viscoelastic damper overview for seismic and wind applications [C]. 1996 Symposium on Smart Structures and Materials. Interna-

tional Society for Optics and Photonics，1996：138-144.

[51] Mahmoodi P，Keel C J. Performance of viscoelastic structural dampers for the Columbia Center Building [C]. Building Motion in Wind:. ASCE，1986：83-106.

[52] Cermak J E，Woo H G C，Lai M L，et al. Aerodynamic instability and damping on a suspension roof [C]. Proceedings of the 3rd Asia-Pacific Symposium on Wind Engineering. 1993.

[53] Constantinou M C，Soong T T，Dargush G F. Passive energy dissipation systems for structural design and retrofit [M]. Buffalo，New York：Multidisciplinary Center for Earthquake Engineering Research，1998.

[54] 隋杰英，袁涌，程文瀼，等. 底层商用六层住宅楼采用粘弹性阻尼器的设计研究 [J]. 建筑结构，2001，31（7）：57-59.

[55] 常业军，程文瀼，隋杰英，等. 钢筋混凝土框-剪结构采用粘弹性阻尼器的减震设计 [J]. 东南大学学报（自然科学版），2002，32（5）：733-736.

[56] 周爱萍，黄东升. 带消能节点的梁柱式木结构民宅的抗震性能 [J]. 江苏大学学报（自然科学版），2013，34（1）：81-85.

[57] 黄东升，周爱萍，张齐生，等. 装配式木框架结构消能节点拟静力试验研究 [J]. 建筑结构学报，2011，32（7）：87-92.

[58] 赵淑颖，周爱萍，黄东升，等. 一种带消能节点的木框架结构振动台试验 [J]. 林业工程学报，2016，1（2）：124-129.

[59] 邹爽，霍林生，李宏男. 带有新型角位移阻尼器的木框架结构振动台试验 [J]. 建筑科学与工程学报，2010，27（2）：45-50.

[60] 韩淼，李双池，杜红凯，等. 大跨网架结构风振响应及阻尼减振分析 [J]. 工业建筑，2020，50（5）：114-120.

[61] B J X A，A S X，A Z Y. Probabilistic seismic analysis of single-layer reticulated shell structures controlled by viscoelastic dampers with an effective placement [J]. Engineering Structures，222.

[62] Fan F，Shen S. Z. Vibration reducing analysis of single-layer reticulated shells with viscous-elastic dampers. [J] Journal of Engineering Mechanics. 23. 156-159.

[63] 王东昀. 基于新型黏弹性阻尼减震器的跨断层铁路桥梁减震分析 [J]. 铁道建筑，2018，58（4）：25-28.

[64] A L C，B L S A，A Y X，et al. A comparative study of multi-mode cable vibration control using viscous and viscoelastic dampers through field tests on the Sutong Bridge-ScienceDirect [J]. Engineering Structures，224.

[65] Moliner E，Museros P，M. D. Martinez-Rodrigo. Retrofit of existing railway bridges of short to medium spans for high-speed traffic using viscoelastic dampers [J]. Engineering Structures，2012，40（Jul.）：519-528.

[66] Matsagar V A，Jangid R S. Viscoelastic damper connected to adjacent structures involving seismic isolation [J]. Journal of Civil Engineering & Management，2005，11（4）：309-322.

[67] A J K，A J R，B L C. Seismic performance of structures connected by viscoelastic dampers-ScienceDirect [J]. Engineering Structures，2006，28 ( 2)：183-195.
[68] Mohammad M，Bac N V，Francesco T. Damped forced vibration analysis of single-walled carbon nanotubes resting on viscoelastic foundation in thermal environment using nonlocal strain gradient theory [J]. Engineering Science & Technology An International Journal，2018：S221509861830288X-.
[69] Bozyigit B，Yesilce Y，Catal S. Free vibrations of axial-loaded beams resting on viscoelastic foundation using Adomian decomposition method and differential transformation [J]. Engineering Science & Technology An International Journal，2018.
[70] 宋和平，吕西林. 土体结构相互作用对消能减震结构的影响 [J]. 地震工程与工程振动，2009，29 ( 1)：162.
[71] 张兆超. 土-结构动力相互作用在消能减震控制中的作用探讨与研究 [D]. 长沙：湖南大学，2009.
[72] 赵学斐，王曙光，杜东升，刘伟庆. 考虑 SSI 效应的黏弹性阻尼器减震框架结构体系的简化分析 [J]. 南京工业大学学报（自然科学版），2017，39 (4)：102-110.
[73] 赵学斐，江韩，王曙光. 考虑土-结构相互作用的黏弹性减震结构失效概率的参数化分析 [J]. 建筑结构，2020，50 (1)：112-117，111.
[74] 吴福健，刘文光，郭彦，何文福. 位移放大型粘弹性阻尼器减震结构地震响应分析方法研究 [J]. 工程抗震与加固改造，2017，39 (6)：62-67，61.
[75] 董尧荣，徐赵东，郭迎庆，等. 宽温域环境下黏弹性减震框架结构混合试验研究 [J/OL]. 建筑结构学报：1-12 [2021-01-01].
[76] Lin R C，Liang Z，Soong T T，et al. An Experimental Study of Seismic Structural Response With Added Viscoelastic Dampers [J]. 2009.
[77] Ghaemmaghami A R，Kwon O S. Nonlinear modeling of MDOF structures equipped with viscoelastic dampers with strain，temperature and frequency-dependent properties [J]. Engineering Structures，2018，168 (AUG. 1)：903-914.
[78] A Y X，C H R X B. Probabilistic effectiveness of visco-elastic dampers considering earthquake excitation uncertainty and ambient temperature fluctuation - ScienceDirect [J]. Engineering Structures，226.
[79] Aprile A，Inaudi，José A，Kelly J M. Evolutionary Model of Viscoelastic Dampers for Structural Applications [J]. Journal of Engineering Mechanics，1997，123 (6)：551-560.
[80] 邓雪松，陈土飞，石菲，等. 铅黏弹性阻尼墙力学性能分析研究 [J]. 动力学与控制学报，2020，18 (5)：29-39.
[81] Chou C C，Tseng W H，Huang C H，et al. A novel steel lever viscoelastic wall with amplified damper force-friction for wind and seismic resistance [J]. Engineering Structures，2020，210 (May1)：110362. 1-110362. 13.
[82] Huang Z，Qin Z，Chu F. Damping mechanism of elastic-viscoelastic-elastic sandwich structures [J]. Composite Structures，2016，153 (oct.)：96-107.

[83] Marko J, Thambiratnam D, Perera N. Influence of damping systems on building structures subject to seismic effects [J]. Engineering Structures, 2004, 26 (13): 1939-1956.

[84] 卢林. 高聚物及其复合混合料结构与性能研究 [D]. 合肥：合肥工业大学，2017.

[85] John D. Ferry, Henry S. Myers. Viscoelastic Properties of Polymers [J]. Journal of The Electrochemical Society, 2019, 108 (7).

[86] Dmitry G. Luchinsky, Halyna Hafiychuk, Vasyl Hafiychuk, Kenta Chaki, Hiroya Nitta, Taku Ozawa, Kevin R. Wheeler, Tracie J. Prater, Peter V. E. McClintock. Welding dynamics in an atomistic model of an amorphous polymer blend with polymer-polymer interface [J]. Journal of Polymer Science, 2020, 58 (15).

[87] Daniel Menne, Cagri Üzüm, Arne Koppelmann, John Erik Wong, Chiel van Foeken, Fokko Borre, Lars Dähne, Timo Laakso, Arto Pihlajamäki, Matthias Wessling. Regenerable polymer/ceramic hybrid nanofiltration membrane based on polyelectrolyte assembly by layer-by-layer technique [J]. Journal of Membrane Science, 2016, 520.

[88] Takashi Hattori, Takumi Ueno, Hiroshi Shiraishi, Nobuaki Hayashi, Takao Iwayanagi. Dissolution Inhibition of Phenolic Resins by Diazonaphthoquinone: Effect of Polymer Structure [J]. Japanese Journal of Applied Physics, 2014, 30 (11S).

[89] Catsiff E, Offenbach J, Tobolsky A V. Viscoelastic Properties of Crystalline Polymers. Polyethylene. 1955.

[90] Norbert Danz, Alfred Kick, Frank Sonntag, Stefan Schmieder, Bernd Höfer, Udo Klotzbach, Michael Mertig. Surface plasmon resonance platform technology for multi-parameter analyses on polymer chips [J]. John Wiley & Sons, Ltd, 2011, 11 (6).

[91] Keith Promislow, Jean St-Pierre, Brian Wetton. A simple, analytic model of polymer electrolyte membrane fuel cell anode recirculation at operating power including nitrogen crossover [J]. Journal of Power Sources, 2011, 196 (23).

[92] Mostfa Al Azzawi, Philip Hopkins, Joseph Ross, Gray Mullins, Rajan Sen. Carbon Fiber-Reinforced Polymer Concrete Masonry Unit Bond after 20 Years of Outdoor Exposure [J]. ACI Structural Journal, 2018, 115 (4).

[93] Kazuo Sakurai, William J. MacKnight. Dynamic viscoelastic properties of poly (ethylene-propylene) diblock copolymer in the melt state and solutions [J]. Polymer, 1996, 37 (23).

[94] Moacanin, J. J. Aklonis. Viscoelastic behavior of polymers undergoing crosslinking reactions [J]. Journal of Polymer Science Part C: Polymer Symposia, 1971, 35 (1).

[95] Kuo-Jung Shen, Chien-hong Lin. Micromechanical modeling of time-dependent and nonlinear responses of magnetostrictive polymer composites [J]. Acta Mechanica, 2021 (prepublish).

[96] C. S. Tsai, H. H. Lee. Applications of Viscoelastic Dampers to High-Rise Buildings [J]. Journal of Structural Engineering, 1993, 119 (4).

[97] Andrew W. Wharmby, Ronald L. Bagley. Modifying Maxwell' s equations for dielectric materials based on techniques from viscoelasticity and concepts from fractional calculus [J]. International Journal of Engineering Science, 2014, 79: 59-80.

[98] 中华人民共和国行业标准. 建筑消能阻尼器：JG/T 209—2012 [S]. 北京：中国标准出版社，2012.
[99] 中华人民共和国国家标准. 硫化橡胶或热塑性橡胶拉伸应力应变性能的测定：GB/T 528—2009 [S]. 北京：中国标准出版社，2009.
[100] 中华人民共和国国家标准. 硫化橡胶或热塑性橡胶热空气加速老化和耐热试验：GB/T 3512—2014. [S]. 北京：中国标准出版社，2014.
[101] 中华人民共和国国家标准. 硫化橡胶或热塑性橡胶与金属粘合强度的测定 二板法：GB/T 11211—2009 [S]. 北京：中国标准出版社，2009.
[102] 中华人民共和国国家标准. 碳素结构钢：GB/T 700—2006 [S]. 北京：中国标准出版社，2007.
[103] Svante Arrhenius. Zur Theorie der chemischen Reaktionsgeschwindigkeit [J]. Zeitschrift für Physikalische Chemie，1899，28 (1).
[104] 杨炳渊. 若干不同方法的弹性梁模态试验结果比较 [J]. 振动、测试与诊断，1985 (5)：14-20.
[105] 苏毅，常业军，程文瀼. 筒式粘弹性阻尼器的试验研究及工程应用 [J]. 振动与冲击，2009，28 (11)：177-182，212.
[106] 隋杰英，程文瀼，常业军，唐春瑞. 粘弹性阻尼器耐久性试验研究 [J]. 工业建筑，2006 (2)：5-7.
[107] 罗仁全. 筒式粘弹性阻尼器的试验研究及工程应用 [D]. 南京：东南大学，2006.
[108] Xuefei Zhao，Han Jiang，Shuguang Wang. An integrated optimal design of energy dissipation structures under wind loads considering SSI effect [J]. Wind and Structures，2019，29 (2).
[109] Zvi Rigbi. Phase shifts in stress-strain relationships of viscoelastic materials [J]. Rheologica Acta，1966，5 (1).
[110] 이동훈，강대언，이명규. FEMA273-based Design Approach for Rehabilitation of Existing Buildings with Damper System [J]. MAGAZINE AND JOURNAL OF KOREAN SOCIETY OF STEEL CONSTRUCTION，2012，24 (5).
[111] Hong Qing Lv，Wei Xiao Tang，Qing Hua Song. Dynamic Analysis of Bionic Vibration Isolation Platform Based on Viscoelastic Materials [J]. Advanced Materials Research，2014，2879.
[112] 周颖，平添尧，龚顺明，周云. 黏弹性阻尼器抗震疲劳性能试验加载制度研究 [J]. 建筑结构学报，2020，41 (6)：101-107，118.
[113] Hirohito YAMASAKI，Megumi KANOH，Masayuki FUKAGAWA，Sadaaki MURAKAMI，Fumiaki TOMONAGA，Kazuo YAMADA，Mitsuo KASAI. The Influence of Resin Particle Diameter on the mechanical Properties of Kneaded Extrusion Materials by Melted Polyethylene [J]. Journal of Environmental Conservation Engineering，2005，34 (9).
[114] 何玉柱. 耗能减振装置振动控制参数设计方法及试验 [D]. 长沙：湖南大学，2011.
[115] 徐昕. 新型扇形铅粘弹性阻尼器性能及应用研究 [D]. 广州：广州大学，2012.

[116] 罗坚颖. 装设壁式粘弹性阻尼器高层建筑的分析与研究 [D]. 广州：广州大学，2013.

[117] 常业军，程文瀼，苏毅. 黏弹性消能支撑的研究与设计 [J]. 东南大学学报（自然科学版），2004（1）：85-88.

[118] 常业军，苏毅，程文瀼，吴曙光. 工程结构粘弹性消能支撑型式及设计参数的研究 [J]. 地震工程与工程振动，2007（1）：136-140.

[119] 周灵源. 钢筋混凝土框架加固结构中粘弹性消能支撑的刚度效应分析 [D]. 成都：西南交通大学，2004.

[120] 赵斌华. 消能减震结构的设计方法研究 [D]. 西安：西安建筑科技大学，2014.

[121] 李赛. 典型粘弹性阻尼结构的振动特性分析与优化设计 [D]. 沈阳：东北大学，2014.

[122] Weizhi Xu，Dongsheng Du，Shuguang Wang，Weiwei Li，John Mander. A New Method to Calculate Additional Damping Ratio considering the Effect of Excitation Frequency [J]. Advances in Civil Engineering，2020，2020.

[123] 阎茹. 基于性能的粘弹性阻尼器减震体系抗震设计应用研究 [D]. 兰州：兰州理工大学，2007.

[124] 黄鹏飞. 冷弯型钢梁 OSB 板组合楼板承载力试验研究与分析 [D]. 武汉：武汉理工大学，2018.

[125] 张传成. 楼板开洞的不规则钢结构地震反应分析及减震研究 [D]. 合肥：安徽建筑大学，2016.

[126] 潘相锋. 粘弹性阻尼耗能减震结构随机响应分析 [D]. 柳州：广西科技大学，2015.

[127] 徐龙军. 统一抗震设计谱理论及其应用 [D]. 哈尔滨：哈尔滨工业大学，2006.

[128] 吴琛，周瑞忠. 地震瞬态反应计算与结构位移反应谱研究 [J]. 水力发电学报，2007（5）：53-58.

[129] 郭维光. 黏弹性阻尼器在高层钢结构中的应用研究 [D]. 邯郸：河北工程大学，2009.

[130] 马东辉，李虹，苏经宇，周锡元. 阻尼比对设计反应谱的影响分析 [J]. 工程抗震，1995（4）：35-40.

[131] FAHIM SADEK，BIJAN MOHRAZ，ANDREW W. TAYLOR，RILEY M. CHUNG. A METHOD OF ESTIMATING THE PARAMETERS OF TUNED MASS DAMPERS FOR SEISMIC APPLICATIONS [J]. Earthquake Engineering&Structural Dynamics，1997，26（6）.

[132] 赵学斐，王曙光，杜东升，刘伟庆. 考虑 SSI 效应的黏弹性阻尼器减震框架结构体系的简化分析 [J]. 南京工业大学学报（自然科学版），2017，39（4）：102-110.

[133] 史小卫，梁昌洪，卜安涛. 基于 Rayleigh 商式求电容的一种新方法 [C]. 中国电子学会. 1999 年全国微波毫米波会议论文集（上册）. 中国电子学会：中国电子学会微波分会，1999：22-24.

[134] 向富强. 地震相干分析和时频分析方法及其在储层描述中的应用 [D]. 成都：成都理工大学，2008.

[135] 李爱群，黄瑞新，张志强，赵耕文. 高层建筑结构减震分析的静动力实用分析法及其应用 [J]. 工程抗震与加固改造，2010，32 (3)：11-17，23.
[136] 史春芳，徐赵东. 西安石油宾馆采用粘弹性支撑减震设计与研究 [J]. 建筑技术，2009，40 (8)：722-725.
[137] 韩爱红，钱晓军. 结构动力学方程的数值解法研究 [J]. 低温建筑技术，2015，37 (8)：81-83.
[138] 郑久建，白雨东. 结构地震控制的设防目标和基本设计方法 [J]. 工程抗震与加固改造，2005 (3)：30-34，19.
[139] 李爱群. 工程结构抗震与防灾 [M]. 2 版. 北京：中国建筑工业出版社，2012.
[140] 苏毅，常业军，程文瀼. 大悬挑屋盖结构的风振控制设计方法 [J]. 南京林业大学学报（自然科学版），2008，32 (6)：111-115..
[141] 鲁风勇，苏毅，毛利军. 隔震支座的选取原则 [J]. 江苏建筑，2018 (2)：50-53.
[142] 赵斌华. 消能减震结构的设计方法研究 [D]. 西安：西安建筑科技大学，2014.
[143] 陈敏，唐小弟. 粘弹性阻尼器附加等效阻尼比的计算 [J]. 中南林业科技大学学报，2010，30 (5)：144-148.
[144] 严士超，蔡方钱，宗志桓. 结构-地基体系的振型阻尼比 [J]. 振动工程学报，1992 (2)：157-161.
[145] 黄健. 剪力墙结构连梁式黏弹性阻尼器设计方法研究 [D]. 昆明：昆明理工大学，2019.
[146] 胡梅. 新型黏弹性消能器性能试验研究 [D]. 武汉：华中科技大学，2018.
[147] 周颖，龚顺明. 新型黏弹性阻尼器性能试验研究 [J]. 结构工程师，2014，30 (1)：137-142.
[148] 陈士飞. 铅黏弹性阻尼墙抗震性能研究 [D]. 广州：广州大学，2019.
[149] 于敬海，郑达辉，李路川，王丹妮. 消能器在结构构件中的应用研究 [C]. 天津大学、天津市钢结构学会. 第十七届全国现代结构工程学术研讨会论文集. 天津大学、天津市钢结构学会：全国现代结构工程学术研讨会学术委员会，2017：59-62.
[150] 刘义平，李志群，鞠风雨，华丽萍. 抗震计算方法在结构设计中的合理应用 [J]. 结构工程师，1993 (3)：8-13，27.
[151] 吴健雄. 结构抗震弹塑性时程分析方法 [J]. 工程建设与设计，2019 (11)：32-34.
[152] 黄炜，李斌，苏衍江，等. 新型装配式抗震墙体恢复力模型研究 [J]. 地震工程与工程振动，2017，37 (1)：123-134.
[153] 宋兴启. 考虑钢筋混凝土结构局部弹塑性的地震响应分析 [D]. 武汉：武汉理工大学，2012.
[154] 周云，松本達治，田中和宏，等. 高阻尼黏弹性阻尼器性能与力学模型研究 [J]. 振动与冲击，2015，34 (7)：1-7.
[155] 张荣花，孙建刚，郭巍，王伟玲. 基于 ETABS 结构分析软件的框架结构耗能减震分析 [J]. 黑龙江八一农垦大学学报，2012，24 (6)：13-15.
[156] 严健，周爱萍，沈怡，唐思远. 带黏弹性阻尼器支撑木框架结构抗震性能研究 [J]. 林业工程学报，2017，2 (5)：120-125. DOI：10. 13360/j. issn. 2096-1359. 2017.

05. 021.
[157] 郭江培，田安国，蔡小宁，张鹏. 基于SAP2000的框架结构的模态分析 [J]. 江苏建筑，2018 (3)：43-46.
[158] 朱兴刚，杨铮，陈林. 阻尼减振及预应力在合肥体育中心综合馆中的应用 [J]. 建筑结构，2007 (2)：76-78.